DRONE
지도조종자 교관과정

초경량비행장치 무인멀티콥터

한성철 | 김인옥

구민사

저자약력

한성철 (국제대학교 드론자동차운용학과 교수)

김인옥 (국제대학교 드론자동차운용학과 교수)

초경량비행장치 무인멀티콥터
지도조종자 교관과정

2022년 2월 15일 초판 인쇄
2022년 2월 28일 초판 발행
2023년 2월 10일 개정 1판 발행

저 자	한성철 · 김인옥
발 행 인	조규백
발 행 처	도서출판 구민사
	(07293) 서울시 영등포구 문래북로 116, 604호(문래동 3가 46, 트리플렉스)
전 화	(02) 701-7421~2
팩 스	(02) 3273-9642
홈 페 이 지	www.kuhminsa.co.kr
신 고 번 호	제2012-000055호(1980년 2월 4일)
I S B N	979-11-6875-175-0 (13500)
정 가	26,000원

이 책은 구민사가 저작권자와 계약하여 발행했습니다.
본사의 서면 허락 없이는 어떠한 형태나 수단으로도 이 책의 내용을 이용할 수 없음을 알려드립니다.

머리말
PREFACE

　현재 국내 드론산업은 혁신성장 8대 선도사업으로 지정되어 정부로부터 적극적인 육성정책이 펼쳐지고 있으며, 소방, 방재, 재해예방, 환경감시, 농업과 건설, 배송 등의 넓은 영역을 담당하는 기술로 발전되고 있습니다. 이런 급속한 성장으로 드론분야 전문가에 대한 인력 난 또한 예상되고 있습니다.

　2021년 6월 기준으로 초경량비행장치 조종자 국가자격 취득인원은 56,560명 정도이며 이중 약 14%인 8천여 명이 초경량비행장치 지도조종자 자격을 취득하였으며, 현재도 많은 인원이 교육 입과를 위하여 대기하고 있습니다.

　초경량비행장치 지도조종자는 드론 국가자격증과정 교육을 실시할 수 있는 자격으로 점점 증가하는 드론 조종자를 교육하기 위한 전문지도자입니다.

　저 또한 초경량비행장치 지도조종자 자격증 취득을 위한 조종교육교관과정 입과 전에 예습을 하려 서점에서 관련 교재들을 찾아보았습니다. 그러나 지도조종자 관련 교재는 생각보다 많지 않았으며 그 교재들의 분량도 너무 많아 무얼 공부해야 할지 정확히 알기 어려웠습니다.

　그래서 지도조종자 자격증을 준비하는 수험생들에게 조종자 자격시험에서 반드시 나오는 내용을 중심으로 누구나 쉽게 공부할 수 있도록 핵심위주로 분량을 최소화 하여 핸드북 형식으로 집필하였습니다.

　본 교재는 지도조종자 입과 과정에서 지급되는 교재를 바탕으로 항공 관련법규, 항공안전, 무인비행장치 구조, 기체운용, 안전관리, 산업 및 기술동향 그리고 비행 교수법을 중심으로 구성하였으며 수험생이 공부하는 내용을 확인할 수 있도록 예상문제와 모의고사를 수록하였습니다.

　자격증 취득과 더불어 드론 조종분야의 전문기술인력 양성에 최선봉의 교육자인 지도조종자 여러분들이 교육생들을 교육함에 많은 도움이 되었으면 합니다.

　본 책을 만드는데 많은 시간과 노력을 다했음에도 불구하고 부족한 점이 없지 않을 것입니다. 그래서 여러분의 많은 의견과 관심을 모아 더욱 완벽한 책이 되고자 합니다.

　마지막으로 본 책의 출간에 큰 도움을 준 도서출판 구민사 조규백 대표 및 임직원들에게 진심으로 감사를 표합니다.

저자일동

초경량비행장치 지도조종자 자격 취득 과정

1. 자격요건

- 만 18세 이상 조종자

- 단일 초경량비행장치 100시간 이상 비행경력인자

2. 추진 절차

① 지도조종자 1종 취득 후 교육원 지도조종자과정에서 추가 80시간 비행

② 교육원에서 비행경력 증명서 발급

③ 한국교통안전공단에서 운영하는 조종교육교관과정 2박 3일 이수

④ 과정 이수시 시험에 합격하면 지도조종자 등록

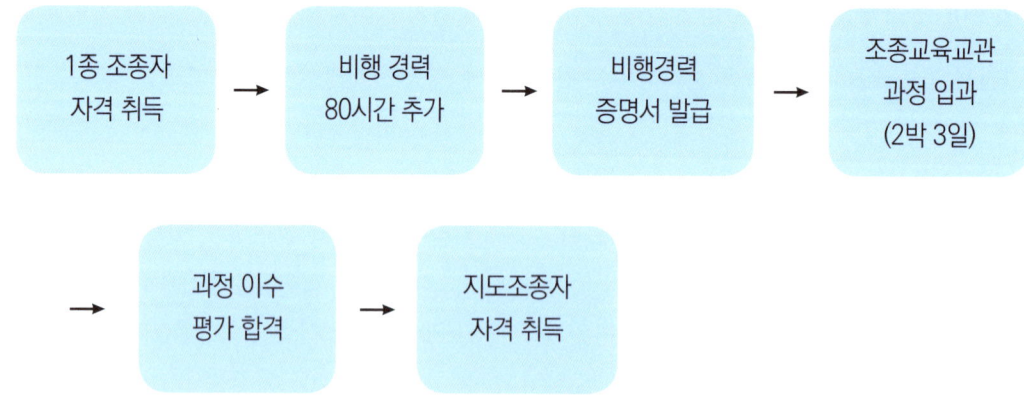

3. 한국교통공단 조종교육교관과정

(1) 교육대상 :

- 만 14세 이상 조종자

- 단일 초경량비행장치 100시간 이상 비행경력 증명서 발급 확인자

(2) 교육과목

교육과목	교육내용	교육시간
교육안내	지도조종자 등록신청서 작성, 교육과정 안내 등	1시간
항공안전법	기체신고, 조종자준수사항 등 안전관리 기준	2시간
항공사업법	초경량비행장치사용사업 등록 등 관련 법규	2시간
비행교수법	과정 모델링, 비행기동별 교수법	2시간
사고사례	기체운용사례, 사고사례, 안전검토 사항 등	2시간
인적요인	조종자 인적요인 관리	2시간
기술동향	국내외 무인비행장치 기술개발 동향	2시간
기체운용	기체 기동별 원리, 배터리 안전관리	2시간
비행공역	공역개념, 비행금지구역, 관제구역의 준수사항 등	2시간
과정평가	최종 시험	1시간

(3) 수료기준 :

- 출석 90% 이상

- 최종시험(25문항) 70점 이상

(4) 장소 : 한국교통안전공단 지정교육장

4. 조종교육교관 재입과과정

(1) 교육대상 :

- 조종교육교관과정 출석 90%이상, 이론평가 미 수료자

(2) 교육과목 : 최종시험(1시간)

(3) 수료기준 : 최종시험(25문항) 70점 이상

(4) 교육장소 : 한국교통안전공단 지정교육장

목 차
CONTENTS

I 항공법

1. 항공법 ... 4
2. 항공 관련 법규 ... 4
3. 국내 항공법규 ... 5
4. 항공안전법 ... 5
5. 항공사업법 ... 5
6. 공항시설법 ... 6
   예상문제 ... 7

II 항공안전법

1. 정의 ... 10
2. 초경량비행장치의 기준 ... 10
3. 초경량비행장치 장치신고 ... 10
4. 초경량비행장치 안전성인증 ... 12
5. 초경량비행장치 조종자 증명 ... 13
6. 초경량비행장치 조종자의 준수사항 ... 14
7. 초경량비행장치의 비행승인 ... 16
8. 무인비행장치의 특별비행승인 ... 18
9. 초경량비행장치 사용사업자에 대한 안전개선명령 ... 19
10. 초경량비행장치 사고 ... 19
11. 초경량비행장치전문교육기관의 지정 ... 21
12. 지도조종자(전문교관)의 등록 ... 22
13. 초경량비행장치 신고업무 ... 23
    예상문제 ... 25

III 항공사업법

1. 항공기 대여업 정의 ... 34
2. 항공레저스포츠사업 ... 34
3. 초경량비행장치사용사업 종류 ... 34
4. 사업 등록 ... 35
5. 사업계획 변경(준용규정) ... 37
6. 항공기사용사업 양도·양수(준용규정) ... 38
7. 법인의 합병(준용규정) ... 38
8. 상속(준용규정) ... 39
9. 항공기사용사업의 휴업(준용규정) ... 39
10. 항공기사용사업의 폐업(준용규정) ... 39
11. 사업개선 명령(준용규정) ... 39
12. 항공기사업 등록 취소(준용규정) ... 40
13. 명의 대여 금지(준용규정) ... 41
14. 과징금(준용규정) ... 41
15. 항공보험 ... 42
16. 사안별 승인 및 제출 기한 ... 43
    예상문제 ... 45

IV 공역 및 항공안전

1. 공역 정의 및 분류 ... 52
2. 공역의 범위 ... 53
3. 공역 구분 ... 54
4. 항공교통업무에 따른 구분 ... 54
5. 공역의 사용목적에 따른 구분 ... 55
6. 초경량비행장치 비행 공역 ... 58
   예상문제 ... 60

V 무인비행장치 인적요인

1. 무인항공기 명칭   66
2. 무인기운용 인력   66
3. 무인항공기 논란   67
4. 무인기 인적 에러에 의한 사고비율이 낮은 이유   67
5. 인적요인(Human Factors)   67
6. 비행안전에 영향을 미치는 인적요인   70
    예상문제   74

VI 무인비행장치시스템 및 기체운용

1. 무인비행장치시스템   80
2. 모터   81
3. ESC(Electronic speed controller)   84
4. 배터리   84
5. 프로펠러 규격 및 출력   86
6. 비행제어 컴퓨터(FC)   89
7. 위성항법시스템(GNSS : Global Navigation Satellite System)   90
8. 관성측정장치(IMU : Inertial Measurement Unit)   92
9. 비행데이터 저장 및 분석   93
    예상문제   96

VII 무인비행장치 산업 및 기술동향

1. 국내 드론산업발전 기본계획   102
2. 드론 3대 인프라 구축   104
3. 드론 기술동향   104
4. 항법시스템   107
    예상문제   108

VIII 무인비행장치 안전관리

1. 사전 비행 계획   114
2. 비행 전후 계획   114
3. 비행 전 공역 확인   114
4. 비행 중 안전 확인 사항   115
5. 배터리 안전관리   115
6. 통신 안전   116
7. 교관 안전수칙 준수   117
8. 비행기록 및 기체 배터리 관리   118
9. 농업용 무인비행장치 안전 준수사항   118
10. 무인비행장치 사고 사례   119
    예상문제   121

IX 비행교수법

1. 피교육생에 대한 지도법   126
2. 실 비행 시험 주의사항   126
3. 비행 로그북 작성 시 주의사항   126
    예상문제   129

X 부록

1. 모의고사 제1 ~ 5회   134
2. 항공안전법 법령단위 비교   180
3. 항공사업법 법령단위 비교   217
4. 참고문헌   268

Ⅰ 항공법

1. 항공법
2. 항공 관련 법규
3. 국내 항공법규
4. 항공안전법
5. 항공사업법
6. 공항시설법

예상문제

Ⅰ. 항공법

1. 항공법

- 항공기에 의하여 발생하는 법적 관계를 규율하기 위한 법규의 총체로서 공중의 비행 그 자체뿐 아니라 그 전제로서 지상에 미치는 영향, 항공기 이용 등을 모두 포함한 개념
- 항공법의 분류에 대해서는 적용 지역에 따라 국제항공법과 국내항공법으로 구분하며, 일반적인 법률의 분류 개념에 따라 항공공법과 항공사법으로 구분한다.

2. 항공 관련 법규

- 1919년 10월 국제 항공회의를 개최하여 파리협약 채택
  - 자국 영공에 대한 완전하고 배타적인 주권을 인정함으로써 영공주권의 원칙을 정착
- 1944년 12월 시카고회의에서 국제민간항공협약(시카고협약) 채택
  - 국제민간항공의 질서와 발전에 있어 가장 기본이 되는 국제조약

〈그림 Ⅰ-1〉 시카고협약 의미
(출처 : 개정판 항공법규, 국토교통부)

- 1947년 4월 국제민간항공협약 의거 국제민간항공기구(ICAO : International Civil Aviation Organization) 설립
  - 국제민간항공기구(ICAO)는 항공안전기준과 관련하여 부속서(ANNEX 19)로 채택
  - 부속서는 협약 체약국들의 준수를 원칙으로 하는 "표준(standards)"과 준수를 권고하는 "권고방식(recommended practices)"을 규정하고 있음
  - 기술적인 사항에 관한 통일을 용이하게 하는 것으로 그 자체가 직접 법적 구속력은 없음
  - 각 체약국은 시카고 협약 및 동 협약 부속서에서 정한 "표준 및 권고방식(SARPs : Standards and Recommended Practices)"에 따라 항공법규를 제정하여 운영하고 있음
  - 국제표준 및 권고되는 방식은 통일되는 것이 국제항공의 안전이나 정확성을 위하여 필요하거나 바람직한 사항에 관한 것

- 대한민국도 "표준 및 권고방식(SARPs)"에 따라 국내항공법령에 규정하여 적용 사전적 의미로는 국어사전에서는 자율 항법장치에 의하여 자동 조종되거나 무선 전파를 이용하여 원격 조종되는 무인비행물체라고 명시되어 있다.

3. 국내 항공법규

- 대한민국은 1952년 국제민간항공기구(ICAO)에 가입
- 국내 항공법규는 국제민간항공기구(ICAO)의 권고 및 미국연방항공청의 표준 근간
- 1961년 3월 항공법 최초 제정
- 2009년 6월 경량항공기 제도 도입
- 2017년 3월 항공법 분법 시행
  - 항공사업법, 항공안전법, 공항시설법 분법 시행
  - 무인비행장치가 추가된 초경량비행장치 관련 법규로 구분

(1) 항공법의 분법 이유

- 국민의 이해를 쉽도록
- 국제기준 탄력적 대응
- 현행제도 운영상 문제점 개선 · 보완

4. 항공안전법

- 국제민간항공 협약 및 같은 협약의 부속서에서 채택된 표준과 권고되는 방식에 따라
- 항공기, 경량항공기, 초경량항공기의
- 안전하고 효율적인 항행을 위한 방법
- 국가, 항공사업자, 항공종사자 등의 의무 등에 관한 사항을 규정함을 목적으로 한다.

5. 항공사업법

- 대한민국 항공사업의 체계적인 성장과 경쟁력 강화기반 마련
- 항공사업의 질서유지 및 건전한 발전 도모
- 이용자 편의 향상
- 국민경제의 발전과 공공복리 증진에 이바지 함을 목적으로 한다.

6. 공항시설법

- 공항·비행장 및 항행안전시설의 설치 및 운영 등에 관한 사항을 정함으로써
- 항공산업의 발전과 공공복리의 증진에 이바지 함을 목적으로 한다.
- 공항 및 비행장 개발과 관리 운영, 항행안전시설 등 관련

I 예상 문제

1. 다음은 항공사업법에 대해 설명한 것이다. 틀린 것은?

   ① 대한민국 항공사업의 체계적인 성장과 경쟁력 강화기반 마련

   ② 항공사업의 질서유지 및 건전한 발전 도모

   ③ 이용자 편의 향상

   ④ 안전하고 효율적인 항행을 위한 방법

2. 다음은 항공안전법에 대해 설명한 것이다. 틀린 것은?

   ① 국제민간항공 협약 및 같은 협약의 부속서에서 채택된 표준과 권고

   ② 항공기, 경량항공기, 초경량항공기의 안전하고 효율적인 항행

   ③ 국민에 대한 서비스 개선

   ④ 국가, 항공사업자, 항공종사자 등의 의무

3. 다음은 2017년 항공법을 분법한 이유를 설명하였다. 틀린 것은?

   ① 국민이 이해를 쉽도록

   ② 국제기준 탄력적 대응

   ③ 현행제도 운영상 문제점 개선·보완

   ④ 항공사업의 활성화

4. 다음은 국제민간항공기구(ICAO)에 대한 설명이다. 틀린 것은?

   ① 1944년 12월 시카고 조약에서 서명 하였다.

   ② ICAO는 ANNEX19로 구성되어 있다.

   ③ 우리나라는 1952년에 가입하였다.

   ④ ICAO에서는 드론과 관련 규범을 제정하여 운영하고 있다.

정답

| 1 | ④ | 2 | ③ | 3 | ④ | 4 | ④ |

Ⅱ 항공안전법

1. 정의

2. 초경량비행장치의 기준

3. 초경량비행장치 장치신고

4. 초경량비행장치 안전성인증

5. 초경량비행장치 조종자 증명

6. 초경량비행장치 조종자의 준수사항

7. 초경량비행장치의 비행승인

8. 무인비행장치의 특별비행승인

9. 초경량비행장치사용사업자에 대한 안전개선명령

10. 초경량비행장치 사고

11. 초경량비행장치 전문교육기관의 지정

12. 지도조종자(전문교관)의 등록

13. 초경량비행장치 신고업무

예상문제

II. 항공안전법

1. 정의

- 초경량비행장치는 항공기와 경량항공기 외에 공기의 반작용으로 뜰 수 있는 장치로서 자체 중량, 좌석 수 등 국토교통부령으로 정하는 기준에 해당하는 동력비행장치, 행글라이더, 패러글라이더, 기구류 및 무인비행장치 등을 말한다.
- 회전익 비행기는 모터의 회전수를 조절하여 비행하는 장치이다.

2. 초경량비행장치의 기준

- 동력비행장치 :
  - 탑승자, 연료 및 비상용 장비의 중량을 제외한 자체중량이 115kg 이하일 것
  - 좌석이 1개일 것
- 행글라이더 : 탑승자 및 비상용 장비의 중량을 제외한 자체중량이 70kg 이하로서 체중이동, 타면조종 등의 방법으로 조종하는 비행장치
- 패러글라이더 : 탑승자 및 비상용 장비의 중량을 제외한 자체중량이 70kg 이하로서 날개에 부착된 줄을 이용하여 조종하는 비행장치
- 무인비행장치 :
  - 무인동력비행장치 : 연료의 중량을 제외한 자체중량이 150kg 이하인 무인비행기, 무인헬리콥터, 무인멀티콥터
  - 무인비행선 : 연료의 중량을 제외한 자체중량이 180kg 이하이고 길이가 20m 이하인 무인비행선

3. 초경량비행장치 장치신고

(1) 장치 신고

- 초경량비행장치를 소유하거나 사용할 수 있는 권리가 있는 자는 안전성인증을 받기 전(안전성인증 대상이 아닌 초경량비행장치인 경우에는 초경량비행장치를 소유하거나 사용할 수 있는 권리가 있는 날부터 30일 이내를 말한다)까지 초경량비행장치 신고서에 다음의 서류를 첨부하여 한국교통안전공단 이사장에게 제출 국토교통부장관에게 신고해야 한다.
  - 초경량비행장치를 소유하거나 사용할 수 있는 권리가 있음을 증명하는 서류
  - 초경량비행장치의 제원 및 성능표
  - 초경량비행장치의 사진(가로 15cm, 세로 10cm의 측면사진)
- 한국교통안전공단 이사장은 초경량비행장치의 신고를 받으면 별지 제117호서식의 초경량비행

장치 신고증명서를 초경량비행장치소유자등에게 발급하여야 하며, 초경량비행장치소유자등은 비행 시 이를 휴대하여야 한다.
- 국토교통부장관에게 신고한다. 다만, 대통령령으로 정하는 초경량비행장치는 그러하지 아니하다.
- 국토교통부장관은 제1항 본문에 따른 신고를 받은 날부터 7일 이내에 신고수리 통지
- 국토교통부장관이 정한 기간 내에 신고수리 여부 또는 처리기간의 연장을 신고인에게 통지하지 아니하면 그 기간이 끝난 날의 다음 날에 신고를 수리한 것으로 본다.
- 국토교통부장관은 초경량비행장치의 신고를 받은 경우 그 초경량비행장치소유자등에게 신고번호를 발급하여야 한다.
- 신고번호를 발급받은 초경량비행장치소유자 등은 그 신고번호를 해당 초경량비행장치에 표시하여야 한다.
- 초경량비행장치의 신고 또는 변경신고를 하지 아니하고 비행을 한 자
  → 6개월 이하 징역 또는 500만 원 이하 벌금

(2) 신고를 필요하지 않는 초경량비행장치
- 항공기대여업, 항공레저스포츠사업, 초경량비행장치사용사업에 사용되지 않는
- 무인동력장치 중에서 최대이륙중량이 2kg 이하
- 무인비행선 중에서 연료의 무게를 제외한 자체무게가 12kg 이하이고 길이가 7m 이하
- 연구기관 등에서 시험, 조사, 개발을 위하여 제작
- 제작자가 판매목적으로 제작하였으나 판매하지 않은 것으로 비행하지 않은 것
- 군사목적으로 사용되는 것
- 행글라이더, 패러글라이더 등 동력을 이용하지 아니하는 비행장치
- 사람이 탑승하지 않는 기구류
- 계류식 무인비행장치
- 낙하산류

(3) 초경량비행장치 변경신고
- 변경 내용
  - 초경량비행장치의 용도
  - 초경량비행장치 소유자등의 성명, 명칭 또는 주소
  - 초경량비행장치의 보관 장소
- 사유가 있는 날부터 30일 이내에 한국교통안전공단 이사장에게 제출 국토교통부장관 변경신고

- 국토교통부장관은 변경신고를 받은 날부터 7일 이내에 신고수리 여부를 신고인에게 통지
- 국토교통부장관이 기간 내에 신고수리 여부 또는 민원 처리 관련 법령에 따른 처리기간의 연장을 신고인에게 통지하지 아니하면 그 기간이 끝난 날의 다음 날에 신고를 수리한 것으로 본다.
- 초경량비행장치의 신고 또는 변경신고를 하지 아니하고 비행을 한 자
    → 6개월 이하 징역 또는 500만 원 이하 벌금

(4) 초경량비행장치 말소신고

- 신고한 초경량비행장치가 멸실되었거나 그 초경량비행장치를 해체(정비 등, 수송 또는 보관하기 위한 해체는 제외한다)한 경우
- 그 사유가 발생한 날부터 15일 이내에 국토교통부장관에게 말소신고를 하여야 한다.
- 초경량비행장치 소유자 등의 주소 또는 거소를 알 수 없는 경우 말소신고 할 것을 관보에 고시하고, 한국안전교통공단 홈페이지에 공고한다.
- 초경량비행장치의 말소신고를 하지 않은 경우 → 30만 원 과태료

4. 초경량비행장치 안전성인증

(1) 안전성인증 대상

- 무인비행기, 무인헬리콥터 또는 무인멀티콥터 중에서 최대이륙중량이 25kg을 초과하는 것
- 무인비행선 중에서 연료의 중량을 제외한 자체중량이 12kg을 초과 또는 길이가 7m를 초과하는 것
- 동력비행장치
- 행글라이더, 패러글라이더, 낙하산류(항공레저스포츠사업에 사용되는 것만 해당한다)
- 기구류(사람이 탑승하는 것만 해당한다)
- 회전익비행장치
- 동력패러글라이더

(2) 안전성인증 검사 기관 : 항공안전기술원

(3) 검사 종류

- 초도검사, 정기검사(사업용, 비사업용 구분없이 2년), 수시검사(대수리, 대개조 후), 재검사(불합격통지로부터 6개월 이내)
- 안전성 인증을 받지 아니한 초경량비행장치를 조종사 증명을 받지 아니하고 비행한 자 → 1년 이하 징역 또는 1천만 원 이하 벌금
- 안전성 인증을 받지 아니하고 비행한 경우 → 500만 원 과태료

5. 초경량비행장치 조종자 증명

(1) 조종자 증명 종류

등급	기체 무게 기준 (최대이륙중량)	운동에너지 기준	비행 시간	자격나이
1종	25kg 초과 ~ 150kg 이하	14,000J 이상	20시간 이상, 2종+15h, 3종+17h	14세 이상
2종	7kg 초과 ~ 25kg 이하	14,000~1,400J	10시간 이상, 3종+7h	14세 이상
3종	2kg 초과 ~ 7kg 이하	1,400J 이하	6시간 이상	14세 이상
4종	250g 초과 ~ 2kg 이하			10세 이상

[표 II-1] 등급별 조종자 증명

(2) 조종자 증명 제외

- 무인비행기, 무인헬리콥터 또는 무인멀티콥터 중에서 연료의 중량을 포함한 최대이륙중량이 250g 이하
- 무인비행선 중에서 연료의 중량을 제외한 자체중량이 12kg 이하이고, 길이가 7미터 이하

(3) 조종자 증명 취소 사유

- 거짓이나 그 밖의 부정한 방법으로 초경량비행장치 조종자 증명을 받은 경우
- 초경량비행장치 조종자 증명의 효력 정지기간에 초경량비행장치를 사용하여 비행한 경우
- 법을 위반하여 다른 사람에게 자기의 성명을 사용하여 초경량비행장치 조종을 수행하게 하거나 초경량비행장치 조종자 증명을 빌려 준 경우
- 다른 사람의 성명을 사용하여 초경량비행장치 조종을 수행하거나 다른 사람의 초경량비행장치 조종자 증명을 빌리는 행위

(명의 대여금지 위반한 사업자 → 1년 이하 징역 또는 1천만 원 이하 벌금)

(4) 조종자 증명 효력정지 사유

- 법(항공안전법)을 위반하여 벌금 이상의 형을 선고받은 경우
- 초경량비행장치의 조종자로서 업무를 수행할 때 고의 또는 중대한 과실로 초경량비행장치사고를 일으켜 인명피해나 재산피해를 발생시킨 경우
- 초경량비행장치 조종자의 준수사항을 위반한 경우

(준수사항을 따르지 않고 초경량비행장치를 이용하여 비행한 경우 → 200만 원 과태료)

- 주류 등의 영향으로 비행을 정상적으로 수행할 수 없는 상태에서 초경량비행장치를 비행한 경우

- 비행하는 동안 주류 등을 섭취하거나 사용한 경우

- 주류 등의 섭취 및 사용여부의 측정 요구에 따르지 아니한 경우

  (주류 등의 영향으로 초경량비행장치를 사용하여 비행을 정상적으로 수행할 수 없는 상태에서 초경량비행장치를 사용하여 비행을 한 사람 → 3년 이하 징역 또는 3천만 원 이하 벌금)

(5) 비행경력 등의 증명

- 전문교육기관 : 해당 전문교육기관 소속의 지도조종자가 확인하고 전문교육기관의 대표가 증명한 것

- 사설교육기관 : 해당 사설교육기관 소속의 지도조종자가 확인하고 사설교육기관의 대표가 증명한 것

- 주무관청으로부터 조종사 증명에 관한 업무를 허가받은 비영리 단체장이나 그 산하단체장이 증명한 비행경력은 인정되지 않는다.

- 조종자 증명을 취득한 이후

  · 전문교육기관의 대표가 증명한 것

  · 초경량비행장치사용사업자가 증명한 것

6. 초경량비행장치 조종자의 준수사항

(1) 준수사항

- 인명이나 재산에 위험을 초래할 우려가 있는 낙하물을 투하하는 행위

- 주거지역, 상업지역 등 인구가 밀집된 지역이나 그 밖에 사람이 많이 모인 장소의 상공에서 인명 또는 재산에 위험을 초래할 우려가 있는 방법으로 비행하는 행위

- 사람 또는 건축물이 밀집된 지역의 상공에서 건축물과 충돌할 우려가 있는 방법으로 근접하여 비행하는 행위

- 관제공역 · 통제공역 · 주의공역에서 비행하는 행위

  (승인을 받지 아니하고 초경량비행장치를 비행제한공역 비행을 비행한 자 → 500만 원 이하 벌금)

- 일몰 후부터 일출 전까지의 야간에 비행하는 행위

- 최저비행고도(150m) 미만의 고도에서 운영하는 계류식 기구 또는 전단에 따른 허가를 받아 비행하는 초경량비행장치는 제외한다.

- 주류, 마약류, 환각물질 등의 영향으로 조종업무를 정상적으로 수행할 수 없는 상태에서 조종하는 행위 또는 비행 중 주류 등을 섭취하거나 사용하는 행위

  (주류 등의 영향으로 초경량비행장치를 사용하여 비행을 정상적으로 수행할 수 없는 상태에서 초경량비행장치를 사용하여 비행을 한 사람 → 3년 이하 징역 또는 3천만 원 이하 벌금)

- 제308조제4항에 따른 조건을 위반하여 비행하는 행위

- 그 밖에 비정상적인 방법으로 비행하는 행위

- 안개 등으로 인하여 지상목표물을 육안으로 식별할 수 없는 상태에서 비행하는 행위(무인비행장치 제외)

- 비행시정 및 구름으로부터의 거리기준을 위반하여 비행하는 행위(무인비행장치 제외)

(2) 초경량비행장치 비행 시 주의사항

- 초경량비행장치 조종자는 항공기 또는 경량항공기를 육안으로 식별하여 미리 피할 수 있도록 주의하여 비행하여야 한다.

- 동력을 이용하는 초경량비행장치 조종자는 모든 항공기, 경량항공기 및 동력을 이용하지 아니하는 초경량비행장치에 대하여 진로를 양보하여야 한다.

- 무인비행장치 조종자는 해당 무인비행장치를 육안으로 확인할 수 있는 범위에서 조종하여야 한다. 다만, 법 제124조 전단에 따른 허가를 받아 비행하는 경우는 제외한다.

- 준수사항을 따르지 않고 초경량비행장치를 이용하여 비행한 경우

    → 200만 원 과태료(항공안전법)

(3) 초경량비행장치 음주 비행 시 처벌

- 혈중알코올농도 0.02% 이상 0.06% 미만 : 효력 정지 60일

- 혈중알코올농도 0.06% 이상 0.09% 미만 : 효력 정지 120일

- 혈중알코올농도 0.09% 이상 : 효력 정지 180일

구분		장치(변경)신고	신고번호 표시	조종자 준수사항
최대이륙중량	25kg 이하 비사업용	×	×	○
	25kg 이하 사업용	○	○	○
	25kg 이상 비사업용	○	○	○
	25kg 이상 사업용	○	○	○

[표 II-2] 초경량비행장치 신고 및 조종자 증명

7. 초경량비행장치의 비행승인

- 국토교통부장관은 초경량비행장치의 비행안전을 위하여 필요하다고 인정하는 경우에는 초경량비행장치의 비행을 제한하는 공역(이하 "초경량비행장치 비행제한공역"이라 한다)에서 비행하려는 사람은 국토교통부령으로 정하는 바에 따라 미리 국토교통부장관으로부터 비행승인을 받아야 한다.
- 비행승인을 받지 않고 초경량비행장치를 비행한 자 → 200만 원 이하 과태료
- 비행승인이 필요한 무인비행장치 비행 시 국가기관 등의 장이 국토교통부령으로 정하는 바에 따라 사전에 그 사실을 국토교통부장관에게 알리면 비행승인을 받은 것으로 본다.
- 비행제한공역을 비행하려는 사람은 비행승인신청서를 지방항공청장에게 제출
- 지방항공청장은 제출된 신청서를 검토한 결과 비행안전에 지장을 주지 아니한다고 판단되는 경우에는 승인

구분		비행승인				안전성 인증검사
		관제권	비행금지공역	비행제한공역	고도 150m 이상	
최대이륙중량	25kg 이하	O	O	O	O	X
	25kg 이상	O	O	O	O	O

[표 II-3] 초경량비행장치 비행승인과 안전성인증검사

(1) 비행승인 예외

- 초경량비행장치(항공기대여업, 항공레저스포츠사업 또는 초경량비행장치사용사업에 사용되지 아니하는 것으로 한정한다)
- 최저비행고도(150m) 미만의 고도에서 운영하는 계류식 기구
- 관제권, 비행금지구역 및 비행제한구역 외의 공역에서 비행하는 무인비행장치
- 「가축전염병 예방법」에 따른 가축전염병의 예방 또는 확산 방지를 위하여 소독·방역업무 등에 긴급하게 사용하는 무인비행장치
- 최대이륙중량이 25kg 이하인 무인동력비행장치
- 연료의 중량을 제외한 자체중량이 12kg 이하이고 길이가 7m 이하인 무인비행선

(2) 비행승인(기체가 비행승인 대상이 아니라도)

- 국토교통부령으로 정하는 고도 이상에서 비행하는 경우
- 관제공역·통제공역·주의공역 중 국토교통부령으로 정하는 구역에서 비행하는 경우

- 비행금지구역(청와대, 휴전선 일대(P518), 핵 관련 시설(P61, P62, P63, P64, P65)에서 비행하려는 경우 해당구역의 관할하는 자와 사전협의한다.

(3) 비행승인 제외 범위
- 비행장 및 이착륙장의 주변 등 대통령령으로 정하는 제한된 범위
- 비행장(군 비행장은 제외한다)의 중심으로부터 반지름 3km 이내의 지역의 고도 150m(500ft) 이내의 범위(해당 비행장에서 항공교통업무를 수행하는 자와 사전에 협의가 된 경우에 한정한다)
- 이착륙장의 중심으로부터 반지름 3km 이내의 지역의 고도 150m(500ft) 이내의 범위(해당 이착륙장을 관리하는 자와 사전에 협의가 된 경우에 한정한다)

(4) 반복적인 비행승인
- 동일지역에서 반복적으로 이루어지는 비행에 대해서는 6개월의 범위에서 비행기간을 명시하여 승인할 수 있다.
  - 탑승자에 대한 안전점검 등 안전관리에 관한 사항
  - 비행장치 운용한계치에 따른 기상요건에 관한 사항
    (항공레저스포츠사업에 사용되는 기구류 중 계류식으로 운영되지 않는 기구류만 해당한다)
  - 비행경로에 관한 사항
- 조건
  - 교육목적 비행
  - 7kg 이하 기체
  - 학교 운동장
  - 비행시간은 정규, 방과 후 활동 중
  - 비행고도 지표면으로부터 20m 이내
  - 안전, 국방 등 비행금지구역의 지정 목적을 저해하지 않을 것

(5) 국토교통부령으로 정하는 고도
- 사람 또는 건축물이 밀집된 지역 : 해당 초경량비행장치를 중심으로 수평거리 150m(500ft) 범위 안에 있는 가장 높은 장애물의 상단에서 150m
- 제1호 외의 지역 : 지표면·수면 또는 물건의 상단에서 150m

8. 무인비행장치의 특별비행승인

- 야간에 비행하거나 육안으로 확인할 수 없는 범위에서 비행하려는 자는 무인비행장치 특별비행승인 신청서에 서류를 첨부하여 지방항공청장에게 제출한다.
- 지방항공청장은 신청서를 제출받은 날부터 30일(새로운 기술에 관한 검토 등 특별한 사정이 있는 경우에는 90일) 이내에 무인비행장치 특별비행을 위한 안전기준에 적합한지 여부를 검사한 후 적합하다고 인정하는 경우에는 무인비행장치 특별비행승인서를 발급한다.

(1) 특별비행 승인 시 고려사항
- 항공안전의 확보 또는 인구밀집도
- 사생활 침해 및 소음 발생 여부 등
- 주변 환경을 고려하여 필요하다고 인정되는 경우 비행일시, 장소, 방법 등을 정하여 승인할 수 있다.

(2) 야간특별비행 시 주의사항
- 한 명 이상의 관찰자를 배치
- 5km 밖에서 인식이 가능한 충돌방지등 장착
- 충돌방지등은 지속 점등식으로 전후좌우 구별이 가능한 위치 부착
- 적외선카메라를 사용하는 시각보조장치(FPV)를 장착함
- 자동비행모드 장착
- 이착륙장 지상조명 및 서치라이트 설치

(3) 비가시권 비행 시 주의사항
- 한 명 이상의 관찰자를 배치
- 조종자와 관찰자 사이 통신 가능
- 조종자는 계획된 비행과 경로 확인
- 수동/자동/반자동 비행이 가능
- 조종자는 CCC(Command, Control, Communication) 장비가 계획된 비행 범위 내 사용가능 여부 사전 확인
- 비행계획과 비상 상황 프로파일에 대한 프로그래밍
- 시스템 이상 시 조종자에게 알림이 가능
- 통신(RF통신, LTE통신) 이중화함

- GCS(Ground Control System) 상태에서 장치의 상태 표시 및 이상발생 시 알림 및 외부조종자 알림을 장착
- 적외선카메라를 사용하는 시각보조장치(FPV)를 장착함

9. 초경량비행장치사용사업자에 대한 안전개선명령

- 국토교통부령으로 정하는 사항
- 초경량비행장치사용사업자가 운용 중인 초경량비행장치에 장착된 안전성이 검증되지 아니한 장비의 제거
- 초경량비행장치 제작자가 정한 정비절차의 이행
- 그 밖에 안전을 위하여 지방항공청장이 필요하다고 인정하는 사항
- 안전을 위한 명령을 이행하지 않는 사업자 → 1천만 원 이하 벌금

10. 초경량비행장치 사고

(1) 사고에 대한 정의
- 초경량비행장치의 사고는 초경량비행장치를 사용하여 비행을 목적으로 이륙하는 순간부터 착륙하는 순간까지 발생하는 것
  · 초경량비행장치에 의한 사람의 사망, 중상 또는 행방불명
  · 초경량비행장치의 추락, 충돌 또는 화재 발생
  · 초경량비행장치위치를 확인할 수 없거나 초경량비행장치에 접근이 불가능한 경우

(2) 초경량비행장치사고의 보고
- 사고 발생 시 지방항공청장에게 보고
  · 조종자 및 그 초경량비행장치 소유자 등의 성명 또는 명칭
  · 사고가 발생한 일시 및 장소
  · 초경량비행장치의 종류 및 신고번호
  · 사고의 경위
  · 사람의 사상 또는 물건의 파손 개요
  · 사상자의 성명 등 사상자의 인적사항 파악을 위하여 참고가 될 사항
- 초경량비행장치사고에 관한 보고를 하지 않거나 거짓으로 보고한 경우
  → 30만 원 과태료(항공안전법)

(3) 사망, 중상 등의 적용 기준

- 행방불명은 항공기, 경량항공기 또는 초경량비행장치 안에 있던 사람이 항공기사고, 경량항공기사고 또는 초경량비행장치사고로 1년간 생사가 분명하지 아니한 경우에 적용한다.
- 사람의 사망 또는 중상에 대한 적용기준
- 경량항공기 및 초경량비행장치에 탑승한 사람이 사망하거나 중상을 입은 경우. 다만, 자연적인 원인 또는 자기 자신이나 타인에 의하여 발생된 경우는 제외한다.
- 비행 중이거나 비행을 준비 중인 경량항공기 또는 초경량비행장치로부터 이탈된 부품이나 그 경량항공기 또는 초경량비행장치와의 직접적인 접촉 등으로 인하여 사망하거나 중상을 입은 경우
- 사망의 범위
  - 사람의 사망은 항공기사고, 경량항공기사고 또는 초경량비행장치사고가 발생한 날부터 30일 이내에 그 사고로 사망한 경우를 포함한다.
- 중상의 범위
  - 항공기사고, 경량항공기사고 또는 초경량비행장치사고로 부상을 입은 날부터 7일 이내에 48시간을 초과하는 입원치료가 필요한 부상
  - 골절(코뼈, 손가락, 발가락 등의 간단한 골절은 제외한다)
  - 열상(찢어진 상처)으로 인한 심한 출혈, 신경·근육 또는 힘줄의 손상
  - 2도나 3도의 화상 또는 신체표면의 5퍼센트(%)를 초과하는 화상(화상을 입은 날부터 7일 이내에 48시간을 초과하는 입원치료가 필요한 경우만 해당한다)
  - 내장의 손상
  - 전염물질이나 유해방사선에 노출된 사실이 확인된 경우

11. 초경량비행장치 전문교육기관의 지정

- 국토교통부장관은 초경량비행장치 조종자를 양성하기 위하여 국토교통부령으로 정하는 바에 따라 초경량비행장치 전문교육기관을 지정할 수 있다.
- 전문교육기관 지정신청서 첨부서류(한국교통안전공단 제출)

(1) 기관 지정 조건

- 전문교관의 현황
  - 지도조종자 : 조종 경력(비행시간 100h) 1명 이상
  - 지도조종자 : 조종 경력(비행시간 150h) 1명 이상
- 교육시설 및 장비의 현황
  - 강의실 및 사무실 각 1개 이상
  - 이륙·착륙시설
- 교육훈련계획 및 교육훈련규정
  - 교육과목, 교육시간, 평가방법 및 교육훈련규정 등 교육훈련에 필요한 사항으로 국토교통부장관이 정하여 고시하는 기준을 갖출 것

(2) 초경량비행장치 전문교육기관의 지정취소

- 거짓이나 그 밖의 부정한 방법으로 초경량비행장치 전문교육기관으로 지정받은 경우
- 초경량비행장치 전문교육기관의 지정기준 중 국토교통부령으로 정하는 기준에 미달하는 경우

12. 지도조종자(전문교관)의 등록

(1) 지도조종자(전문교관) 등록 해당되지 않는 사람
- 법에 따른 행정처분을 받고, 처분을 받은 날로부터 2년이 경과하지 않은 사람
- 전문교관 등록이 취소된 경우, 등록이 취소된 날로부터 2년이 지나지 않은 사람

(2) 제출 서류
- 전문교관 등록 신청서
- 비행경력증명서
- 조종교관과정 이수증명서

(3) 지도조종자 등록 취소
- 법 제125조제2항에 따른 행정처분(효력정지 30일 이하인 경우에는 제외)을 받은 경우
- 거짓이나 그 밖의 부정한 방법으로 전문교관으로 등록된 경우
- 허위로 작성된 비행경력증명서를 확인하지 아니하고 서명 날인한 경우
- 비행경력증명서(비행경력을 확인하기 위해 제출된 자료를 포함한다, 로그북을 포함한다)를 허위로 제출한 경우
- 실기시험위원으로 지정된 사람이 부정한 방법으로 실기시험을 진행한 경우
- 공단 이사장은 제1항에 따라 전문교관 등록을 취소하려는 경우 그 사실을 본인에게 통지하여야 한다.
- 등록취소 결과에 이의가 있는 사람은 통보 받은 날로부터 30일 이내 이의신청서 공단이사장에게 제출
- 등록 취소된 자가 다시 등록을 하려면 취소된 날로부터 2년 경과 교육과정 다시 이수하여야 함

13. 초경량비행장치 신고업무

- 신규 신고
  - 최초 신고
  - 안전성인증 전까지
  - 초경량비행장치의 신고 또는 변경신고를 하지 아니하고 비행을 한 자
    → 6개월 이하 징역 또는 500만 원 이하 벌금
- 변경신고
  - 소유자 등의 성명, 명칭, 주소 보관처의 변경된 경우 행하는 신고
  - 변경일로부터 30일 이내
  - 초경량비행장치의 신고 또는 변경신고를 하지 아니하고 비행을 한 자
    → 6개월 이하 징역 또는 500만 원 이하 벌금
- 이전신고
  - 소유권 이전된 경우 행하는 신고
  - 소유권 이전된 날로부터 30일 이내
- 말소신고
  - 멸실, 해체 되는 사유가 발생 시 신고
  - 사유가 있는 날로부터 15일 이내
  - 초경량비행장치 존재여부가 2개월 이상 불분명한 경우
  - 초경량비행장치의 말소신고를 하지 않은 경우
    → 30만 원 이하 과태료

구분	위반행위	기간 또는 금액		
벌금	주류 등의 영향으로 초경량비행장치를 사용하여 비행을 정상적으로 수행할 수 없는 상태에서 초경량비행장치를 사용하여 비행을 한 사람	3년 이하의 징역 또는 3천만 원 이하		
	안전성인증을 받지 아니한 초경량비행장치를 사용하여 초경량비행장치 조종자 증명을 받지 아니하고 비행을 한 사람	1년 이하의 징역 또는 1천만 원 이하		
	초경량비행장치의 신고 또는 변경신고를 하지 아니하고 비행을 한 자	6개월 이하의 징역 또는 500만 원 이하		
	초경량비행장치사용사업의 안전을 위한 명령을 이행하지 아니한 초경량비행장치사용사업자	1천만 원 이하		
	국토교통부장관의 허가를 받지 아니하고 무인자유기구를 비행시킨 사람	500만 원 이하		
	검사 또는 출입을 거부·방해하거나 기피한 자			
	국토교통부장관의 승인을 받지 아니하고 초경량비행장치 비행제한공역을 비행한 사람			

구분	위반행위	1차 위반	2차 위반	3차 위반
과태료	안전성인증을 받지 않고 비행한 경우	250만 원	375만 원	500만 원
	조종자 증명을 받지 않고 초경량비행장치를 사용하여 비행을 한 경우	150만 원	225만 원	300만 원
	국토교통부장관의 승인을 받지 않고 초경량비행장치를 이용하여 비행한 경우	100만 원	150만 원	200만 원
	국토교통부령으로 정하는 준수사항을 따르지 않고 초경량비행장치를 이용하여 비행한 경우	100만 원	150만 원	200만 원
	국토교통부장관이 승인한 범위 외에서 비행한 경우	100만 원	150만 원	200만 원
	신고번호를 해당 초경량비행장치에 표시하지 않거나 거짓으로 표시한 경우	50만 원	75만 원	100만 원
	국토교통부령으로 정하는 장비를 장착하거나 휴대하지 않고 초경량비행장치를 사용하여 비행을 한 경우	50만 원	75만 원	100만 원
	초경량비행장치의 말소신고를 하지 않은 경우	15만 원	22.5만 원	30만 원
	초경량비행장치사고에 관한 보고를 하지 않거나 거짓으로 보고한 경우	15만 원	22.5만 원	30만 원

[표 II-4] 과태료의 부과기준

II 예상 문제

1. 다음은 초경량비행장치 신고에 대한 설명이다. 틀린 것은?

    ① 신고증명서의 신고번호를 해당 장치에 표시하여야 한다.

    ② 초경량비행장치의 신고 시 제원 및 성능표를 제출하여야 한다.

    ③ 초경량 비행장치의 신고를 하지 아니하고 비행을 한 자는 6개월 이하 징역 또는 500만원 이하 벌금이 부과된다.

    ④ 신고 받은 날로부터 5일 이내 수리여부 또는 수리지연 사유를 통지하여야 한다.

2. 다음은 초경량비행장치 변경신고를 해야 하는 이유에 대한 설명이다. 틀린 것은?

    ① 초경량비행장치 용도

    ② 초경량비행장치 추가 구매

    ③ 초경량비행장치 보관 장소

    ④ 초경량비행장치의 소유자 등의 성명, 명칭, 주소

3. 다음은 초경량비행장치 말소신고에 대한 설명이다. 틀린 것은?

    ① 사유 발생한 날로부터 15일 이내

    ② 초경량비행장치가 멸실 또는 해체되었을 경우

    ③ 말소신고를 하지 않고 사용한자는 30만 원 과태료가 부과된다.

    ④ 소유자의 주소를 알 수 없는 경우 한국안전교통공단 홈페이지에 고시한다.

4. 다음은 초경량비행장치 안전성인증에 대한 설명이다. 틀린 것은?

    ① 정기검사는 사업용과 비사업용 동일하게 2년마다 실시한다.

    ② 안전성인증 검사는 항공안전기술원에서 실시한다.

    ③ 무인동력장치에서 연료를 제외한 최대이륙중량이 25kg을 초과하는 경우

    ④ 안전성인증을 하지 않는 기체로 비행하는 경우 500만 원 과태료가 부과된다.

정답

| 1 | ④ | 2 | ② | 3 | ④ | 4 | ④ |

5. 다음은 초경량비행장치 조종자증명에 대한 설명이다. 틀린 것은?

① 비행하는 동안 주류 등을 섭취할 경우 조종자 증명 효력정지 사유가 된다.

② 조종자증명 명의를 다른 사람에게 빌려주거나 빌려올 경우 조종자 증명의 취소사유가 된다.

③ 3종 조종자 증명 소유자가 1종 조종자 증명을 취득할 경우 비행시간은 17시간이 필요하다.

④ 무인동력장치의 연료중량을 포함한 최대이륙중량이 2kg 이하의 기체는 조종자증명 없이 비행할 수 있다.

6. 다음은 조종사증명 취소사유에 대한 설명이다. 맞는 것은?

① 법을 위반하여 벌금이상의 형을 신고 받은 경우

② 업무수행 중 개인의 과실로 재산피해를 발생한 경우

③ 음주 및 비행 간 음주를 하거나 음주 측정을 거부한 경우

④ 거짓이나 부정한 방법으로 조종자 증명을 받은 경우

7. 다음은 소형무인기 조종자 자격에 대한 설명이다. 틀린 것은?

① 국제적으로 통용된다.

② 2종 보통운전면허 신체검사 기준이 적용된다.

③ 필기 및 실기시험을 통과해야 자격을 취득한다.

④ 각 국마다 자국의 사정에 맞춰 국내 자격기준으로 운영된다.

8. 다음은 초경량비행장치 조종자 준수사항에 대한 설명이다. 틀린 것은?

① 야간비행을 하는 경우

② 비행 중 낙하물을 투하하는 행위

③ 관제공역, 통제공역, 주의공역에서 비행하는 행위

④ 비행시정 및 구름으로부터 거리기준을 위반하여 비행하는 행위

정답

| 5 | ④ | 6 | ④ | 7 | ① | 8 | ④ |

9. 다음은 주류 섭취 후 비행 시 알코올 농도에 따른 처벌에 대한 설명이다. 맞는 것은?

   ① 0.03% : 효력 정지 60일
   ② 0.07% : 효력 정지 90일
   ③ 0.08% : 효력 정지 100일
   ④ 0.12% : 효력 정지 200일

10. 다음은 특별비행승인에 대한 설명이다. 틀린 것은?

    ① 야간비행을 하려고 할 때
    ② 비가시권에서 비행을 하고자 할 때
    ③ 관제권 내에서 비행을 하고자 할 때
    ④ 야간 비가시권 비행을 하고자 할 때

11. 다음은 각종 신고에 대한 설명이다. 틀린 것은?

    ① 비행승인 : 지방항공청
    ② 기체신고 : 한국교통안전공단
    ③ 안전성인증 : 한국교통안전공단
    ④ 조종자 자격 : 한국교통안전공단

12. 다음은 항공법 위반사례에 대한 설명이다. 형벌의 종류가 다른 것은?

    ① 조종자 증명 위반
    ② 조종자 준수사항 위반
    ③ 초경량비행장치 신고번호 표시 위반
    ④ 초경량비행장치 신고 또는 변경신고 위반

정답: 9 ① 10 ③ 11 ③ 12 ④

13. 다음은 초경량비행장치 비행승인에 대한 설명이다. 틀린 것은?

　① 비행제한공역을 비행하려는 사람은 지방항공청장에게 비행승인신청서를 제출한다.

　② 비행승인을 받지 않고 비행제한공역에서 비행하는 자는 벌금 200만 원의 벌금 부과된다.

　③ 가축전염병 예방법에 따른 소독 방역업무에 긴급하게 사용할 경우 비행승인에서 예외가 된다.

　④ 비행장(군비행장은 포함한다)의 중심으로부터 반지름 3㎞ 이내의 지역의 고도 500ft 이내의 범위는 비행승인에서 제외된다.

14. 다음은 비행승인을 받지 않고 비행하는 경우에 대한 설명이다. 맞는 것은?

　① 관제권에서 비행을 하고자 하는 경우

　② 비행금지구역에서 비행을 하고자 하는 경우

　③ 지상고도 150m 이상에서 비행하고자 하는 경우

　④ 최대이륙중량 25㎏ 이하인 무인비행장치의 경우

15. 다음은 초경량비행장치의 비행승인을 받지 않고 비행제한공역에서 비행한 사람에 대한 처벌로 맞는 것은?

　① 200만 원 이하 벌금

　② 200만 원 이하 과태료

　③ 500만 원 이하 벌금

　④ 500만 원 이하 과태료

16. 다음은 지도조종자의 등록취소 요건에 대한 설명이다. 틀린 것은?

　① 벌금형 행정 처분을 받은 경우

　② 부정한 방법으로 지도조종자가 된 경우

　③ 실기시험위원으로 지정된 사람이 부정한 방법으로 실기시험을 진행할 경우

　④ 음주를 한 상태에서 비행지도를 한 경우

정답

| 13 | ④ | 14 | ④ | 15 | ③ | 16 | ④ |

17. 다음은 초경량비행장치의 조종자 전문교육기관 운영에 대한 설명이다. 틀린 것은?

① 교육과목, 교육시간, 평가방법, 교육훈련규정 등 필요한 항공전문교육기관 운영세칙에 의한다.

② 초경량비행장치 조종자 양성을 위한 전문교육기관은 국토교통부령으로 정하는 기준에 의한다.

③ 조종교육 교관 1명 이상, 실기평가과정을 이수한 실기평가 조종자 1명 이상의 전문교관이 필요하다.

④ 전문교육기관으로 지정을 받기 위하여 교관현황, 교육시설 및 장비현황, 교육훈련계획 및 교육훈련규정을 국토교통부장관에게 제출해야 한다.

18. 다음은 초경량비행장치 사고 보고에 대한 설명이다. 틀린 것은?

① 사고경위에 대해 보고해야 한다.

② 사고가 발생한 일시와 장소에 대해 보고해야 한다.

③ 사고 보고를 하지 않을 경우 30만 원의 벌금이 부과된다.

④ 초경량비행장치의 종류 및 신고번호에 대해 보고해야 한다.

19. 다음은 초경량비행장치 무인멀티콥터 조종자증명의 종류에 대한 설명이다. 틀린 것은?

① 4종은 10세 이상이 되어야 자격증 취득 연령이 된다.

② 3종은 운동에너지 기준 1,400J 이상으로 비행경력은 6시간 이상이여야 한다.

③ 1종은 운동에너지 기준 14,000J 이상으로 비행경력은 20시간 이상이여야 한다.

④ 2종 자격증 보유자가 1종 자격증 취득을 위해서는 추가 17시간의 비행경력이 필요하다.

20. 다음은 초경량비행장치 멀티콥터 조종자 증명 제외 대상에 대한 설명이다. 맞는 것은?

① 무인비행장치에서 연료의 중량을 포함한 최대이륙중량이 2kg 이하인 것

② 무인비행장치에서 연료의 중량을 제외한 최대이륙중량이 250g 이하인 것

③ 무인비행선 중에서 연료의 중량을 제외한 자체중량이 12kg 이하이고 길이가 7미터 이하인 것

④ 무인비행선 중에서 연료의 중량을 제외한 자체중량이 12kg 이하 또는 길이가 7미터 이하인 것

정답: 17 ① 18 ③ 19 ④ 20 ③

21. 다음은 초경량비행장치 음주 비행 시 처벌에 대한 설명이다. 틀린 것은?

① 혈중알코올농도 0.02% 이하: 효력 정지 30일

② 혈중알코올농도 0.09% 이상은 효력 정지 180일

③ 혈중알코올농도 0.02% 이상 ~ 0.06% 미만은 효력 정지 60일

④ 혈중알코올농도 0.06% 이상 ~ 0.09% 미만은 효력 정지 120일

22. 다음은 초경량비행장치의 장치신고에 대한 설명이다. 틀린 것은?

① 안전성인증을 받기 전까지 초경량비행장치 신고서를 제출한다.

② 국토교통부장관은 신고를 받은 날부터 7일 이내에 신고수리 통지하여야 한다.

③ 장치신고를 하지 않고 초경량비행장치를 비행한 자는 500만 원 과태료가 부과된다.

④ 안전성인증 대상이 아닌 경우 권리가 있는 날부터 30일 이내까지 초경량비행장치 신고서를 제출한다.

23. 다음은 초경량비행장치에 대한 설명이다. 틀린 것은?

① 무인동력비행장치의 기준은 연료의 중량을 제외한 자체중량이 150kg 이하이여야 한다.

② 행글라이더는 탑승자 및 비상용 장비의 중량을 제외한 자체중량이 70kg 이하이여야 한다.

③ 무인비행선은 연료의 중량을 제외한 자체중량이 180kg 이하 또는 길이가 20m 이하이여야 한다.

④ 동력비행장치는 탑승자, 연료 및 비상용 장비의 중량을 제외한 자체중량이 115kg 이하이며 좌석이 1개이여야 한다.

24. 다음은 신고가 필요없는 초경량비행장치에 대한 설명이다. 맞는 것은?

① 동력을 이용한 행글라이더, 패러글라이더 등의 비행장치

② 무인동력장치 중에서 최대이륙중량이 2kg 이하인 초경량비행장치

③ 제작자가 판매목적으로 제작하였으나 판매하지 않은 것으로 실험용 비행을 한 초경량비행장치

④ 무인비행선 중에서 연료의 무게를 제외한 자체무게가 12kg 이하 또는 길이가 7m 이하인 초경량비행장치

정답

| 21 | ① | 22 | ③ | 23 | ③ | 24 | ② |

Ⅲ 항공사업법

1. 항공기 대여업 정의
2. 항공레저스포츠사업
3. 초경량비행장치사용사업 종류
4. 사업 등록
5. 사업계획 변경(준용규정)
6. 항공기사용사업 양도·양수(준용규정)
7. 법인의 합병(준용규정)
8. 상속(준용규정)
9. 항공기사용사업의 휴업(준용규정)
10. 항공기사용사업의 폐업(준용규정)
11. 사업개선 명령(준용규정)
12. 항공기사업 등록 취소(준용규정)
13. 명의 대여 금지(준용규정)
14. 과징금(준용규정)
15. 항공보험
16. 사안별 승인 및 제출 기한

예상문제

Ⅲ. 항공사업법

1. 항공기 대여업 정의
- 타인의 수요에 맞추어 항공기, 경량항공기, 초경량비행장치를 유상으로 대여하는 사업

2. 항공레저스포츠사업

(1) 정의
- 취미, 오락, 체험, 교육, 경기 등을 목적으로 하는 비행(공중에서 낙하하여 낙하류를 이용하는 비행을 포함한다) 활동

(2) 종류
- 항공기, 경량항공기, 초경량비행장치를 사용하여 조종교육, 체험, 경관조망을 목적으로 태워 비행하는 서비스
- 인력활공기, 기구류, 낙하산류, 동력패러글라이더(착륙장치가 없는 비행장치), 경량항공기, 초경량비행장치 대여 서비스
- 경량항공기, 초경량비행장치에 대한 정비, 수리, 개조서비스

3. 초경량비행장치사용사업 종류
- 비료 및 농약살포 등 농업지원
- 사진촬영, 육상해상 측정 또는 탐사
- 산림 또는 공원 등의 관측 또는 탐사
- 조종교육
- 국민 생명과 재산의 안전에 위해를 일으키지 않는 업무
- 국방, 보안 등 국가안보에 위협을 할 수 없는 업무

4. 사업 등록

구분	항공기 대여업	항공레저스포츠사업	초경량비행장치사용사업
자본금	· 법인 : 납입자본금 2억 5천만 원 이상 · 개인 : 자산평가액 3억 7천만 원 이상 · 경량항공기, 초경량비행장치만 사용 : 3천만 원	· 법인 : 납입자본금 3억 이상 · 개인 : 자산평가액 4억 5천만 원 이상 · 경량항공기, 초경량비행장치만 사용 : 3천만 원	· 법인 : 납입자본금 3천만 원 이상 · 개인 : 자산평가액 3천만 원 이상 (25kg 이하인 무인비행장치만 사용하는 경우 제외)
장치	· 항공기, 경량항공기, 초경량비행장치 1대 이상	· 항공기, 경량항공기, 초경량비행장치 1대 이상 · 항공기 : 감항증명을 받은 비행선, 활공기경량항공기 · 초경량비행장치 : 안전성인증 등급받은 기체	· 초경량비행장치(무인비행장치로 한정) : 1대 이상
인력		· 조종사 : 1명 이상 · 항공기 : 운송용조종사 또는 사업용조종사 · 경량항공기 : 경량항공기 조종교육증명 · 초경량비행장치 : 조종자증명 180시간 · 정비인력 : 초경량비행장치 제외	· 조종사 : 1명(비행시간 제한 없음)
보험가입	· 여객보험(여객없는 초경량비행장치는 제외) · 기체보험(경량항공기,초경량비행장치 제외) · 제3자보험, 승무원보험(승무원 없는 초경량비행장치 제외)	· 제3자 배상 책임보험 · 조종자, 동승자 보험 가입(1억 5천만 원이상) · 초경량비행장치(기구류 제외)에 대해 사업자별로 가입 가능	· 제3자 보험
등록신청	· 등록신청서 · 등록여건을 충족함을 증명 또는 설명하는 서류(자본금 또는 자산평가액, 비행장치 1대 이상)	· 등록신청서 · 등록여건을 충족함을 증명 또는 설명하는 서류(자본금 또는 자산평가액, 비행장치 1대 이상)	· 등록신청서 · 등록여건을 충족함을 증명 또는 설명하는 서류(자산평가액 3천만 원 이상, 초경량비행장치 1대 이상)

구분	항공기 대여업	항공레저스포츠사업	초경량비행장치사용사업
사업계획서 (포함)	· 자본금 · 상호, 대표자성명, 사업소명칭, 소재지 · 예상사업수지계산서 · 재원조달방법 · 사용시설 설비 및 장비개요 · 종사자인력의 개요 · 사업개시예정일 · 부동산을 사용할 수 있음을 증명하는 서류(타인부동산 사용)	· 자본금 · 상호, 대표자성명, 사업소명칭, 소재지 · 예상사업수지계산서 · 재원조달방법 · 사용시설 설비 및 장비개요 · 종사자인력의 개요 · 사업개시예정일 · 부동산을 사용할 수 있음을 증명하는 서류(타인부동산 사용)	· 자본금 · 상호, 대표자성명, 사업소명칭, 소재지 · 예산관련 서류 필요 없음 · 사용시설 설비 및 장비개요 · 종사자인력의 개요 · 사업개시예정일 · 부동산을 사용할 수 있음을 증명하는 서류(타인부동산 사용) · 사용목적 및 범위 · 안전성점검 계획, 사고대응 매뉴얼 안전관리대책
변경신고 사항	· 자본금 감소 · 사업소의 신설 또는 변경 · 대표자 변경 · 대표자의 대표권 제한 및 그 제한의 변경 · 상호 변경 · 사업범위 변경	· 자본금 감소 · 사업소의 신설 또는 변경 · 대표자 변경 · 대표자의 대표권 제한 및 그 제한의 변경 · 상호 변경 · 사업범위 변경	· 자본금 감소 · 사업소의 신설 또는 변경 · 대표자 변경 · 대표자의 대표권 제한 및 그 제한의 변경 · 상호 변경 · 사업범위 변경
	사유 발생일로부터 30일 이내 지방항공청장에게 제출 → 처리기간 14일, 신고수리를 꼭 받아야 함		
등록제한 조건		· 안전우려, 이용자에게 심한 불편 공익을 해칠 우려 · 인구밀집지역, 시 생활 침해, 소음 및 주변환경 등 고려영업행위가 부적절 · 항공안전 및 사고예방 등을 위해 등록제한이 필요한 경우	· 항공기 등록 제한 – 대한민국 국민이 아닌 사람 – 외국정부 또는 외국의 공공단체 – 외국의 법인 또는 단체 – 위 중 해당 사람이 지분 1/2 이상 소유 – 외국인이 법인등기대표자, 임원수1/2 이상 · 피성년 후견인, 피한정 후견인, 파산선고 후 복권× · 항공관련법 위반으로 금고 이상 실형 3년 이내 · 항공관련법 위반 금고 이상 집행유예 중 · 운송사업 관련 면허 및 등록 취소 후 2년 이내 · 초경량비행장치 사업등록 취소 처분 후 2년이 지나지 아니한 자

5. 사업계획 변경(준용규정)

- 기상악화 등 국토교통부령으로 정하는 부득이한 사유가 있는 경우 사업계획을 변경하여 수행한다.
- 사업 계획을 변경 : 신청서와 변경사항 명세서를 지방항공청장에게 제출
- 변경사유가 발생한 날로부터 30일 이내 제출
- 사업계획변경(항공사업법 제32조) → 항공레저스포츠사업에 대해서는 적용하지 않음

(1) 사업계획 변경 인가 기준

- 항공교통 안전에 지장을 줄 염려가 없을 것
  - 사업자 간 과당경쟁의 우려가 없고 이용자의 편의에 적합할 것

(2) 등록 시 사업계획을 수행하지 않아도 되는 경우

국토교통부령의 부득이한 사유

- 기상악화
- 안전운항을 위한 정비로서 예견하지 못한 정비
- 천재지변

(3) 변경신고 사항

- 자본금 감소
- 사업소의 신설 또는 변경
- 대표자 변경
- 대표자의 대표권 제한 및 그 제한의 변경
- 상호 변경
- 사업범위 변경
- 항공기 대수의 변경

6. 항공기사용사업 양도·양수(준용규정)

- 계약일로부터 30일 이내 지방항공청장에게 신고 → 공고(비용 양도인 부담)

(1) 제출서류

- 양도·양수 후 사업계획서
- 양도·양수 계약서 사본
- 양수인이 사업법의 결격 사유에 해당하지 아님을 증명하는 서류
- 양도 또는 양수에 관한 의사결정을 증명하는 서류(법인만)

(2) 양도·양수 신고에 대한 공고

- 양도·양수 성명(법인 명칭 대표자 성명)
- 양도·양수 대상 사업 범위
- 양도·양수의 사유
- 양도·양수인가 신청일 및 양도·양수 예정일

7. 법인의 합병(준용규정)

- 항공기사용사업자가 합병을 하는 경우 국토부장관에게 신고
- 합병신고서를 30일 이내 연명으로 지방항공청장에게 제출한다.

(1) 합병신고서와 서류 제출

- 합병방법과 조건에 관한 서류
- 당사자가 신청 당시 경영하고 있는 사업의 개요를 적은 서류
- 결격사유에 해당하지 아니함을 증명하는 서류와 기준을 충족을 증명하거나 설명하는 서류

(2) 법인일 경우 추가 서류

- 합병계약서
- 합병에 관한 의사결정을 증명하는 서류

8. 상속(준용규정)

- 사망한 날로부터 30일 이내 국토부장관에게 신고
- 상속인이 2인 이상인 경우 합의에 의한 1명만 지위 승계
- 상속인이 제9조 각호의 어느 하나에 해당하는 경우에는 3개월 이내 타인에게 양도할 수 있다.

(1) 타인에게 양도할 수 있는 조건

- 피성년후견인, 피한정후견인, 파산선고 후 복권되지 아니한 자
- 항공관련법 위반으로 금고 이상 실형 3년 이내
- 항공관련법 위반 금고이상 집행유예 중
- 운송사업 관련 면허 및 등록 취소 후 2년 이내
- 초경량비행장치 사업등록 취소처분 후 2년이 지나지 아니한 자

9. 항공기사용사업의 휴업(준용규정)

- 휴업신고서를 휴업예정일 5일 전까지 지방항공청장에게 제출
- 최대 6개월을 초과할 수 없다.
- 항공운송사업에서 휴업허가를 위반하여 휴업 또는 휴지를 한 자
  → 1천만 원 이하 벌금

10. 항공기사용사업의 폐업(준용규정)

- 폐업신고서를 예정일 15일 전까지 지방항공청장에게 제출
- 폐업하거나 폐업신고를 하지 아니하거나 거짓으로 신고한 자 → 500만 원 과태료

11. 사업개선 명령(준용규정)

- 국토교통부장관은 항공기사용사업의 서비스 개선을 위하여 필요하다고 인정되는 경우
- 사업개선명령 위반을 위반한 자 → 1천만 원 이하 벌금

(1) 사업개선명령 세부사항

- 사업계획 변경
- 항공기(초경량비행장치) 및 그 밖의 시설의 개선
- 항공기사고(초경량비행장치 사고)로 인하여 지급할 손해배상을 위한 보험계약 체결

- 항공에 관한 국제조약을 이행하기 위하여 필요한 사항
- 항공기용(초경량비행장치용) 사업서비스의 개선을 위하여 필요한 사항

12. 항공기사업 등록 취소(준용규정)

- 초경량비행장치사용사업의 등록취소 또는 사업정지에 관하여는 제40조(항공기사용사업의 등록취소 등)를 준용한다.

(1) 등록 취소

- 거짓이나 그 밖의 부정한 방법으로 등록한 경우(등록취소)
- 등록사항을 이행하지 아니한 경우(등록취소)
- 사업정지명령을 위반하여 사업정지 기간에 사업을 경영한 경우(등록취소)

  (사업정지명령을 위반한 자 → 1천만 원 이하 벌금)

- 항공기 운항의 정지명령을 위반하여 운항정지 기간에 운항한 경우(등록취소)

(2) 사업 정지

- 등록기준이 미달한 경우
- 사업계획에 따라 사업을 하지 아니한 경우

  (등록할 때 제출한 사업계획대로 업무를 수행하지 아니한 자 → 1천만 원 이하 벌금)

- 타인에게 자기의 성명 또는 상호를 사용하여 사업을 경영하게 하거나 등록증을 빌려준 경우

  (명의대여 등의 금지를 위반한 항공기사용사업자, 항공기대여업자, 초경량비행장치사용사업자, 항공레저스포츠사업자 → 1년 이하 징역 또는 1천만 원 이하 벌금)

- 신고하지 아니하고 사업을 양도·양수한 경우
- 합병을 신고하지 아니하는 경우
- 상속에 관한 신고를 아니한 경우
- 위반하여 신고 없이 휴업한 경우 및 휴업기간이 지나도 사업을 시작하지 아니한 경우

  (항공운송사업에서 휴업허가를 위반하여 휴업 또는 휴지를 한 자 → 1천만 원 이하 벌금)

- 사업개선 명령을 이행하지 아니한 경우
- 위반하여 요금표 등을 갖추어 두지 아니하거나 항공교통 이용자가 열람할 수 없는 경우

  (요금표를 갖추어두지 아니하거나 거짓사항을 적은 요금표 등을 갖추어 둔 자 → 500만 원 과태료)

- 국가의 안전이나 사회의 안녕질서에 위해를 끼칠 현저한 사유가 있는 경우

(3) 등록기준 미달이여도 예외의 경우

- 등록기준에 일시적으로 미달 후 3개월 이내에 그 기준을 충족하는 경우
- 법원이 회생절차 개시의 결정을 하고 그 절차가 진행 중인 경우
- 금융채권 협의회가 금융채권기관 공동관리 절차 개시의 의결을 하고 그 절차가 진행 중인 경우

(4) 예외의 경우 → 등록취소가 안됨

- 임원 중 결격사유에 해당하는 법인이 3개월 이내 해당임원을 결격사유가 없는 임원으로 바꿔 임명
- 피상속인이 사망한 날로부터 3개월 이내 상속인이 항공기사용사업을 타인에게 양도하는 경우
- 사업정지명령 위반

    (사업정지명령을 위반한 자 → 1천만 원 이하 벌금)

13. 명의 대여 금지(준용규정)

- 타인에게 자기의 성명 또는 상호를 사용하여 항공기사용사업을 경영하게 하거나 그 등록증을 빌려주어서는 안 된다.
- 명의대여 등의 금지를 위반한 항공기사용사업자, 항공기대여업자, 초경량비행장치사용사업자, 항공레저스포츠사업자 → 1년 이하 징역 또는 1천만 원 이하 벌금

14. 과징금(준용규정)

- 사업정지를 하면 그 사업의 이용자 등에게 심한 불편을 주거나 공익을 해칠 우려가 있는 경우
- 최대금액 : 항공기대여사업, 항공레저스포츠사업은 3억원, 초경량비행장치사용사업은 3천만 원
- 납부기한 : 20일 이내

15. 항공보험

- 항공운송사업자, 항공기사용사업자, 항공기대여업자는 보험가입을 하지 않으면 항공기 운영을 할 수 없다.
- 항공사업자는 항공보험 등에 가입한 날로부터 7일 이내 국토부장관에게 제출
- 보험가입신고서 또는 공제가입신고서(보험증서 또는 공제증서 사본 첨부) 제출
- 신고서에 포함될 내용
    - 가입자의 주소, 성명(법인 경우 명칭, 대표자 성명)
    - 보험증서 또는 공제증서 개요
    - 보험 또는 공제의 종류별 발효 및 만료일
    - 보험(종제) 종류, 보험료(공제료) 및 보험금액(공제금액)
- 보험(공제)금액 :
    - 근거 : 자동차손해배상 보상법 시행령
    - 금액 : 1억5천만 원 이상(동승한 사람 보장보험 및 공제)
- 항공보험에 가입하지 아니하고 항공기를 운항한 항공사업자 또는 항공기를 운항한 자 → 3년 이하 징역 또는 3천만 원 이하 벌금(항공사업법)
- 보험 또는 공제조합에 가입하지 안하고 경량항공기 또는 초경량비행장치를 사용하여 비행한 자 → 5백만 원 이하 과태료(항공사업법)

16. 사안별 승인 및 제출 기한

기간	30일	20일	15일	7일	5일
항공사업법	· 사업계획변경 · 상속 신고 · 합병 신고 · 양도 · 양수신고	과징금 납부	폐업 신고	항공보험 신고	휴업 신고
항공안전법	· 비행장치신고 · 변경신고 · 이전신고 · 교관등록취소 　이의신청		말소신고	비행장치신고 후 수리기간	

구분	위반행위	벌금, 과태료
징역 또는 벌금	보조금, 융자금을 거짓 또는 그 밖의 부정한 방법으로 교부받은 자	5년 이하 징역 또는 5천만 원 이하 벌금
	면허를 받지 아니하고 국내항공운송사업 또는 국제항공운송사업을 경영한 자	3년 이하 징역 또는 3천만 원 이하 벌금
	등록을 하지 아니하고 소형항공운송사업, 항공기사용사업을 경영한 자	
	항공보험에 가입하지 아니하고 항공기를 운항한 항공사업자 또는 항공기를 운항한 자	
	보조금, 융자금을 교부 목적 외의 목적으로 사용한 항공사업자	
	명의대여 등의 금지를 위반한 항공기사용사업자, 항공기대여업자, 초경량비행장치사용사업자, 항공레저스포츠사업자	1년 이하 징역 또는 1천만 원 이하 벌금
	등록을 하지 아니하고 항공기대여업, 항공레저스포츠사업, 초경량비행장치사용사업을 경영한 자	
	경량항공기를 사업 외 영리 목적으로 사용한 자	
	항공운송사업에서 휴업허가를 위반하여 휴업 또는 휴지를 한 자	1천만 원 이하 벌금
	사업정지명령을 위반한 자	
	등록할 때 제출한 사업계획대로 업무를 수행하지 아니한 자	
	인가를 받지 아니하고 사업계획을 변경한 자	
	초경량비행장치를 사업 외 영리목적으로 사용한자	6개월 이하 징역 또는 5백만 원 이하 벌금
	검사 또는 출입을 거부, 방해하거나 기피한 자	5백만 원 이하 벌금

구분	위반행위	벌금, 과태료
과태료	자료를 제출하지 않거나 거짓의 자료를 제출한 경우	5백만 원 이하 과태료
	보고를 하지 아니하거나 거짓으로 보고한 자	
	질문에 대하여 거짓으로 진술한 자	
	고지의 의무를 이행하지 않은 경우	
	공항운영자가 사업개선 명령을 이행하지 않은 경우	
	보험 또는 공제에 가입하지 아니하고 경량항공기 또는 초경량비행장치를 사용하여 비행한 자	
	폐업하거나 폐업신고를 하지 아니하거나 거짓으로 신고한 자	
	교육비 반환 등의 교육생을 보호하기 위한 조치를 하지 아니한 자	
	운송약관을 신고 또는 변경하지 아니한 자	
	요금표를 갖추어두지 아니하거나 거짓사항을 적은 요금표 등을 갖추어 둔 자	
	항공운임 등 총액을 제공하지 아니하거나 거짓으로 제공한 자	

[표 Ⅲ-1] 과태료의 부과기준

III 예상 문제

1. 다음은 초경량비행장치사용사업 종류에 대한 설명이다. 틀린 것은?

    ① 비료 및 농약살포 등 농업지원
    ② 사진촬영, 육·해상 측정 및 탐사
    ③ 초경량비행장치를 이용한 조종교육
    ④ 초경량비행장치에 대한 정비 서비스

2. 다음은 초경량비행장치사용사업 사업계획서에 대한 설명이다. 틀린 것은?

    ① 사업 개시 예정일을 기입하여야 한다.
    ② 사업 목적 및 범위를 기입하여야 한다.
    ③ 예상사업수지 계산서를 제출하여야 한다.
    ④ 상호, 대표자 성명, 사업소 명칭, 소재지를 기입하여야 한다.

3. 다음은 초경량비행장치사용사업 등록에서 사업계획서에 대한 설명이다. 틀린 것은?

    ① 재원조달 방법
    ② 안전성 점검계획
    ③ 사용 목적과 범위
    ④ 종사자 인력의 개요

4. 다음은 초경량비행장치사용사업 등록취소에 대한 설명이다. 맞는 것은?

    ① 등록기준이 미달하는 경우
    ② 사업개선 명령을 이행하지 않는 경우
    ③ 사업계획에 따라 사업을 하지 아니한 경우
    ④ 거짓이나 그 밖의 부정한 방법으로 등록한 경우

정답

| 1 | ④ | 2 | ③ | 3 | ① | 4 | ④ |

5. 다음은 초경량비행장치사용사업 등록 제한 조건에 대한 설명이다. 틀린 것은?

① 항공기 등록 시 외국정부나 외국 공공단체는 불가하다.

② 항공관련법 위반으로 금고 이상의 2년 이내인 경우 등록되지 않는다.

③ 운송사업 관련 면허 및 등록 취소 후 2년 이내인 경우 등록되지 않는다.

④ 항공관련법 위반으로 금고 이상 죄를 지은 상태에서 집행유예 기간인 경우는 등록되지 않는다.

6. 다음은 초경량비행장치사용사업 변경신고에 대한 설명이다. 변경신고 항목으로 틀린 것은?

① 자본금 증가

② 사업범위 변경

③ 항공기 대수 변경

④ 사업소 신설 또는 변경

7. 다음은 항공기사업 양도 · 양수를 위한 서류제출에 대한 설명이다. 틀린 것은?

① 양도 · 양수 계약서 원본

② 양도 · 양수 후 사업계획서

③ 법인의 경우 양도 또는 양수에 관한 의사결정을 증명하는 서류

④ 양수인이 사업법의 결격사유에 해당하지 아니함을 증병하는 서류

8. 다음은 국토교통부장관이 초경량비행장치사용사업자에게 서비스개선을 위한 사업개선 명령에 대한 설명이다. 틀린 것은?

① 사업계획 변경

② 초경량비행장치 제작자가 정한 정비절차 이행

③ 항공기(초경량비행장치) 및 그 밖의 시설의 개선

④ 항공기 사고(초경량비행장치 사고)로 인하여 지급할 손해배상을 위한 보험계약 체결

정답
| 5 | ② | 6 | ① | 7 | ① | 8 | ② |

9. 다음은 항공보험에 대한 설명이다. 틀린 것은?

　① 보험 및 공제금액은 1억5천만 원 이상이다.

　② 항공보험에 가입한 날로부터 5일 이내 국토교통부장관에게 제출한다.

　③ 항공보험을 가입하지 않은 상태에서 경량항공기와 초경량비행장치를 비행한 자는 500만 원 이하 과태료가 부과된다.

　④ 항공운송사업자, 항공기사용사업자, 항공기대여업자는 보험을 가입하지 않으면 항공기를 운영할 수 없다.

10. 다음 중 초경량비행장치 비행 관련 형벌에 대한 설명이다. 형벌 내용이 다른 것은?

　① 사업정지 명령을 위반한 자

　② 인가를 받지 아니하고 사업계획을 변경한 자

　③ 항공보험에 가입하지 아니하고 항공기를 운항한 항공사업자 또는 항공기를 운항한 자

　④ 보험 또는 공제에 가입하지 아니하고 경량항공기 또는 초경량비행장치를 사용하여 비행한 자

11. 다음은 1천만 원 이하의 벌금에 해당하는 위반행위에 대한 설명이다. 틀린 것은?

　① 사업개선명령을 위반한 자

　② 사업정지명령을 위반한 자

　③ 초경량항공기를 사업 외 영리목적으로 사용한 자

　④ 등록할 때 제출한 사업계획대로 업무를 수행하지 아니한 자

12. 다음은 항공기사용사업의 휴업과 폐업에 대한 설명이다. 틀린 것은?

　① 휴업기간은 6개월을 초과할 수 없다.

　② 휴업 예정일 7일 전까지 지방항공청장에게 신고해야 한다.

　③ 폐업 예정일 15일 전까지 지방항공청장에게 신고해야 한다.

　④ 예약사항을 해결하고 항공시장의 건전한 질서 침해를 해소해야지 폐업할 수 있다.

정답
| 9 | ② | 10 | ④ | 11 | ③ | 12 | ② |

13. 다음은 항공기사업의 등록취소 사유에 대한 설명이다. 틀린 것은?

① 휴업기간이 지난 후에도 사업을 시작하지 아니한 경우

② 타인에게 자기의 성명 또는 상호를 사용하여 경영하게 하는 경우

③ 신고 없이 휴업한 경우 및 휴업기간이 지난 후에도 사업을 시작하지 아니한 경우

④ 등록여건에 미달한 자로 법원이 회생절차 개시의 결정을 하고 그 절차가 진행 중인 경우

정답 13 ④

Ⅳ 공역 및 항공안전

1. 공역 정의 및 분류
2. 공역의 범위
3. 공역 구분
4. 항공교통업무에 따른 구분
5. 공역의 사용목적에 따른 구분
6. 초경량비행장치 비행 공역

예상문제

Ⅳ. 공역 및 항공안전

1. 공역 정의 및 분류

(1) 공역 정의
- 공역은 항공기, 초경량비행장치 등의 안전한 활동을 보장하기 위하여 지표면 또는 해수면으로부터 일정 높이의 특정 범위로 정해진 공간을 말한다.

(2) 공역 종류

① 주권공역
- 영공 : 영토와 영해의 상공으로 완전하고 배타적인 주권을 행사할 수 있는 공간
- 영토 : 한반도와 그 부속 도서
- 영해 : 기선으로부터 측정하여 그 외측 12해리 선까지 이르는 수역

② 영구공역
- 국토교통부장관이 지정하고 고시
- 관제공역, 비관제공역, 통제구역, 주의공역 등이 항공로지도 및 항공정보간행물(AIP)에 고시된 통상적인 3개월 이상 동일 목적으로 사용되는 일정한 수평 및 수직 범위 공역임

③ 임시공역
- 국토교통부 항공교통본부장 등이 NOTAM으로 지정
- 공역 설정 목적에 맞게 3개월 미만의 기간 동안 만 단기간으로 설정되는 수평 및 수직범위의 공역임

④ 방공식별구역(Air Defense Identification Zone)
- 영공방위를 위하여 동 공역을 비행하는 항공기에 대하여 식별, 위치결정 및 통제업무를 실시하는 공역
- 비행정보구역과는 별도로 한국방공식별구역(KADIZ)을 설정하여 국방부에서 관리

⑤ 제한식별구역(Limited Identification Zone)
- 방공식별구역에서 평시 국내 운항을 용이하게 하고 방공작전의 편의를 도모하기 위하여 설정한 구역
- 우리나라 해안선을 따라 한국제한식별구역(KLIZ)을 설정, 국방부에서 관리
- 항공기 식별이 안 될 경우 요격기 투입

2. 공역의 범위

(1) 비행정보구역(FIR : Fright Information Region)

- 항공기, 경량항공기, 초경량비행장치의 안전하고 효율적인 비행과 수색 또는 구조에 필요한 정보를 제공하기 위한 공역으로 국제민간항공협약 및 같은 협약부속서에 따라 국토교통부장관이 그 명칭, 수직 및 수평범위를 지정, 공고한 구역

- 인천비행정보구역(인천 FIR) 범위
    - 북쪽 : 휴전선, 동쪽 : 속초 동쪽 약 210NM, 남쪽 : 제주 남쪽 약 200NM, 서쪽 : 인천 서쪽 약 130NM
    - 인접 FIR : 평양FIR, 상해FIR, 후쿠오카FIR

    ※ NM(Nautical mile) : 주로 바다 위의 거리를 측정할 때 쓰는 단위(1NM = 1,852m)

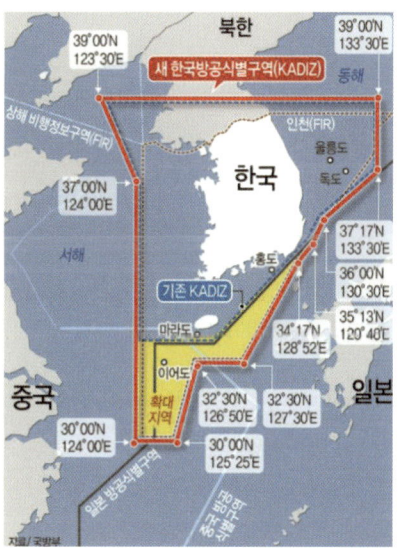

[그림 Ⅳ-1] 한국방공식별구역
(출처 : 국방부 홈페이지)

(2) 공역 현황

- 항공로 : 51개(국제 11개, 국내 40개)
- 접근관제구역 : 14개, 관제권 : 31개, 특수사용공역 : 208개
- 우리나라 공항 : 국제공항 8개, 국내항공 8개, 군민공용 8개
- 초경량비행장치 전용구역 : 21개소(UA2 ~ UA30)
- 무인비행장치만 가능한 구역 : 11개소(UA31 ~ UA41)
- 경량 및 초경량비행장치 비행 가능한 에어 파크 : 3개소(UA20, UA22, UA23)

3. 공역 구분

- 비행정보구역(FIR)을 여러 공역으로 등급화하여 설정하고, 각 공역등급별 비행규칙, 항공교통업무제공, 필요한 항공기 요건 등에 따라 제공하는
- "항공교통업무에 따른 구분"하거나 "공역의 사용목적에 따른 구분"으로 구분한다.

4. 항공교통업무에 따른 구분

구분		내용
관제 공역	A등급 공역	모든 항공기가 계기비행을 해야 하는 공역
	B등급 공역	계기비행 및 시계비행을 하는 항공기가 비행 가능하고, 모든 항공기에 분리를 포함한 항공교통관제업무가 제공되는 공역
	C등급 공역	모든 항공기에 항공교통관제업무가 제공되나, 시계비행을 하는 항공기 간에는 교통정보만 제공되는 공역
	D등급 공역	모든 항공기에 항공교통관제업무가 제공되나, 계기비행과 시계비행을 하는 항공기, 시계비행을 하는 항공기 간에는 교통정보만 제공되는 공역
	E등급 공역	계기비행을 하는 항공기에 항공교통관제업무가 제공되고, 시계비행을 하는 항공기에 교통정보가 제공되는 공역
비관제 공역	F등급 공역	계기비행을 하는 항공기에 비행정보업무와 항공교통조언업무가 제공되고, 시계비행 항공기에 비행정보업무가 제공되는 공역
	G등급 공역	모든 항공기에 비행정보업무만 제공되는 공역

구분		계기비행	시계비행	항공교통 관제업무	분리업무	비행정보 업무	비고
관제 공역	A	○		○ 모든 항공기	○ 모든 항공기		항공로
	B	○	○	○ 모든 항공기	○ 모든 항공기		인천, 김포, 제주 공항
	C	○	○	○ 모든 항공기		○ 시계비행 간	김해, 광주 11개 비행장
	D	○	○	○ 모든 항공기		○ 계기, 시계 시계비행 간	수원, 서울비행장 7개 비행장 접근관제소○
	E	○	○	○ 계기비행		○ 시계비행	접근관제소×
비관제 공역	F					○ 시계,계기	항공교통조언 업무(계기비행)
	G					○	

5. 공역의 사용목적에 따른 구분

구분		내용
관제공역	관제권 (CTR)	CTR : Control Zone 비행정보구역 내의 B, C 또는 D등급 공역 중에서 시계 및 계기비행을 하는 항공기에 대하여 항공교통관제 업무를 제공하는 공역 공항중심으로부터 반경 5NM(9.3km) 내 원통구역
	관제구 (CTA)	CTA : Control Area 비행정보구역 내의 A, B, C, D 및 E등급 공역에서 시계 및 계기비행을 하는 항공기에 대하여 항공교통 관제업무를 제공하는 공역 항공로, 접근관제구역을 포함
	비행장 교통구역 (ATZ)	ATZ : Aerodrome Traffic Zone 비행정보구역 내의 D등급에서 시계비행을 하는 항공기 간에 교통정보를 제공하는 공역 비행장 중심 반경 3NM
비관제공역	조언구역	항공교통조언업무가 제공되도록 지정된 비관제공역(F등급 공역)
	정보구역	비행정보업무가 제공되도록 지정된 비관제공역(G등급 공역)
통제공역	비행금지구역 (P)	P : Prohibit Area, 5개소 안전, 국방상 그 밖의 이유로 항공기의 비행을 금지하는 공역
	비행제한구역 (R)	R : Restrict Area, 84개소 항공사격·대공사격 등으로 인한 위험으로부터 항공기의 안전을 보호하거나 그 밖의 이유로 비행허가를 받지 않은 항공기의 비행을 제한하는 공역
	초경량비행장치 비행제한구역 (URA)	URA : Ultralight Vehicle Flight Area, 29개소 초경량비행장치의 비행안전을 확보하기 위하여 초경량비행장치의 비행활동에 대한 제한이 필요한 공역
주의공역	훈련구역 (CATA)	CATA : Civil Aircraft Training Areas, 9개소 민간항공기의 훈련공역으로서 계기비행항공기로부터 분리를 유지할 필요가 있는 공역
	군작전구역 (MOA)	MOA : Military Operation Area, 55개소 군사작전을 위하여 설정된 공역으로서 계기비행항공기로부터 분리를 유지할 필요가 있는 공역
	위험구역 (D)	D : Danger Area, 32개소 항공기의 비행 시 항공기 또는 지상시설물에 대한 위험이 예상되는 공역
	경계구역 (A)	A : Alert Area, 7개소 대규모 조종사의 훈련이나 비정상 형태의 항공활동이 수행되는 공역

(1) 관제공역

- 항공교통의 안전을 위하여 항공기의 비행 순서·시기 및 방법 등에 관하여 제84조 제1항에 따라 국토교통부장관 또는 항공교통업무증명을 받은 자의 지시를 받아야 할 필요가 있는 공역으로서 관제권 및 관제구를 포함하는 공역

- 관제권(CTR : Control Zone)
  - 공항중심으로부터 반경 5NM(9.3km) 내 원통구역
  - 계기출발 및 도착절차를 포함하는 공역
  - 지표면으로부터 3,000ft~5,000ft까지의 공역

- 관제구(CTA : Control Area)
  - 지표면 또는 수면으로부터 200m 이상의 공역
  - 항공로, 접근관제구역을 포함

- 비행장교통구역(ATZ : Aerodrome Traffic Zone)
  - 관제권 외에 D에서 시계비행을 하는 항공기 간에 교통정보를 제공하는 공역
  - 비행장 중심 반경 3NM, 수직으로 지표면으로부터 3,000ft까지의 공역

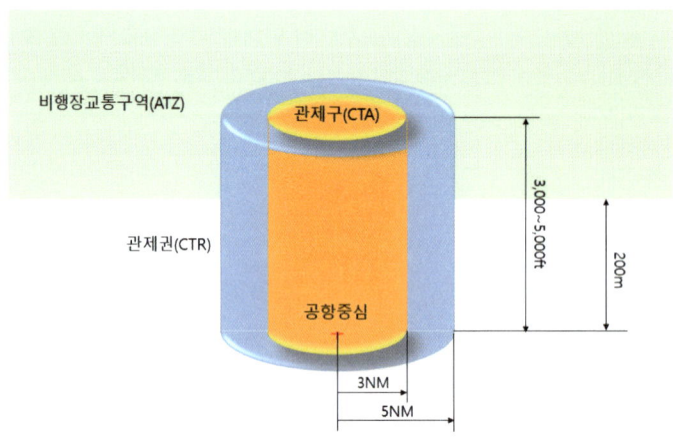

[그림 IV-2] 관제공역

(2) 비관제공역

- 관제공역 외의 공역으로서 항공기의 조종사에게 비행에 관한 조언·비행정보 등을 제공할 필요가 있는 공역
- 항공관제가 미치지 않아 서비스를 제공할 수 없는 공해 상공의 공역 또는 항공교통량이 아주 적어서 공중충돌 위험이 크지 않아서 항공관제업무 제공이 비경제적이라고 판단되어 항공교통관제업무가 제공되지 않는 공역
- 조언구역(F등급공역)
  · 항공교통조언업무가 제공되는 비관제공역
- 정보구역(G등급 공역)
  · 비행정보업무가 제공되도록 지정된 비관제공역

(3) 통제공역

- 항공교통의 안전을 위하여 항공기의 비행을 금지하거나 제한할 필요가 있는 공역
- 구역별 제한사항에 관한 세부 정보는 항공정보간행물(AIP)에 게재 공고
- 비행금지구역(P : Prohibit Area, 5개)
- 비행제한구역(R : Restrict Area, 84개)
- 초경량비행장치 비행제한구역(URA : Ultralight Vehicle Flight Area, 29개)

(4) 주의공역

- 항공기 조종사가 비행 시 특별한 주의·경계·식별 등이 필요한 공역
  · 훈련구역(CATA : Civil Aircraft Training Areas, 9개)은 민간항공기의 계기비행 항공기로부터 분리
  · 군작전구역(MOA : Military Operation Area, 55개)은 군 훈련 항공기를 IFR항공기로부터 분리
  · 위험구역(D : Danger Area, 32개)은 사격장, 폭발물처리장 위험시설의 상공으로
  · 경계구역(A : Alert Area, 7개)은 대규모 조종사 훈련, 비정상형태의 항공활동이 수행되는 공역

6. 초경량비행장치 비행 공역

- 국토교통부장관은 초경량비행장치의 비행안전을 위하여 필요하다고 인정하는 경우에는 초경량비행장치의 비행을 제한하는 공역
- 국토교통부장관으로부터 비행승인
- 비행승인이 필요한 무인비행장치 비행시 국가기관 등의 장이 국토교통부령으로 정하는 바에 따라 사전에 그 사실을 국토교통부장관에게 알리면 비행승인을 받은 것으로 본다.

(1) 비행승인 예외

- 초경량비행장치(항공기대여업, 항공레저스포츠사업 또는 초경량비행장치사용사업에 사용되지 아니하는 것으로 한정한다)
- 최저비행고도(150m) 미만의 고도에서 운영하는 계류식 기구
- 관제권, 비행금지구역, 비행제한구역 외의 공역에서 비행하는 무인비행장치
- 「가축전염병 예방법」에 따른 가축전염병의 예방 또는 확산 방지를 위하여 소독·방역업무 등에 긴급하게 사용하는 무인비행장치
- 연료의 중량을 포함한 최대이륙중량이 25kg 이하인 무인동력비행장치
- 연료의 중량을 제외한 자체중량이 12kg 이하이고 길이가 7m 이하인 무인비행선

(2) 비행승인 대상이 아니라도 비행승인을 받아야 하는 경우

- 국토교통부령으로 정하는 고도 이상에서 비행하는 경우
- 관제공역, 통제공역, 주의공역 중 국토교통부령으로 정하는 구역에서 비행하는 경우

(3) 비행승인 제외 범위

- 비행장 및 이착륙장의 주변 등 대통령령으로 정하는 제한된 범위
- 비행장(군 비행장은 제외한다)의 중심으로부터 반지름 3km 이내의 지역의 고도 500ft 이내의 범위 (해당 비행장에서 항공교통업무를 수행하는 자와 사전에 협의가 된 경우에 한정한다)
- 이착륙장의 중심으로부터 반지름 3km 이내의 지역의 고도 500ft 이내의 범위(해당 이착륙장을 관리하는 자와 사전에 협의가 된 경우에 한정한다)

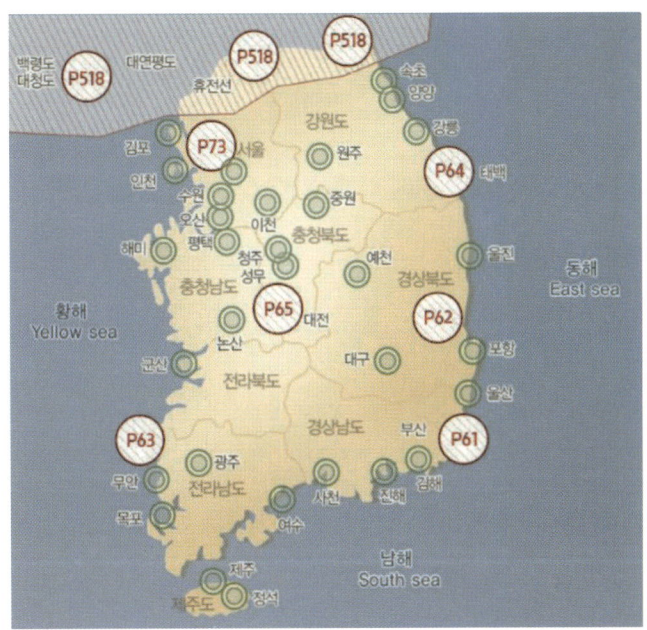

[그림 IV-3] 전국 관제권 및 비행금지구역 현황
(출처 : 무인비행장치 질문답변, 국토교통부, 20180122)

IV 예상 문제

1. 다음은 인천비행정부구역의 범위에 대해 설명한 것이다. 틀린 것은?

    ① 북쪽 : 휴전선

    ② 동쪽 : 강릉 동쪽으로 약 210NM

    ③ 서쪽 : 인천 서쪽으로 약 130NM

    ④ 남쪽 : 제주 남쪽으로 약 200NM

2. 다음은 항공교통관제업무에 대한 설명이다. 해당하는 공역은?

    ① A등급

    ② B등급

    ③ D등급

    ④ F등급

3. 다음은 항공기가 이착륙하는 공항 주위에 설정되는 공역으로 공항중심으로부터 5NM 내에 있는 공역에 대한 설명이다. 맞는 것은?

    ① 관제권

    ② 관제구

    ③ 조언구역

    ④ 비행장교통구역

4. 다음은 초경량비행장치의 비행승인 제외에 대한 설명이다. 틀린 것은?

    ① 비행장 및 이착륙장의 주변 등 대통령령으로 정하는 제한된 범위

    ② 이착륙장의 중심으로부터 반지름 3km 이내의 지역의 고도 500ft 이내의 범위

    ③ 비행장(군 비행장은 포함한다)의 중심으로부터 반지름 3km 이내의 지역의 고도 500ft 이내의 범위

    ④ 비행장(군 비행장은 제외한다)의 중심으로부터 반지름 3km 이내의 지역의 고도 500ft 이내의 범위

정답

| 1 | ② | 2 | ④ | 3 | ① | 4 | ③ |

5. 다음은 초경량비행장치의 비행 가능한 구역으로 맞는 것은?

   ① 초경량비행장치 비행제한구역

   ② 비행금지구역

   ③ 비행제한구역

   ④ UA

6. 다음은 주의공역 중 민간인과 관련된 구역으로 맞는 것은?

   ① D

   ② P

   ③ MOA

   ④ CATA

7. 다음은 항공사격이나 대공사격 등으로 인한 위험으로부터 항공기의 안전 보호를 하거나 그 밖의 이유로 비행허가를 받지 않으면 항공기 비행을 제한하는 공역으로 맞는 것은?

   ① 관제권

   ② 훈련구역

   ③ 비행제한구역

   ④ 비행금지구역

8. 다음은 초경량비행장치 비행승인 제외범위로 맞는 것은?

   ① 공항주변 5NM

   ② P61~P64 18.6NM

   ③ P73 B공역 4.5NM

   ④ 공항중심 반지름 3km, 고도 500ft 이내 범위

정답
| 5 | ④ | 6 | ④ | 7 | ③ | 8 | ④ |

9. 다음은 통제공역에 대한 설명이다. 틀린 것은?

    ① 비행금지구역

    ② 비행제한구역

    ③ 초경량비행장치비행제한구역

    ④ 훈련구역

10. 다음은 사용목적에 따른 공역에 대한 설명이다. 틀린 것은?

    ① 관제권

    ② 관제구

    ③ 정보구역

    ④ 비행장교통구역

정답

| 9 | ④ | 10 | ③ |

Ⅴ 무인비행장치 인적요인

1. 무인항공기 명칭
2. 무인기운용 인력
3. 무인항공기 논란
4. 무인기 인적 에러에 의한 사고비율이 낮은 이유
5. 인적 요인(Human Factors)
6. 비행안전에 영향을 미치는 인적요인

예상문제

V. 무인비행장치 인적요인

1. 무인항공기 명칭

무인항공기는 실제 조종사가 직접 탑승하지 않고, 지상에서 사전 프로그램된 경로에 따라 자동 또는 반자동으로 날아가는 비행체다.

일반적으로 조종사가 탑승하지 아니한 채 비행할 수 있는 비행체로 명칭은 다음과 같이 다양하다.

- Drone
  - 무인항공기 통칭
- ROA(Remotely Operated Aircraft)
  - 미국연방항공청(FAA : The Federal Aviation Administration)에서 사용했던 용어
- UAV(Unmanned Aerial Vehicle)
  - 무인기를 지칭하는 용어로 일반적으로 통용
- UAS(Unmanned Aerial System)
  - 주로 미국에서 사용
  - 기체 외에 여러 요소들로 구성되어 있다는 의미에서 system이라 함
- RPAS(Remotely Piloted Aircraft System)
  - 최근 국제민간항공기구(ICAO)에서 새로이 정의
  - 항공기급 대형 무인기

2. 무인기운용 인력

구분	대형무인기(RPAS)	소형무인기(무인비행장치)
체제	무인비행체 + 이륙수단 + 원격조종수 + 착륙수단	무인비행체 + 조종기 + 조종자 + 육안감시자 다른 기능 수행 시 추가인원 필요할 수 있음
신체기준	항공조종사 신체검사 3종(관제사 적용)	2종 보통운전면허 신체검사 기준 적용
기타	내부조종사 + 외부조종사 필요 (한명은 기장. 다른 사람은 부조종사 역할)	각국 자국사정에 맞춰 국내자격기준 운영

[표 V-1] 무인기 체제 및 조종사의 신체기준

- 육안감시자
  - 무인기를 육안으로 추적하면서 비행 상태와 항로상황을 감시 조종자에게 조언
  - 조종사와 관제사 등과 의사소통을 위하여 비행, 기상, 관제에 관한 교육훈련과정 이수가 필수

3. 무인항공기 논란

- 비행안전문제
  - 여객기와 충돌
  - 추락으로 인한 인명피해
  - 테러 문제
- 사생활침해의 우려
  - 사생활 노출

4. 무인기 인적 에러에 의한 사고비율이 낮은 이유

- 무인기는 자동화율이 높아서 인간 개입 필요성이 낮다.
- 설계 개념상 Fail safe 개념의 시스템의 이중 설계 적용이 미흡으로 기계적 신뢰성이 낮다.
- 기술적 완성도가 낮다.
- 향후 무인기 기술의 발전으로 인적 에러에 의한 사고는 증가하고 기계적 결함에 의한 사고는 줄어들 것으로 예상된다.

5. 인적요인(Human Factors)

(1) 정의

- 국제민간항공기구(ICAO)의 사고방지 매뉴얼에 의해 인적 요인은 항공기 사고, 준사고, 사고 방지와 관련된 인간관계 및 인간능력을 총칭하는 것으로 정의한다.
- 인간이 작업을 수행하는 방법과 인간의 수행에 행동적변수와 비행동적 변수들이 미치는 영향에 대해 다루는 분야(Meister, 1989)

(2) SHELL 모델

- 호킨스 모델이라 하며 인간과 관련 주변 요소들 간의 관계성에 초점 둔 모델이다.
- Software(항공기 운항 분야) : 규정, 절차, 매뉴얼, 작업카드
- Hardware(항공기 기계적 분야) : 항공기, 장비, 공구, 시설(작업장, 건물)
- Environment(조종 환경) : 온도, 습도, 조명, 기상 등
- Liveware(인간) : 성격, 의사소통, 리더십, 문화

[그림 V-1] SHELL 모델

- L-H(인간과 하드웨어) :
    - 인간과 기계시스템 사이의 인터페이스
    - 인체의 착석 특성에 맞는 항공기 좌석 설계 등
    - 사용자의 감각 및 정보 처리 특성에 부합하는 디스플레이 등
    - 올바른 동작 제어, 코딩 및 위치 등
- L-S(인간과 소프트웨어) :
    - 인간과 절차, 매뉴얼 및 체크리스트, 기호 및 컴퓨터 프로그램 사이의 인터페이스
- L-E(인간과 환경) :
    - 인간과 환경 사이의 인터페이스
    - 사람의 요구 사항에 맞게 환경을 조정하여 인간에게 맞는 환경을 조성
- L-L(사람과 사람) :
    - 사람과 사람 사이의 인터페이스
    - 조종사, 관제사, 정비사, 승객 등과의 상호 관계 작용

(3) 인적 요인의 목적

- 수행(Performance) 증진
    - 휴먼 에러 감소
    - 사용의 편리성
    - 생산성 향상
- 인간가치 상승
    - 안전 향상

- 피로와 스트레스 감소
- 편안함
- 직무 만족
- 삶의 질 향상

(4) 인적 오류

- 인간은 불완전한 존재이기 때문에 누구나 실수하며 초기 자동화된 장비들이 인간의 실수를 제거할 것이라 기대하였지만 불완전한 인간이 설계한 장비 역시 불완전하기 때문에 개인의 실수의 관점만으로는 보기보다는 사회적 환경 및 조직의 문제까지 고려한 포괄적 인식 및 다양한 접근이 필요하다.
- 오류의 유형으로는 "의도치 않은 오류"와 "의도한 오류"로 구분된다.

(5) 무인기와 인적 요인

- 보고 피하기(See & avoid) and 탐지하고 피하기(Sense & Avoid)
- 상황인식
- 인간과 기계와의 조화
- 의사소통

① 보고 피하기(See & avoid) and 탐지하고 피하기(Sense & Avoid)

- 무인기는 '보고 피하기(See & Avoid)'를 기본으로 하되, 센서/영상장치에 의한 탐지하고 피하기(Sense & Avoid 또는 Detect & Avoid) 원칙을 적용한다.
- 현재까지 개발된 장치의 성능은 인간의 눈에 필적하지 못함
- 무인기 조종자는 motion feedback(체감각)을 사용하지 않는다.
- 무인기 조종자는 시각을 통해 들어오는 정보로만 상황을 파악하며 비행한다.
- 탐지하고 피하기(Sense & Avoid 또는 Detect & Avoid)

구분	소형무인기(무인비행장치)
광학시스템	안개, 연기 등 기상조건의 제약을 받음 탐색율이 타 항적을 탐지해 내기에는 느림
레이더	유상하중에 제약이 많은 소형 항공기에 적합한 소형레이더가 없음
트랜스폰더, ADS-B	소형무인항공기는 탑재하중과 저전력형 장비개발이 관건임
공중충돌방지장치 (TCAS)	속도가 느리고 기동성이 낮은 무인기는 경고음 발생만 증가시키는 문제가 될 수 있음

[표 V-2] 탐지센서의 특성

② 의사소통 요소
- 명료성(Clarity)
- 명확성(Accuracy)
- 간단성(Simplicity)

6. 비행안전에 영향을 미치는 인적요인

- 시각
- 피로
- 수면
- 약물

(1) 인간의 시각

① 입체시
- 양안의 시차에 의하여 발생되는 시각현상으로 거리감각을 느낄 수 있는 기능
- 거리 및 원근감 판단
- 드론 직진 및 후진 비행 관여

② 광수용기
- 눈의 망막에는 빛을 받아들이는 세포인 광수용기가 존재하며 빛에 반응하여 전기신호를 만들어 시신경을 통해 뇌로 전달함
- 추상체, 간상체로 구성됨

구분	추상체(Corn)	간상체(Rod)
색각의 형태	컬러	흑백
활동 주시간대	주간	야간
망막의 분포	중심	주변
개수	약 7백만 개	1억 3천만 개
해상도	높음	낮음
암순응 소요시간	10분	30분

[표 V-3] 추상체와 간상체 비교

③ 주간시와 야간시

주간시	야간시
높은 해상도의 이미지 색채시 중심시 추상체만 기능	빛이 희미한 밤 : 초승달, 그믐달 낮은 해상도 색채시 상실 야간 암점 간상체만 기능

[표 V-4] 주간시와 야간시 비교

④ 주시안
- 양쪽 눈 중에서 주로 사용하는 눈을 말하며 주안시라고도 함
- 드론 삼각비행, 원주비행 관여

⑤ 암순응, 명순응
- 암순응은 밝은 곳에서 어두운 곳으로 들어갔을 때 처음에 보이지 않던 것이 시간이 지남에 따라 차차 보이기 시작하는 현상
- 동공크기로 조절하는 암순응과 망막의 감도변화에 따른 명순응으로 구분된다. 암순응은 비교적 짧은 시간에 적응이 되고 명순응은 상당한 시간이 필요하다(약 30분).
- 명순응은 어두운 곳에서 밝은 곳으로 들어갔을 때 처음에 보이지 않던 것이 시간이 지남에 따라 차차 보이기 시작하는 현상

⑥ 푸르키네 현상
- 추상체와 간상체의 민감한 색깔대가 달라서 나타나는 현상임
- 밝을 때는 빨간색, 어두운 때는 파란색이 잘 보임

⑦ 암점
- 어두운 상태에서 추상체가 작용을 하지 않아 암점이 발생

⑧ 맹점
- 시신경이 맥락막과 공막을 뚫고 안구의 바깥으로 나가는 부위로 이곳의 망막에는 시세포가 없어 물체의 상이 맺히지 않으므로 시각의 기능을 할 수 없다.
- 맹점현상은 양안시에서는 나타나지 않는다.

(2) 피로가 비행안전에 미치는 부정적 영향

- 의사결정능력, 기억능력, 주의집중 능력에 부정적 영향

특징	급성피로	만성피로
발생	급격하게 나타난다.	서서히 나타난다.
회복	휴식, 식이, 운동 등을 통해 회복	일반적인 휴식으로 잘 회복되지 않음
지속시간	짧다	길다
심각도	정상적	비정상적
삶의 질에 대한 영향	거의 없음	매우 크다

[표 V-5] 피로의 종류

(3) 수면

① 수면이 부족할 때 나타나는 증상

- 시각지각 저하
- 단기기억 저하
- 논리적 추론 저하
- 지속주의 능력 저하

② 수면손실 효과

- 경계에 대한 효과 : 지속적인 주의와 신속한 반응을 요하는 경계과제에 민감
- 상실 : 순간적이고 간헐적으로 나타나는 완전한 주의 상실과 외부자극에 대한 반응실패
- 인간적 처리지연 : 정확성보다는 속도에 영향을 미침
- 과제지속시간에 대한 민감도 : 수면이 부족할수록 과업수행시간이 길어질수록 수행 저하 효과가 나타남

③ 수면의 특징

- 비REM(Rapid Eye Movement) 수면

  - 1~2단계 후 3단계 수면으로 진행
  - 1~2단계는 얕은 잠을 자는 단계(약 55%)
  - 3단계 = 서파수면(Slow wave sleep, 숙면)

    외부에서 오는 정보처리를 멈추고 뇌의 뉴런이 거대하고 느린 전기파를 생성하여 기억병합이 일어나 학습에 중요한 구간임

- REM 수면(급속안구운동)
    - 뇌파는 각성상태와 유사
    - 심장박동 및 호흡 불규칙
    - 꿈 꾸는 단계
    - 전체 수면의 약 25%
    - 음주 시 REM 수면이 억제
④ 효율적인 수면
    - 규칙적인 수면 습관
    - 카페인 및 음주
    - 디지털 디톡스
    - 충분한 양의 햇빛
    - 적당한 운동

V 예상 문제

1. 다음은 인적요인의 목적 중 수행(Performance)증진에 대한 설명이다. 틀린 것은?

    ① 안전 향상

    ② 휴먼 에러

    ③ 생산성 향상

    ④ 사용 편리성

2. 다음은 무인비행기의 인적요인에 대한 설명이다. 틀린 것은?

    ① See & avoid 원칙은 적용되지 않는다.

    ② 무인조종자는 체감각을 사용하지 않는다.

    ③ 시각은 타 감각에 의존하지 않고 독립적인 감각이다.

    ④ 무인기의 기술발전에 따라 기계적 결함보다 인적에러에 의한 사고가 증가할 것이다.

3. 다음은 무인항공기의 비행 안전상의 문제에 대한 설명이다. 틀린 것은?

    ① 무인기를 이용한 테러

    ② 원하지 않는 사생활 노출

    ③ 드론과 여객기의 충돌위험

    ④ 고장으로 인한 추락 시 인명피해의 우려

4. 다음은 인적요인의 목적 중 인간가치상승에 대한 설명이다. 틀린 것은?

    ① 안전 향상

    ② 직무 만족

    ③ 사용의 편리성

    ④ 피로와 스트레스 감소

정답
| 1 | ① | 2 | ① | 3 | ② | 4 | ③ |

5. 다음은 항공분야의 대표적인 인적모델 중 규정, 절차, 매뉴얼에 대한 설명이다. 맞는 것은?

   ① L-S 모델

   ② L-H 모델

   ③ L-E 모델

   ④ L-L 모델

6. 다음은 사고 진행과정에 대한 설명이다. 맞는 것은?

   ① 조직 – 환경/임무 – 개인의 특성 – 사고발생

   ② 사고발생 – 환경/임무 – 개인의 특성 – 조직

   ③ 환경/임무 – 조직 – 개인의 특성 – 사고

   ④ 개인의 특성 – 조직 – 환경/임무 – 사고

7. 다음은 광수용기에 대한 설명이다. 맞는 것은?

   ① 간상체가 추상체보다 개수가 더 많다

   ② 추상체는 야간에 흑백을 보는 것과 관련 있다.

   ③ 간상체는 낮 시간 동안의 높은 해상도와 관련 있다.

   ④ 추상체는 망막 주변에 위치하기 때문에 야간시에 암점과 관련이 있다.

8. 다음은 주간시에 대한 설명이다. 틀린 것은?

   ① 주간에는 추상체가 사용된다.

   ② 암순응은 낮에 영화관에 들어갔을 때 나타나는 현상이다.

   ③ 두 눈이 있기 때문에 입체시로 거리판단 및 원근감을 확인할 수 있다.

   ④ 푸르키네 현상은 낮에는 파란색이 빨간색보다 눈에 더 잘 띄는 것을 설명한다.

정답

| 5 | ① | 6 | ① | 7 | ① | 8 | ④ |

9. 다음은 인간의 시각에서 원근감을 이용한 비행에 대한 설명이다. 맞는 것은?

   ① 원주비행

   ② 삼각비행

   ③ 측풍접근

   ④ 전·후진비행

10. 다음은 무인기 조종에 대한 설명이다. 틀린 것은?

    ① 무인기 조종자는 체감각을 사용하지 않는다.

    ② 시각은 타 감각에 의존하지 않는 독립적인 감각이다.

    ③ 무인조종자는 반드시 시각을 통해 들어오는 정보로만 상황을 파악하며 비행한다.

    ④ 무인기에 설치되어 있는 카메라는 매우 넓은 반경을 한 번에 볼 수 있어 인간의 눈을 대체할 수 있다.

11. 다음은 수면에 대한 설명이다. 틀린 것은?

    ① 수면은 크게 REM수면과 비REM수면으로 구분된다.

    ② REM수면은 심장박동과 호흡이 불규칙하여 꿈을 꾸는 단계이다.

    ③ 수면이 부족할 경우 시각지각, 단기기억, 논리적 추론 등의 저하를 가져온다.

    ④ 비REM수면의 3단계에서는 외부에서 오는 정보처리를 멈추고 뇌의 뉴런이 빠른 전기파를 생성한다.

12. 다음은 소형드론을 비행하기 위한 최소한의 구성요소에 대한 설명이다. 틀린 것은?

    ① 조종자

    ② 정비사

    ③ 육안감시자

    ④ 무인비행체

정답

| 9 | ④ | 10 | ④ | 11 | ④ | 12 | ② |

13. 다음은 푸르키네 현상에서 낮에 가장 잘 보이는 색에 대한 설명이다. 맞는 것은?

    ① 노랑

    ② 초록

    ③ 파랑

    ④ 빨강

14. 다음은 수면이 부족할 때 나타나는 증상에 대한 설명이다. 틀린 것은?

    ① 단기기억 저하

    ② 시각지각 저하

    ③ 논리적 추론 저하

    ④ 의사결정능력 저하

15. 다음은 무인기 운용 인력에 대한 설명이다. 틀린 것은?

    ① 대형무인기는 내부조종사와 외부 조종사가 필요하다.

    ② 소형무인기는 각국 사국사정에 맞춰 국내 사격기순에 따라 운영한다.

    ③ 대형무인기 조종사의 신체기준은 항공조종사 신체검사 3종 기준을 적용한다.

    ④ 소형무인기 조종사의 신체기준은 1종 보통 운전면허 신체검사 기준을 적용한다.

정답: 13 ④ 14 ④ 15 ④

VI 무인비행장치시스템 및 기체운용

1. 무인비행장치 시스템
2. 모터
3. ESC(Electronic speed controller)
4. 배터리
5. 프로펠러 규격 및 출력
6. 비행제어 컴퓨터(FC)
7. 위성항법시스템(GNSS : Global Navigation satellite system)
8. 관성측정장치(IMU : Inertial Measurement Unit)
9. 비행데이터 저장 및 분석

　　예상문제

Ⅵ. 무인비행장치시스템 및 기체운용

1. 무인비행장치시스템

무인비행장치의 시스템은 드론을 날아가게 구동시키는 구동부, 드론의 비행을 조정하는 제어부, 비행장치와 지상의 원격조정자가 각종 데이터를 주고 받는 통신부, 카메라 등 각종 탑재 장비들로 구성된 페이로드로 구성된다.

(1) 구동부

- 구동부는 무인비행장치를 구동시키는 부품으로 모터, 프로펠러, 모터변속기, 배터리 등을 포함한다. ESC는 비행제어기로부터 신호를 받아 모터를 구동시키고, 배터리의 직류 전원을 교류로 바꾸어서 모터로 공급해준다. 각각의 모터들은 별도의 모터변속기로 구동된다.

(2) 제어부

- 제어부는 비행제어기, 센서융합기 및 각종 센서로 구성되며 안정적으로 비행하기 위해서는 비행장치에 장착된 각종 센서를 이용해 비행상태를 측정해야 한다.
- 비행장치의 비행상태는 회전운동과 병진운동이며, 회전운동은 Z축 회전인 요(Yaw), X축 회전인 피치(Pitch 혹은 Elevator), Y축 회전인 롤(Roll 혹은 Aileron)이다. 병진운동은 경도, 위도, 고도, 속도를 의미한다.
- 회전운동상태를 측정하기 위해 3축 자이로센서, 3축 가속도센서, 3축 지자기센서를 이용하고, 병진운동상태를 측정하기 위해 GPS수신기와 기압센서를 이용한다.
- 자이로센서와 가속도센서는 드론의 기체좌표가 지구관성좌표에 대해 회전한 상태와 가속된 상태를 측정해 주는데, MEMS 반도체 공정기술을 이용해 관성측정기(IMU)라 부르는 단일 칩으로 제작되기도 한다.

- 드론은 지상에서 원격조정기를 이용해 비행을 조정하거나, 드론이 사전에 입력된 GPS 비행경로를 자기의 현재 비행위치와 비교하면서 스스로 GPS 경로비행을 할 수 있다.
- 비행제어기는 수신기로부터 전달받은 원격 비행명령어를 센서 융합기에서 보내온 상태 추정치와 비교, 그 차이 값을 이용해 모터들의 회전 속도를 계산하고, 계산된 결과들을 PWM 신호로 변환해 구동부로 전달해준다.

(3) 통신부
- 통신부는 지상의 원격조정기로부터 비행명령어를 수신하는 RC 수신기, 촬영한 사진이나 비디오를 지상으로 송신하는 비디오 송신기, 그리고 위치, 속도, 배터리 잔량 등의 비행정보를 지상으로 송신하는 텔레메트리 송신기로 구성된다.

(4) 페이로드
- 무인비행장치에 탑재되는 페이로드 종류가 군사용이면 군사용 무인비행장치가 되고 민수용이면 민수용 무인비행장치가 된다.
- 페이로드(payload)는 드론의 사용 목적에 따라 원격 탐사 및 사진측량을 위해서는 비디오카메라, 다중분광센서, 초분광센서, 적외선 카메라, 초음파 센서, 라이다, SAR 등 각종 센서들이 탑재될 수 있다.

2. 모터

(1) 사용전원에 따른 분류(직류모터, 교류모터)
- 전류가 흐르는 도체가 자기장 속에서 받는 힘을 이용하여 전기에너지를 역학적에너지로 바꾸는 장치로 전원의 종류에 따라 직류(DC)모터와 교류(AC)모터로 분류된다.
- 교류모터는 기본적으로 외부 고정자와 내부 회전자로 구성되며 교류전류가 고정자 권선에 공급되면 전자기유도에 의해 자기장이 변화한다. 이 때 회전자에서 회전하는 자기장에 의해 유도전류가 생기고 토크에 의해 회전자에 있는 축에서 회전력이 발생한다.
- 교류모터는 기본적으로 외부 고정자와 내부 회전자로 구성되어 있다. 교류전류가 고정자 권선에 공급되면 전자기유도에 의해 자기장이 변화한다. 이 때 회전자에서 회전하는 자기장에 의해 유도전류가 생기고 토크에 의해 회전자에 있는 축에서 회전력이 발생한다.
- 교류모터는 구조가 간단하고 브러시나 정류자와 같은 기계 소모부가 없고, 고속에서 순간 최대 토크를 출력할 수 있어 응답특성이 빠르며 무게당 토크가 크므로 소형 경량화할 수 있으나 직류 전동기에 비해 제어 방법이 복잡하다.
- 직류모터는 직류의 전기를 받아 운동하며, 회전자가 일정한 방향으로 돌 수 있도록 적절한 부호의 전류를 제 때에 공급할 수 있도록 하는 정류자가 필요하다.

- 직류모터는 속도, 토크 및 회전방향의 제어가 용이하나 정류기가 필요하고, 정류 문제나 기계적인 강도상의 문제로 고속화에 제한이 있으며, 브러시 전동기는 정기적인 보수 점검이 필요하다.

구분	교류(AC)모터	직류(DC)모터
사용 전원	교류전원	직류전원
장점	저소음 저진동 반영구적 수명 안정적인 성능	가격이 저렴 기동토크 큼 효율이 높음 정확한 속도제어
단점	정확한 속도 제어 불가능	브러시 또는 회전수 제어기 필요

[표 VI-1] 교류, 직류모터 비교

(2) 브러시 유무에 따른 분류

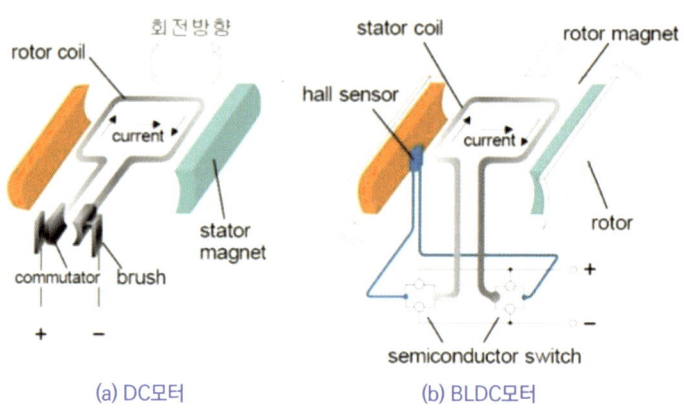

[그림 VI-1] 브러시, 브러시리스 모터 비교

- 직류전동기는 내부의 전기자가 180도 회전할 때마다 방향을 바꾸는 방법에 따라 브러시를 사용한 브러시모터와 전자 스위칭 기술을 이용한 BLD모터로 구분된다.
- BLDC 모터는 영구 자석으로 된 중심부의 회전자(Rotor)와 권선(Wire)으로 되어 있는 극(Pole)과 고정자(Stator)들로 구성되며 전류가 인가된 권선으로부터 생성되는 자기장과 영구 자석 회전자 사이의 관계에 의해 전기에너지가 회전자를 회전시킴으로써 기계적인 에너지로 변환된다.
- BLDC모터는 브러시가 없어 전기적, 기계적 노이즈가 작으며, 고속화가 용이하고, 신뢰성이 높으며, 유지보수가 거의 필요 없다. 또한 소형화가 가능하며, 속도 제어와 위치제어가 가능하다.

구분	브러시모터	브러시리스(BLDC)모터
모터 회전 제어	브러시	브러시가 없고 전기적인 제어
장점	가격이 저렴 구동이 간단	수명이 길다. 고속회전이 가능 발열이 적고 회전수변동이 적음
단점	브러시 수명이 짧다. 발열이 있다.	가격이 고가 구동을 위한 전자변속기(ESC) 필요

[표 VI-2] 브러시, 브러시리스 모터 비교

(2) 모터의 속도상수(KV)

- 무부하상태에서 모터에 전압 1V를 인가했을 때 1분 동안 모터 회전수

    예) KV 1400 : 1V 인가 시 1분 동안 모터 1,400번 회전하는 모터임

    만약 22.2V 사용할 경우 1,400 × 22.2 = 31,080이므로 무부하 시 최대 31,080 회전함

- 모터의 토크/회전수/소모전류의 관계

    · KV가 작을수록 동일한 전류로 모터에서는 큰 토크 발생

    · 권선저항이 적을수록 전압강하가 적어져 KV값은 높아진다.

    · 모터에 인가되는 전압이 일정할 때 모터의 회전수와 토크는 반비례한다.

    · 토크와 소모전류는 비례한다.

    · 모터의 순간적 토크를 발생시키기 위해서는 배터리 방전률 확보가 필요하다.

    · 프로펠러는 모터의 부하요소(직경과 피치)에 의해 변화한다.

      프로펠러의 직경과 피치가 클수록 모터의 부하는 증가한다.

    · 모터에 부하가 걸릴 때 발생하는 현상

      모터부하 걸림 → 회전수 감소 → 토크 증가 → 소모전류 증가 → 발열

3. ESC(Electronic speed controller)

- 무인비행장치에 탑재된 비행조종계통과 모터 사이에 위치하여 모터의 속도를 조절하는 역할을 한다.
- 배터리 전원을 받아 3상 전류를 발생시켜 브러시리스모터에 전원을 전달하여 회전수를 제어하는 역할을 한다.
- 신호잡음이 발생할 수 있어 설치위치에 대한 고려가 필요하다.
- ESC의 선정은 모터의 최대 소모전류를 허용할 수 있도록 선정하여야 한다.

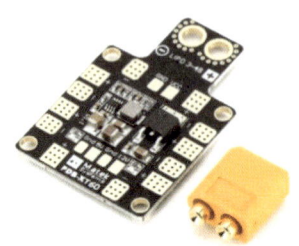

[그림 VI-2] ESC 구조

4. 배터리

(1) 개요

- 배터리는 화학전지라고 하며 화학 반응을 일으켜 전기를 얻는 장치로 1차 전지, 2차 전지, 연료 전지로 구분된다.

구분	1차 전지	2차 전지
개요	한번 사용하고 버리는 일회용 전지	여러 번 충전하여 사용할 수 있는 전지
특징	기전력이 크다 일정한 전압이 장기간 유지 자기 방전이 적음 배터리 용량이 작음 내부저항이 작음	1차 전지에 비해 여러 번 충전하여 사용할 수 있음 수거, 재활용이 불필요하여 비교적 친환경적임 다양한 모양, 크기의 전지가 있음 1차 전지에 비하여 용량이 큼
종류	알칼라인 전지, 망간 전지, 탄소아연 전지	납 축전지, 니켈 카드뮴, 니켈 수소, 리튬이온, 리튬이온 폴리머

[표 VI-3] 1차 전지와 2차 전지 비교

(2) 2차 전지 종류 및 특징

- 2차 전지는 충전 및 방전이 가능한 하나 이상의 전기화학 셀로 구성된 배터리
- 2차 전지는 납산(lead acid), 니켈카드뮴(Ni-Cd), 니켈 수소(NiMH), 리튬이온(Li-ion), 리튬 이온 폴리머(Li-ion polymer) 등 여러 가지 전극재료와 전해질의 조합이 사용된다.

구분	장점	단점
리튬이온 Li-ion	높은 전압 높은 에너지 저장 밀도 뛰어난 온도 특성	폭발 위험 상존 전해질이 액체로 누액 가능성
리튬폴리머 Li-Po	높은 전압 높은 에너지 저장 밀도 뛰어난 온도 특성 폴리머전해질로 높은 안전성 다양한 형태로 설계 가능	제조 공정 복잡 가격 고가 폴리머전해질로 이온전도율이 떨어짐 저온에서 사용특성이 떨어짐
니켈 카드뮴 Li-Cd	완전 방전 후 충전 메모리 현상 용량이 적고 자연방전이 크고 무거움	
니켈수소 Li-MH	작은 내부저항과 함께 전압변동이 적어 대전류가 방전됨 대전류가 방전되는 특징 때문에 과거 휴대용 전자제품에 주로 사용	
납축전지	자동차 시동용, 산업기기예비전원용 경제적이지만 무거움	

[표 Vi-4] 배터리 특성 비교

- 메모리현상은 니켈카드뮴(Ni-Cd)전지나 니켈수소(Ni-MH)전지를 완전 방전되지 않은 상태에서 다시 충전을 행하면 처음에 방전을 중지한 부근에서 약간 전압이 낮게 충전된다. 방전을 매회 같은 부근에서 중지하게 되면 전압 강하가 일어나게 된다.

  메모리 현상(작은 순) 리튬이온 > 리튬폴리머 > 니켈카드뮴

- 리튬폴리머 배터리 3.7V/셀 × 6셀 = 22.2V

(3) 배터리 사용 시 유의사항

- 다른 제품의 배터리를 혼용해서 연결해서는 안 된다.
- 배터리 완충 후 충전기에서 분리해야 한다.
- 과충전이나 과방전은 하지 않는다.
- 3.3V 이하로 낮아지면 영구 손상된다.
- 2.5V 이하로 떨어질 경우 재충전 불가 또는 기능 저하(3.7V까지 방전)
- 손상 입은 배터리는 절대 사용하지 않는다.

- 폐기 시 기포가 발생하지 않을 때까지 소금물에 2~3일 담가 둔다.
- 배터리에서 배선을 장착 시는 +선을, 탈착 시에는 −선부터 순서적으로 해야 한다.
- 비행직후 온도가 높기 때문에 바로 충전 금지한다.
- 충전 시 열이 발생하면 파기해야 한다.
- 장기간 배터리 미 사용시 50~70% 상태로 방전 후 보관한다.
- 보관 시 18~25℃, 건조하고 직사광선을 피하고 환기가 잘되는 곳에 보관한다.

5. 프로펠러 규격 및 출력

(1) 프로펠러 규격

- (XX) × (YY)
- XX : 로터 직경(단위 : 인치)
- YY : 로터 피치, 로터가 한 바퀴 회전할 때 전진하는 거리(단위 : 인치)

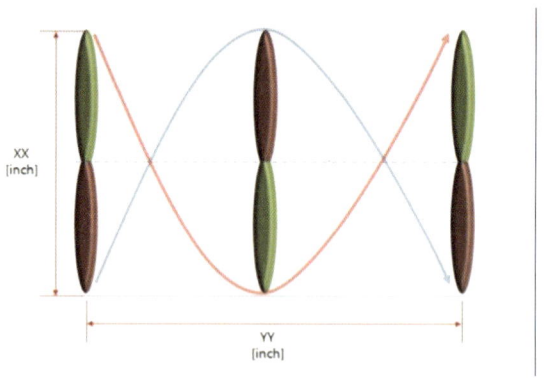

[그림 VI-3] 프로펠러 규격
(출처 https://brunch.co.kr/@mattewmin/69)

(2) 프로펠러 효율

- 전진비에 따라 효율이 달라짐
- 고피치 : 고속비행에 효율이 좋음, 저피치 : 저속비행에 효율이 좋음

구분	사이즈↑	수량↑	피치↑	경도↑
특성	양력↑ 모터부하↑ 비행시간↓	양력↑ Banked Turn↑ 사이즈↓ 급상승↓	모터온도↑ 진동↑ 제어↓	반응속도↑ 파손↑

[표 VI-5] 프로펠러 특성

- Banked Turn : 드론의 코너링도 자동차와 같이 전진하는 관성의 힘을 이길 수 있는 힘이 필요
- 프로펠라↑, 피치↑ → 속도↑ → 토크↑
- 프로펠라↓, 피치↓ → 속도↓ → 토크↓

(3) 프로펠러 재질특성

구분	장점	단점
카본	비행시간에 대한 효율이 좋다. 강도 및 강성이 높다.	가격이 고가, 비행 시 소음이 심하다. 사고 시 대인 · 대물 피해 우려
우드	소음이 적다. 사고시 피해를 줄일 수 있다	가격이 고가
플라스틱	저렴하고 가공이 쉬움 가장 범용적으로 사용한다.	사고 시 대인 · 대물 피해 우려

[표 VI-6] 프로펠러 재질 특성

- 요우 → 러더(Rudder), 피치 → 엘리베이터(Elevator), 롤 → 에일러론(Aileron)

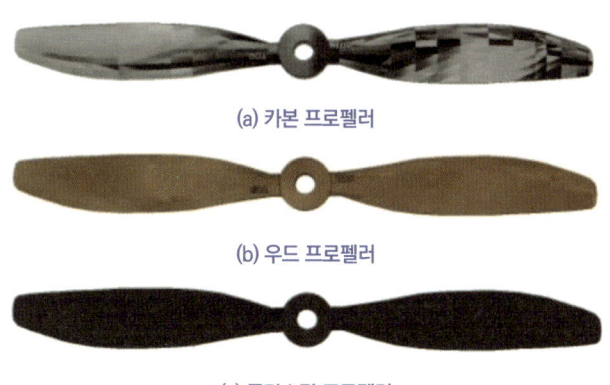

(a) 카본 프로펠러

(b) 우드 프로펠러

(c) 플라스틱 프로펠러

[그림 VI-4] 프로펠러 재질

(4) 프로펠러 결빙
- 기온이 낮고 습도가 높은 경우 발생
- 주로 앞전에서 발생
- 공기흐름의 분리가 발생하여 기체 불안정 발생
- 비행 중 주기적인 결빙 확인 필요

(5) 프로펠러 회전속도
- 프로펠러의 회전 중심에서 멀어질수록 프로펠러 이동속도가 증가한다.
- 프로펠러 끝단 속도가 가장 빠르며 음속에 가깝지 않아야 한다.
- 회전수가 동일할 때 프로펠러의 직경이 길수록 끝단의 속도 빨라진다.

(6) 프로펠러 효율
- 전진비에 따라 효율 차이가 발생한다.
- 저속 비행하는 비행체는 저피치 프로펠러가 효율이 좋다.
- 가변피치 프로펠러를 통해 넓은 속도 영역에서 효율 향상이 가능하다.

(7) 프로펠러 진동
① 발생 원인
- 로터의 편심
- 로터의 무게 불균형
- 로터의 형상 불일치

② 발생 시 현상
- 로터의 편심과 회전수에 따라 공진발생
- 공진발생 시 구조적 피로발생
- 센서 신호 왜곡
- 영상 진동 유발

③ 조치
- 로터 밸런싱
- 댐퍼 또는 댐퍼세트 활용

6. 비행제어 컴퓨터(FC)

① 비행제어를 통해 비행 안전성 및 조종성 확보

② 비행제어 모드에 따른 조종 특성

- 자세각속도제어모드(Acro모드) : 조종사의 자세변화율 제어 명령에 따라 조종(IMU센서 사용)
- 자세제어모드(ATTI모드) : 조종사의 자세 조종 명령에 따라 조종
- 속도/위치(경로점)제어모드(GPS모드) : 조종사의 속도/위치 조종 명령에 따라 조종
  (GNSS, 고도/각속도센서(압력센서)사용) → 비행제어를 통해 비교적 쉬운 난이도로 제자리 비행 수행 가능

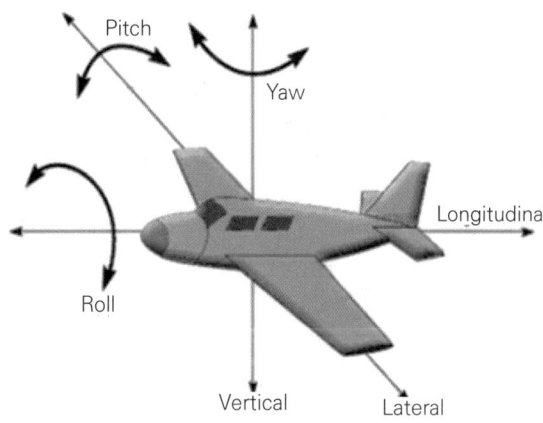

[그림 VI-5] 피치, 요, 롤

7. 위성항법시스템(GNSS : Global Navigation Satellite System)

(1) 개요

- 우주 궤도를 돌고 있는 인공위성을 이용하여 지상에 있는 물체의 속도, 위치, 고도 에 관한 정보를 제공하는 시스템
- 위성 최소 24개 필요
- 미국 GPS, 러시아 GLONASS, 중국 Beidou, 유럽 Galileo

(2) GNSS 측정원리

- 경도, 위도, 높이 측정 위해 3개 위성 신호 + 위성간 오차 제거 1위성 신호

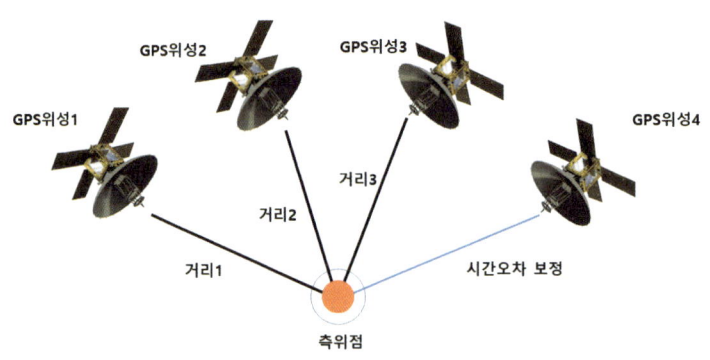

[그림 VI-5] GNSS 측정 원리

(3) GNSS 오차 요인

- 위성신호 전파간섭
- 전리층 지연 오차
- 건물, 지면 반사에 따른 다중 경로 오차
- 위성궤도 오차
- 대류층 지연 오차
- 수신기 잡음 오차 등
- 바람 등에 의한 오차는 발생하지 않음

(4) GNSS 위성배치에 의한 정밀도 영향

- 수신 중인 위성의 배치에 의한 정밀도 희석(DOP)변화
- DOP(Dilution of Precision)는 측위점을 중심으로 한 구(球)를 상정하고, 관측점과 계산에 사용하는 4개 이상의 위성을 각각 연결하는 직선이 그 구면과 교차하는 점을 정점으로 하는 다면체의 체적을 기초로 한 값이다.
- DOP가 낮으면 위성의 기하학적인 배치상태가 좋다는 것을 나타내며, 정확도에 대해 높은 확률을 나타낸다.
- 높은 빌딩 등에 의해 위성신호가 가려질 경우 DOP가 높아져 정밀도가 낮아짐

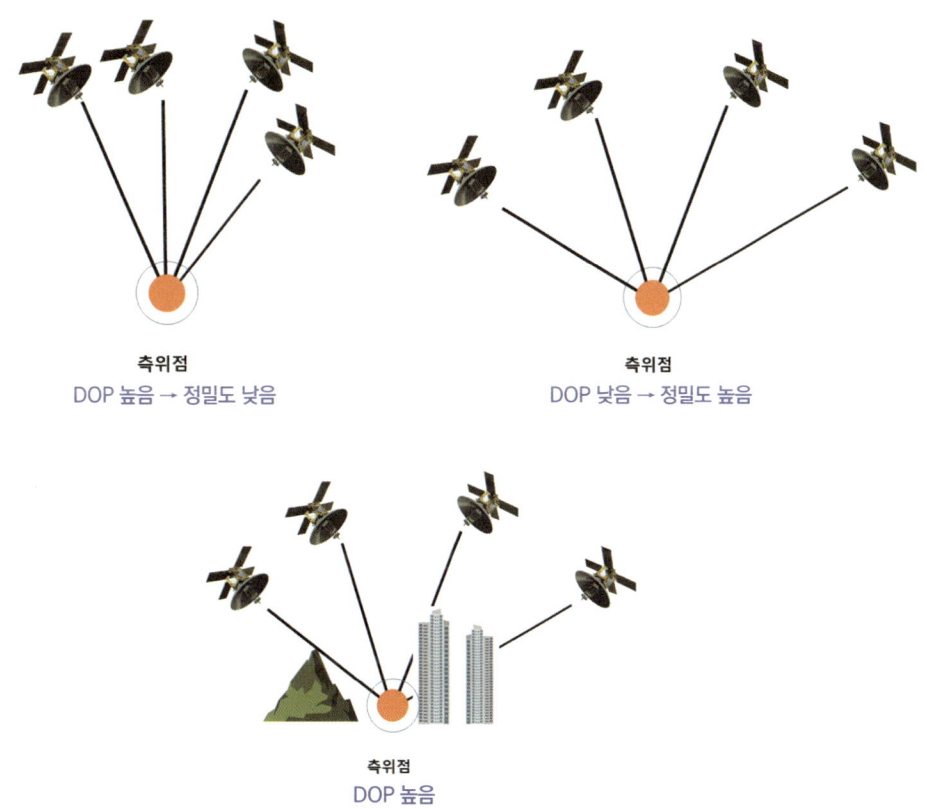

[그림 VI-6] DOP와 정밀도 관계

8. 관성측정장치(IMU : Inertial Measurement Unit)

- 관성측정장치는 GPS와 연동되어 기체의 이동방향, 이동경로, 이동속도를 유지하는 역할을 하고, 3축 자력계와 GPS 수신기가 결합된 형태로 얻은 정보를 무인비행장치의 비행제어장치(FC)로 전달
- 관성측정장치는 가속도계, 자이로스코프, 지자계 등으로 구성되며 멀티콥터 자세제어와 자세각속도 제어에 활용
- 조종사의 직접적인 무선조종 없이 자동으로 비행하게 되면 무인비행장치의 활용도 및 가치를 높일 수 있게 된다. 무인비행장치의 자동항법 비행 기능을 위해서는 데이터링크 기술과 관성측정장치의 중요성이 더욱 커진다.
- 데이터링크는 지상의 컴퓨터와 무인비행장치를 연결해주는 역할을 하며, 관성측정장치는 통제범위를 벗어났을 때 이륙한 곳으로 자동으로 돌아오게 하는 등의 역할을 하는 기술이다.

(1) IMU 초기화 시 주의사항

- 초기화 시 되도록 기체를 움직이지 않는다.
  → 만약 움직였다가 충격을 가했을 경우 전원을 재인가와 초기화를 재수행 한다.
- 초기화가 비정상적으로 수행될 경우 이륙직후 기체 자세가 불안정해 질 수 있다.

(2) 관련 센서

① 가속도계(Accelerometer)와 자이로센서(Gyrosensor)

- 가속도계와 자이로센서는 무인비행장치의 관성센서이다.
- 가속도계는 가속도를 측정하여 자세각을 계산하고, 자이로센서는 회전력을 측정하여 자세각속도를 측정한다.
- 가속도계와 자이로센서는 3축 센서이다. 3축 센서는 센서가 3차원에서 움직일 때 x축, y축, z축 방향의 가속도를 측정하여 중력에 대한 상대적인 위치와 움직임을 측정한다.
- 자이로센서는 무인비행장치를 수평 유지시키는 센서로서 세 축 방향의 각 가속도를 측정하여 무인비행장치의 기울기 정보를 제공해 준다. 비행조정장치는 가속도계와 자이로스코프 측정값을 종합·분석하여 무인비행장치의 현재 자세(각)를 계산하고, 필요한 보정을 수행한다.

② 지자기센서(Magnetometer)

- 지자기센서는 나침반 기능을 하는 센서로 자기장을 측정하여 기수 방위각을 측정하는 역할을 하며 자력계라고도 한다. 비행조정 장치는 가속도계와 자이로스코프만으로는 무인비행장치의 진행방향을 알 수 없기 때문에 지자기센서가 자북을 측정하여 무인비행장치의 방향정보를 비행제어장치(FC)로 보내 정확한 진행방향을 파악한다.
- GPS의 위치정보와 자력계의 방위정보, 가속도계의 이동정보를 결합하면 무인비행장치의 움직임을 파악할 수 있게 된다. 그러나 지자기센서는 전선, 모터, 변속기(ESC) 등이 자기장에 의한

간섭을 쉽게 받기 때문에 주변 자기장에 매우 민감하다. 장비들에 의한 자기장 간섭을 피하기 위해 자력계를 추가적으로 GPS 모듈에 장착하기도 한다.

③ 기압계(Barometer)

- 기압계는 항공기의 고도를 측정하기 위한 압력센서로 무인비행장치의 센티미터 단위의 상하 이동에 의한 공기의 압력 변화를 감지한다. 대기압은 해수면에서의 높이에 따라 결정되고 기압계는 이 원리를 이용하여 대기압을 측정하여 고도를 측정한다.
- 정확한 무인비행장치의 고도측정을 위해서는 기압계 외 GNSS센서를 함께 사용한다. 그러나 실내의 경우에서는 초음파나 이미지 센서 등을 사용하여 정밀하게 고도를 측정한다.

구분	센서 특성
자이로스코프 (Gyrosensor)	각속도계 센서를 중심으로 같은 시간에 물체의 회전하는 속도를 측정하여 기체의 수평자세 유지
가속도계 (Accelerometer)	가속도를 측정하는 센서
기압센서 (Barometer)	고도 측정을 통해 멀티콥터의 고도 유지 온도/습도, 기상에 따른 기압의 변화, 풍속에 따라 오차발생
지자기센서 (Magnetometer)	지자기센서, 자북 측정 지구자기장을 감지하여 방위각 측정하는 전자나침반으로 기수방향 유지 GPS가 있는 무인비행장치에는 기본으로 장착 북위 70도 이상은 자북의 측정이 불가능 태양 흑점활동으로 지자기 교란, 주변 금속에 의한 지자기 왜곡 발생
GPS	인공위성 신호 이용 위치좌표와 고도 측정 주변 전류에 의한 전자기장에 영향으로 전파교란 가능성

[표 VI-7] 센서의 특성

- APM Copter 제어기반 시스템 중 가장 많이 사용하는 센서
  · Gyroscope → Accelerometer → Magnetometer → GPS → Barometer

9. 비행데이터 저장 및 분석

(1) 비행데이터 저장 시 주의사항

- 기체의 이상 유무를 분석하기 위해 가급적 빠른 주기로 저장된 미가공 데이터 필요
- 각 센서 및 모듈에서 저장된 데이터의 저장주기가 다를 수 있음
- 저장매체의 여유 공간이 없을 경우 데이터 손실 가능

(2) 기체이상 및 원인분석 주의사항

- 기체 이상 기동 및 추락의 원인은 센서와 구동기의 오류, 비행제어 불안정, 환경적 요인을 복합적으로 확인하여야 함
- 저장된 비행 데이터는 센서 데이터의 저장이므로 센서 오류 시 부정확한 데이터 저장될 수 있음
- 기체이상 및 추락원인을 명확하게 분석하기 위해서는 별도의 계측기가 필요할 수 있음
- 기체진동으로 인해 기체이상 기동 및 추락이 발생할 수 있음

모터   프로펠러

배터리   조종기

프레임   카메라

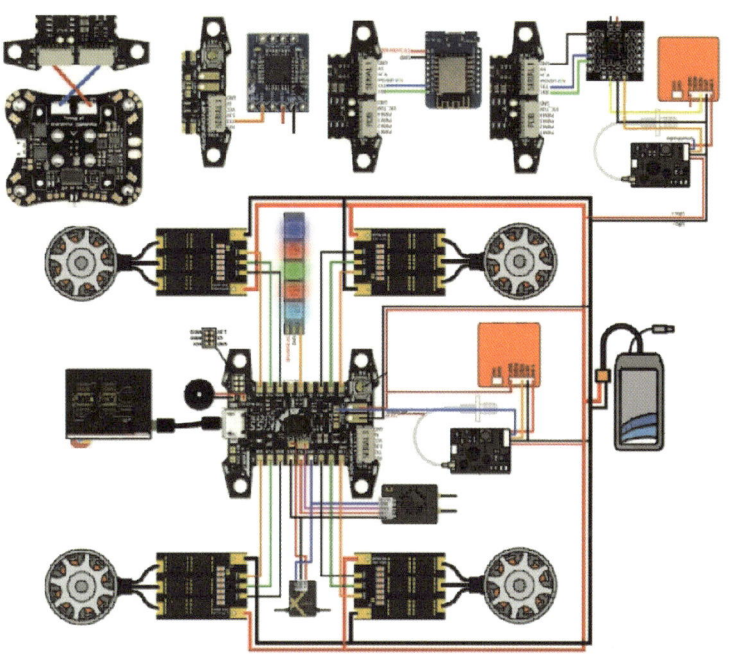

제어시스템

[그림 VI-8] 드론 주요 부품

VI 예상 문제

1. 다음은 모터에 대한 설명이다. 틀린 것은?

   ① AC모터의 수명이 길다.
   ② DC모터는 AC모터에 비해 수명이 길다.
   ③ DC모터는 정확한 속도제어가 가능하다.
   ④ DC모터는 속도제어를 위한 제어기가 필요하다.

2. 다음은 브러시리스모터(BLDC)에 대한 설명이다. 틀린 것은?

   ① 회전수 제어를 위해 전자변속기(ESC)가 필요하다.
   ② 모터권선의 전자기력을 이용해 회전력을 발생한다.
   ③ KV가 작을수록 회전수는 줄어드나 상대적으로 토크는 커진다.
   ④ 모터의 규격에 KV가 존재하며, 10V 인가했을 때 무부하상태에서의 회전수를 의미한다.

3. 다음은 리튬폴리머 배터리에 대한 설명이다. 틀린 것은?

   ① 충전기 셀 밸런싱을 통한 셀간 전압 관리가 필요하다.
   ② 전해질이 액체로 되어 있어 이온전도율이 낮고 누액 가능성이 크다.
   ③ 장기간 보관 시 완전충전 상태가 아닌 50~70% 충전상태로 보관한다.
   ④ 강한 충격에 노출되거나 외형이 손상되었을 경우 안전을 위해 완전 방전 후 폐기한다.

4. 다음은 배터리 사용 시 유의사항에 대한 설명이다. 틀린 것은?

   ① 손상 입은 배터리는 절대 사용하지 않는다.
   ② 다른 제품의 배터리를 연결해서는 안 된다.
   ③ 배터리 케이블 장착 시 −선, 탈착 시 +선부터
   ④ 장기간 배터리 미사용 시 50~70% 상태로 방전 후 보관

정답

| 1 | ② | 2 | ④ | 3 | ② | 4 | ③ |

5. 다음은 프로펠러에 대한 설명이다. 틀린 것은?

　① 프로펠러의 피치가 커질수록 모터온도가 올라가고 진동이 커진다.

　② 프로펠러의 경도가 커질수록 반응속도가 빨라지고 파손이 커진다.

　③ 프로펠러 사이즈가 커질수록 양력이 커지고 비행시간이 늘어난다.

　④ 프로펠러의 수량이 많을수록 양력이 커지고 사이즈는 줄어들고 급상승이 줄어든다.

6. 다음은 프로펠러 규격 중 12×9에 대한 설명이다. 맞는 것은?

　① 프로펠러 직경이 12cm이고 폭이 9cm이다.

　② 프로펠러 직경이 12인치이고 폭이 9인치이다.

　③ 프로펠러 직경이 12cm이고 프로펠러가 1회전했을 때 9cm의 거리를 전진한다.

　④ 프로펠러 직경이 12인치이고 프로펠러가 1회전했을 때 9인치의 거리를 전진한다.

7. 다음은 프로펠러의 진동에 대한 설명이다. 틀린 것은?

　① 센서 신호의 오류

　② 프로펠러의 편심

　③ 프로펠러의 무게 불균형

　④ 프로펠러의 형상 불일치

8. 다음은 무인기를 우측으로 이동시킬 때 프로펠러의 회전방향에 대한 설명이다. 맞는 것은?

　① 왼쪽 프로펠러가 빠르게 회전한다.

　② 오른쪽 프로펠러가 빠르게 회전한다.

　③ 1번과 3번 프로펠러가 빠르게 회전한다.

　④ 2번과 4번 프로펠러가 빠르게 회전한다.

정답

| 5 | ③ | 6 | ④ | 7 | ① | 8 | ① |

9. 다음은 프로펠러 재질에 대한 설명이다. 틀린 것은?

① 우드는 소음은 적으나 가격이 고가이다.

② 카본은 비행 시 소음이 심하고 가격이 고가이다.

③ 금속은 가장 범용적으로 사용되나 비행시간 효율이 낮다.

④ 플라스틱은 가격이 저렴하나 사고 시 대인 대물 피해가 우려된다.

10. 다음 중 무인멀티콥터의 급상승에 유리한 프로펠러 개수는 몇 개인가?

① 4개

② 6개

③ 8개

④ 12개

11. 다음은 관성측정장치(IMU)에 대한 설명이다. 틀린 것은?

① 가속도계를 통해 각속도를 측정한다.

② 자이로스코프를 통해 자세각속도를 측정한다.

③ 코리올리 가속도를 이용하여 각속도를 측정한다.

④ 가속도계, 자이로스코프, 지자계센서들의 정보를 융합하여 데이터 측정한다.

12. 다음은 APM Copter 제어기반 시스템 중 센서가 가장 많이 관여하는 순서로 나열한 것으로 맞는 것은?

① GPS → Barometer → Accelerometer → Gyroscope → Magnetometer

② Magnetometer → GPS → Accelerometer → Barometer → Gyroscope

③ Gyroscope → Accelerometer → Magnetometer → GPS → Barometer

④ Gyroscope → GPS → Accelerometer → Barometer → Magnetometer

정답
| 9 | ③ | 10 | ① | 11 | ① | 12 | ③ |

13. 다음은 GNSS 오차요인에 대한 설명이다. 틀린 것은?

　① 수신기 잡음 오차

　② 대류층 지연 오차

　③ 위성신호 전파간섭

　④ 바람 등에 의한 오차

14. 다음은 비행데이터 저장 시 주의사항에 대한 설명이다. 틀린 것은?

　① 저장매체의 여유 공간이 없을 경우 데이터 손실 가능하다.

　② 기체진동이 기체이상 기동과 기체의 추락 원인이 될 수 없다.

　③ 각 센서 및 모듈에서 저장된 데이터의 저장주기가 다를 수 있다.

　④ 기체의 이상유무를 분석하기 위해서는 가급적 빠른 주기의 저장된 미가공 데이터가 필요하다.

15. 다음은 프로펠러 결빙에 대한 설명이다. 틀린 것은?

　① 주로 앞에서 발생한다.

　② 비행 중 주기적인 결빙 확인이 필요하다.

　③ 기온이 높고 습도가 낮은 경우 발생한다.

　④ 공기흐름의 분리가 발생하여 기체 불안정이 발생한다.

16. 다음은 무인비행장치의 기체이상 및 원인 분석 시 주의사항에 대한 설명이다. 틀린 것은?

　① 기체진동으로 인해 기체이상 기동 및 추락이 발생할 수 있다.

　② 기체이상 및 추락원인을 명확하게 분석하기 위해서는 별도의 계측기가 필요할 수 없다.

　③ 저장된 비행 데이터는 센서 데이터의 저장이므로 센서 오류 시 부정확한 데이터 저장될 수 있다.

　④ 기체 이상 기동 및 추락의 원인은 센서와 구동기의 오류, 비행제어 불안정, 환경적 요인을 복합적으로 확인하여야 한다.

정답 | 13 ④ | 14 ② | 15 ③ | 16 ②

VII 무인비행장치 산업 및 기술동향

1. 국내 드론산업발전 기본계획
2. 드론 3대 인프라 구축
3. 드론 기술 동향
4. 항법시스템

예상문제

Ⅶ. 무인비행장치 산업 및 기술동향

1. 국내 드론산업발전 기본계획

(1) 국내 드론산업 운용 현황

[그림 Ⅶ-1] 드론산업 운용 현황
(출처 : 드론산업발전기본계획보도자료)

(2) 주요 핵심과제

- 공공수요 기반으로 초기시장 육성
- 한국형 K-드론시스템 구축
- 규제 완화 및 샌드박스 시범사업으로 실용화 촉진 지원
- 개발·인증·자격 등 인프라 확충 및 기업지원 허브 모델 확산

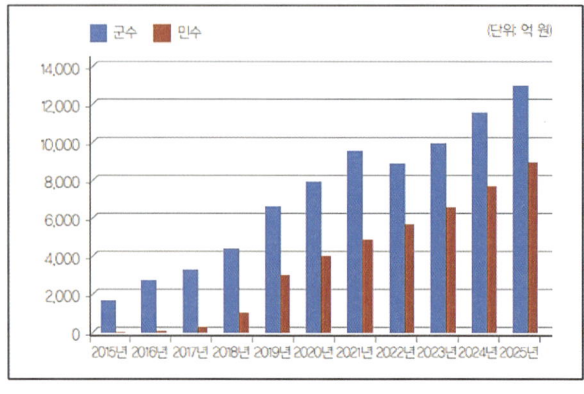

[그림 Ⅶ-2] 국내 무인기시장 전망

(3) 드론산업 육성을 위한 종합계획

- 공공분야 3,700대 드론수요 발굴로 3,500억 원 규모 초기시장 창출 지원
- Life Cycle 관리에서 원격·자율·안전비행까지 한국형 K-드론시스템 개발
- 규제완화, 재정지원(시범운영) 등 실용화 Fast-track 지원
- 드론개발·인증·자격 3대 핵심 인프라 구축 및 기업허브 모델 전국 확산

[그림 VII-3] 드론시장 주요 지표

(4) 첨단 자동관제시스템 해외사례

- 항로관제시스템은 관제탑과 항공기간의 정보를 교환함으로써 항공기 간의 충돌방지, 항공기와 장애물 간의 충돌방지, 항공교통흐름의 조절 및 촉진을 위한 시스템이다. 전세계적으로 드론교통 관리 체계에 대한 연구가 활발히 되고 있다.

① 미국

- 미국은 NASA를 중심으로 2015년부터 2019년까지 연방항공국(FAA)과 협력하여 UTM(Unmanned Traffic Management) 관련 연구를 진행했다. 본 연구의 단기목표는 빠른 시간 내에 드론 및 저고도 항공기의 안전 확보이며, 장기목표는 자동차화를 통한 수용성 확장, 안전성, 효과성, 사용성 증대이다.

- NASA는 COA(Certificates Of Waiver or Authorization) 절차를 통해 UTM 관련 비행시험을 수행했다. 연구에는 아마존을 비롯한 24개 기관이 참여하여 4단계의 기술능력수준(Technology Capability Level)으로 구분하여 기술검증을 실시하였다.

② 중국

- 중국은 2015년에 소형드론 운행규정을 제정을 통해 세계 최초로 UTM 관련 내용을 규정하여 2016년 2/4분기부터 이동통신망을 이용한 U-cloud를 구축하여 운용 중으로 중국 항공기 소유자 및 조종사 협회에서 관리하고 있다.

③ 유럽
- 유럽은 2016년 UTM 개발에 대한 계획(U-space blueprint)을 발표하였다. U-Space 개발을 위해 2024년까지 유럽연합, 유로컨트롤, 기업 등이 1/3씩 출자하여 총 16억유로가 투입될 예정이다.
- U-space 운용개념은 SORA(Specific Operation Risk Assessment)를 기반으로 드론 비행계획의 운용위험도를 분석하여 U-space 서비스와 연동함으로써 안전을 보장하는 것이다.

④ 일본
- 일본은 2020년부터 UTM에 대한 기준 설정 목표로 4Level로 구분하여 연구개발 추진 중이다. 민간 사업자를 중심으로 UTM 플랫폼을 개발하고 고압송전선 등 활용분야에 최적화한 제한된 지역 내에서 한정 목적의 UTM 체계를 구축하였다.

구분	내용
미국	공역배정, 관제, 감시 등을 위한 교통관제시스템(UTM) 개발 중
중국	실시간 비행정보 및 기상정보 등 클라우드 시스템(UCAS) 개발
유럽	전자적 등록(2019) 및 비행경로 추적, 관제당국과 동시 접속시스템 구축 추진
일본	드론 · 3차원 지도 · 비행 관리 · 클라우드 서비스 등 스마트플랫폼 개발 중

[표 VII-1] 자동관제시스템 해외사례

2. 드론 3대 인프라 구축

- 비행사업장
- 안전성인증센터
- 자격실시 시험장

3. 드론 기술동향

(1) 드론의 3대 기술변수

- 비행방식
- 수송능력
- 비행영역

(2) 추진 동력 기술

- 친환경, 고성능, 고효율 동력원 개발 진행
- 고고도 장기 체공을 위한 태양전지, 수소연료전지 등 추진동력 기술

- 내연기관, 태양전지, 연료전지 등을 조합한 하이브리드 동력 기술
- 소형드론은 리튬폴리머 배터리와 모터를 추진동력으로 주로 사용

(3) 자율비행, 충돌회피 기술

- 드론이 지정한 목적지까지 비행하는 동안 다른 물체를 탐지하고 회피하는 기술
- 3차원 지도 기반의 운행경로에 따라 자율비행하는 기술
- 주변상황 인식 센서와 비행제어소프트웨어의 장애물 충돌회피 기술
- 유인기의 조종사 역할을 대신할 수 있는 비협조적 충돌회피 기술
- 기계고장 및 비행환경 변화에 스스로 안전하게 대처하는 기술

(4) 데이터링크 기술

- 제어 데이터와 정보 데이터를 송수신하기 위한 무선통신 기술
- 유효성, 신뢰성, 통합성을 보장할 수 있는 소형경량통신시스템 기술
- 무선주파수(ISM밴드), LTE 등 무선통신 적용기술
- ISM(Industrial Scientific Medical) 대역은 산업, 과학, 의료용기기에 상용하기 위해 지정된 주파수 대역
- 기기들과 이 대역을 사용하는 통신장비 간에 간섭을 용인한다는 조건에서 사용
- 2.4GHz 대역은 와이파이 서비스, 블루투스, 전파식별(RFID) 등 다양한 통신에 사용
- 2.4~2.8GHz, 5.725~5.875GHz 대역 사용
- 우리나라는 433MHz 대역과 902MHz 대역은 ISM대역이 아님

구분	내용	장점	단점
블루투스	· 단거리, 저전력 통신 · 가장 보편적으로 사용 · 79채널, 주파수 호핑기법 사용	· 저전력 통신 · 주파수 간섭현황 상대적 낮음	· 고용량 전송이 어려움 · 데이터 전송속도가 Wi-Fi 보다 느림
Wi-Fi	· 스마트폰 이용한 원격조종 급증 · 주로 레저용 드론에 사용	· 고속 데이터 전송가능 · 노트북, 스마트폰과 직접 연결 가능	· 출력 제한으로 드론제어·통신 제약 · ISM대역으로 간섭현상 발생
위성통신	· 인공위성을 활용한 장거리 통신 · 비용, 사이즈 등 문제로 사용 제한	· 재해, 전시에서도 사용가능	· 고비용, 저수명으로 경제성 부족 · 지상교신 시 시간지연 발생
LTE	· 대단위 망 구축 · LTE 기반 서비스	· 드론제어 통신거리 무제한 · 실시간 영상스트리밍 가능 · 높은 고도에서 영상 중계	· 테러나 범죄에 악용 가능 · 장거리 드론 비행 규제 (국내:비행특별승인제시행)
5G 이동통신	· 빠른 데이터 전송속도 · 드론산업, 서비스에 최적합	· 빠른 전송속도 · 여러 사물과 실시간 통신	· 상용화 장기간 소요

[표 VII-2] 데이터링크 기술 특성

(5) 안티드론 기술

- 무인비행체의 접근을 탐지하는 무인비행체 탐지기술과 드론의 비행을 무력화시키는 기술이 융합된 시스템이다.
- 무인비행체 탐지센서는 음향탐지센서, 방향탐지센서, 영상센서, 레이더센서 등이 있다.

구분	탐지 방법	특이사항
음향탐지센서	드론이 작동할 때 프로펠러의 회전으로 인해 발생하는 특유의 소음을 이용하여 표적 탐지	가격 저렴 소음이 많은 환경에서 탐지 어렵다.
방향탐지센서	가시광선, 적외선, 열화상영역의 영상정보를 활용하여 움직이는 표적을 탐지	비행체의 형상을 직접 확인 가격 고가
영상센서	드론이 사용하는 제어신호와 영상데이터 송수신용 대역신호의 방향과 위치를 탐지	Wi-Fi가 많이 설치된 도심에서는 조정신호 구분이 어렵다.
레이더센서	특정대역의 RF신호를 송출하고 표적으로부터 반사되어 돌아오는 신호를 수신하여 표적을 탐지	도입 비용 고가 주파수 승인 문제

[표 VII-3] 안티드론 기술 중 탐지센서 특성

4. 항법시스템

- 항법은 항공기가 자신의 위치를 알아내는 것
- 항법 4대 요소
  - 위치
  - 방위
  - 거리
  - 시간
- 항법 3대 기능
  - 위치확인
  - 침로결정
  - 도착예정시간(ETA : Estimated Time Of Arrival) 산출
- SLAM(Simultaneous Localization and Mapping) : 주변 환경지도를 작성하는 동시에 차량의 위치를 작성된 지도안에서 인식하는 기법
- MEMS(Micro Eletro Mechanical System)

구분	관성항법시스템 (Inertial Navigation System)	위성항법시스템(GPS) (Grobal Positioning System)	영상항법시스템 (Visual Position System)
정의	항공기 움직일 때 가속도계를 이용하여 측정하여 속도, 이동 거리를 구해 항공기의 위치를 구하는 항법	인공위성을 기초로 위치, 속도 정보 구하는 항법	설치된 카메라에서 제공된 영상으로 위치, 속도, 자세를 구하는 항법
구성 센서	자이로센서, 가속도센서	위성신호, GPS	영상정보, 이미지센서
특징	오차가 상대적으로 커 다른 항법센서와 정보를 융합 소형항공기 저가의 MEMS 기반 IMU 사용	무인항공기의 위치, 속도 정보 제공 고도오차 보정을 위해 관성항법시스템과 필터 결합하여 사용	가볍고 소모 전력이 적음 저가의 광학카메라의 영상으로 항법정보 추출 가능
장점	외부환경 영향 최소	저렴하고 소형 비교적 정확한 위치 정보획득	시야 확보 영상 제공
단점	시간이 경과함에 따라 항법 오차 증가	고도정보 오차 큼 전파방해, 장애물과 같은 외부 간섭에 취약	영상분석 SW에 따른 HW성능 상향 조정 계산이 많고, 조도의 영향을 많이 받음

[표 VII-4] 항법시스템 종류별 특성

Ⅶ 예상 문제

1. 다음은 무인비행장치 산업 동향에 대한 설명이다. 틀린 것은?

    ① 자율비행 시스템은 고도화로 발전이 된다.

    ② 각종 산업분야에 드론이 상용화 될 수 있다.

    ③ 경량화, 소형화로 드론의 활용도가 높아진다.

    ④ 무인비행장치의 성능 한계로 다양한 사업의 활용기술 적용이 어렵다.

2. 다음은 국내 드론산업 발전계획 중 주요 핵심과제에 설명이다. 틀린 것은?

    ① 한국형 K-드론시스템 구축

    ② 공공수요 기반으로 초기시장 육성

    ③ 규제 강화 및 샌드박스 시범사업으로 실용화 촉진 지원

    ④ 개발·인증·자격 등 인프라 확충 및 기업지원 허브 모델 확산

3. 다음은 국내 드론산업 육성을 종합정책에 대한 설명이다. 틀린 것은?

    ① 규제완화, 재정지원(시범운영) 등 실용화 Fast-track 지원

    ② 공공분야 3,700대 드론수요발굴로 3,500억원 규모 초기시장 창출 지원

    ③ Life Cycle 관리에서 원격·자율·안전비행까지 한국형 K-드론시스템 개발

    ④ 3차원 지도·비행 관리·클라우드 서비스 3대 핵심 인프라 구축 및 기업허브 모델 전국 확산

4. 다음은 한국형 K-드론 시스템 구상 시 해외사례 중 미국사례에 대한 설명이다. 맞는 것은?

    ① 실시간 비행정보 및 기상정보 등 클라우드시스템(UCAS) 개발

    ② 공역배정, 관제, 감시 등을 위한 교통관제시스템(UTM) 개발 중

    ③ 드론·3차원 지도·비행 관리·클라우드 서비스 등 스마트플랫폼 개발 중

    ④ 전자적 등록(2019) 및 비행경로 추적, 관제당국과 동시 접속시스템 구축 추진

정답

| 1 | ④ | 2 | ③ | 3 | ④ | 4 | ② |

5. 다음은 항법장치에 대한 설명이다. 틀린 것은?

   ① 영상항법시스템은 관성항법시스템보다 복잡하다.
   ② 관성항법시스템은 사용기간이 길어지면 오차가 감소한다.
   ③ 위성항법시스템은 보정을 위해 관성항법시스템과 결합하여 사용하여야 한다.
   ④ 영상항법시스템은 저가의 광학카메라의 영상으로 항법정보 추출이 가능하다.

6. 다음은 드론통신방식에 대한 설명이다. 틀린 것은?

   ① 블루투스는 단거리 저전력이나 고용량 자료 전송이 어렵다.
   ② Wi-Fi는 고속 데이터 전송이 가능하나 출력제한으로 드론제어 통신에 제약이 있다.
   ③ LTE는 드론제어 통신거리가 무제한이나, ISM 대역사용으로 간섭현상이 발생할 수 있다.
   ④ 위성통신은 인공위성을 활용한 장거리 통신이 가능하나 지상교신 시 시간지연이 발생한다.

7. 다음은 위성항법시스템의 GNSS측정방법에 대한 설명이다. 틀린 것은?

   ① 교점을 계산하여 수신기 위치를 도출한다.
   ② 4개 이상의 위성과 수신기 사이의 거리를 측정한다.
   ③ GPS의 위치 오차를 발생시키는 원인들은 다양하다.
   ④ 수신기 시계오차를 보정하기 위해 3개 이하의 위성신호를 수신한다.

8. 다음은 위성항법 DOP(Dilution of Precision)에 대한 설명이다. 틀린 것은?

   ① 장애물이 있으면 DOP는 높다.
   ② 눈에 보이는 위성들이 흩어지게 되면 DOP는 낮다.
   ③ 눈에 보이는 위성들의 수가 많아지면 DOP는 높아진다.
   ④ 위성들이 하늘에서 서로 가까이 모이게 되면 DOP는 높다.

정답 | 5 ② | 6 ③ | 7 ④ | 8 ③

9. 다음은 데이터링크에 대한 설명이다. 틀린 것은?

① Wi-Fi는 고속 데이터 전송이 불가능하다.

② 블루투스는 주파수 간섭현상이 상대적으로 낮다.

③ LTE는 사고위험, 테러, 범죄에 악용될 소지가 있다.

④ Wi-Fi는 ISM 대역의 사용으로 간섭현상이 발생한다.

10. 다음은 안티드론기술 중 무인비행체 탐지센서에 대한 설명이다. 맞는 것은?

① 방향탐지센서는 도입 비용이 고가이며 주파수 승인에 문제가 있다.

② 음향탐지센서는 가격은 저렴하나 소음이 많은 환경에서 탐지 어렵다.

③ 레이더센서는 Wi-Fi가 많이 설치되어 있는 도심에서는 조정신호 구분이 어렵다.

④ 영상센서는 가시광선영역과 적외선, 열화상영역의 영상정보를 활용하여 움직이는 표적을 탐지한다.

11. 다음 중 항법의 4대 요소에 대한 설명이다. 틀린 것은?

① 고도

② 방위

③ 거리

④ 시간

12. 다음은 드론의 데이터링크 기술에 대한 설명이다. 틀린 것은?

① 무선주파수(ISM밴드), LTE 등 무선통신 적용기술

② 제어 데이터와 정보 데이터를 송수신하기 위한 무선통신 기술

③ 유효성, 신뢰성, 통합성을 보장할 수 있는 대형경량통신시스템 기술

④ ISM대역은 산업, 과학, 의료용기기에 사용되는 주파수 대역으로 통신 장비 간 간섭이 용인되는 조건에서 사용

정답

| 9 | ① | 10 | ② | 11 | ① | 12 | ③ |

13. 다음은 안티드론기술에 대한 설명이다. 틀린 것은?

① 음향탐지센서는 가격은 저렴하나 소음이 많은 환경에서 탐지가 어렵다.

② 영상센서는 Wi-Fi가 많이 설치된 도심에서는 조정신호 구분이 어렵다.

③ 레이더센서는 드론이 사용하는 제어신호와 영상데이터 송수신용 대역신호의 방향과 위치를 탐지한다.

④ 무인비행체의 접근을 탐지하는 무인비행체 탐지기술과 드론의 비행을 무력화시키는 기술이 융합된 시스템이다.

14. 다음은 위성항법시스템에 대한 설명이다. 맞는 것은?

① 인공위성을 기초로 위치, 속도의 정보 구하는 항법시스템이다.

② 가볍고 소모 전력이 적으며 시야가 확보된 영상이 제공된다.

③ 오차가 상대적으로 커 다른 항법센서와 정보를 융합하여 사용한다.

④ 외부환경에 대한 영향이 적으나 시간이 경과함에 따라 항법 오차가 증가한다.

15. 다음은 드론의 자율비행과 충돌회피 기술에 대한 설명이다. 틀린 것은?

① 무인기 조종사와 주변상황 인식 센서의 장애물 충돌회피 기술

② 기계고장 및 비행환경 변화에 스스로 안전하게 대처하는 기술

③ 유인기의 조종사 역할을 대신할 수 있는 비협조적 충돌회피 기술

④ 드론이 지정한 목적지까지 비행하는 동안 다른 물체를 탐지하고 회피하는 기술

정답

| 13 | ③ | 14 | ① | 15 | ① |

VIII 무인비행장치 안전관리

1. 사전 비행 계획
2. 비행 전후 계획
3. 비행 전 공역 확인
4. 비행 중 안전 확인 사항
5. 배터리 안전관리
6. 통신 안전
7. 교관 안전수칙 준수
8. 비행기록 및 기체 배터리 관리
9. 농업용 무인비행장치 안전 준수사항
10. 무인비행장치 사고 사례

   예상문제

Ⅷ. 무인비행장치 안전관리

1. 사전 비행 계획

- 공역
    - 관제공역, 비행장교통구역, 비행금지공역, 비행제한공역을 확인한다.
    - 항공고시보(NOTAM) 확인
- 기상 :
    - 안개, 강수, 강풍, 천둥번개(무선통신/전자장비/센서에 지장), 일출/일몰시각
- 지구자기장 :
    - Safe Flight 등의 앱을 이용한 지구자기장 관측데이터(K-index) 확인
- 안전성인증검사/기체보험 유효기간 확인
- 조종자 준수사항

2. 비행 전후 계획

- 점검표에 따라 비행전후 점검 철저히 시행
- 비행제어기, 각종 센서류, 전자변속기 등의 전자부품에 대한 정비주기에 따른 정기점검
- 상황에 따라 수시점검 시행

3. 비행 전 공역 확인

- Ready to fly, SafeFlight(드론 앱), Windy(기상정보 앱) 등 활용
- 장애물 : 전신주, 전선, 구조물, 수목
- 시정확보 : 수평시정 약 300m, 수직시정 50m
- 기상 확인(현지 풍량, 돌풍 등 풍속 5㎧ 이상 시 비행 자제)
- 지구자기장 지수 확인(지구자기장 지수 5 이상 시 비행 자제 : Ready to fly, SafeFlight 확인)
- 기체점검, 배터리 보관상태 확인(상온유지, 전압체크)

- 차량 및 구경꾼 접근 통제
- 군/소방/경찰 헬기 등 저고도 접근에 대비(관찰자 배치)
- 송전선(15.4만~76.5만V) : 정전사태 등 심각한 피해 우려
- 배전선(2.29만V) : 일반도로 주변(GPS 수신불량, 지자기센서 오류)
- 철골구조물, 조립식 건물, 철판, 차량/선박 위, 철광석 성분이 많은 곳(지자기 왜곡)

4. 비행 중 안전 확인 사항

- 조종자 준수사항 준수 : 가시권비행, 인구밀집지역 비행금지, 낙하물 금지 등
- 육안감시자 배치하여 지상 및 공중(헬기, 공중장애물) 경계
- 아파트 송전선, 철탑주변 중 비행 중 GPS 수신 장애 우려지역 비행 지양
- 야간 비행금지(일출, 일몰 시간 사전 확인)

5. 배터리 안전관리

- 비행 전 기체 및 조종기의 배터리 충전상태 확인
- 비행 후 배터리 잔량 확인
- 사용 횟수/수명 체크 배부른 배터리 사용 금지
- 배터리 충전 시 반드시 전용 충전기 사용할 것
- 과충전, 과방전
- 배터리 충전 시 자리를 비우지 말 것(화재 위험)
- 여름철 고온의 차량 내부에서 충전 및 보관금지
- 겨울철 추운기온에서 배터리 전압이 급속도로 하강
- 장기간 보관 시 보관전압 유지(3.8V/셀)

6. 통신 안전

- 무인비행장치는 무선조종기와 수신기 간의 전파로 조종
- 항상 통신 두절 및 제어불능 상황을 염두에 두고 사고 피해를 최소화하도록 운영
- 조종기 Range Test 모드로 30~50m 거리에서 시동
- HOLD : 조종기 신호 손실 시 직전의 값을 유지
- Fail Safe : 고장발생 시 안전 확보

구분		내용
조종기 신호 손실	소형	호버링, RTH(Return to Home)
	대형	Land(제자리 착륙, 복귀 중 사고발생 우려)
		조종기 신호 손실 시 수신기에 미리 설정된 값으로 수신가가 PWM 신호를 보냄
GCS 고장		Disable(임무 계속 수행), Enabled(일정시간이 지나면 FailSafe Action)
텔레메트리 손실		Disable(임무 계속 수행), Enabled(일정시간이 지나면 FailSafe Action)
배터리 전압	1차 저전압 시	LED 경고
	2차 저전압 시	Land(제자리 착륙)
배터리 저용량		Land(제자리 착륙), RTL(홈복귀)
FailSafe Short Action		무인비행기의 경우 Countine(계속임무 수행) Circle(현위치 선회)
FailSafe Long Action		무인비행기의 경우 Countine(계속임무 수행) Circle(현위치 선회)

[표 VIII-1] Fail-Safe 사례

7. 교관 안전수칙 준수

- 비행 전후 점검철저
  · 피교육생은 점검능력 미숙달 상태로 실질적인 비행장치 점검은 교관이 담당
  · 교육용 무인비행장치는 1일 최대 8시간까지 운용하는 혹독한 환경에 놓여 있다.
- 교관 위치이탈 금지
  · 피교육생은 조종능력 미숙상태로 긴급상황이 오조작 가능성 상존
- 시선유지
  · 가시선 내(VLOS : within Visual Line Of Sight)에 항상 유지
  · 접근자 관찰, 접근 항공기 관찰
  · LED 숙지 및 주시
  (조종기 연결상태, 위성수신 상태, Homepoint 인식, GPS/Atti mode, 저전압, Error, 지자기 캘리브레이션 등)
- 책임소재
  · 교육 시 발생하는 모든 사고는 피교육생이 아닌 교관의 책임임을 항상 명심
- 일일 기체 점검 철저
- GPS 수신장애, 강풍에 의한 오조작 등 우발상황이 항상 발생하기 때문에 교관의 현 위치 이탈 금지
- 비행 간 기체 집중(LED 이상신호감지, 저전압 경고, GPS 수신 불량 등) 및 주변경계(헬기 접근 등) 철저
- 교육현장 기체 사고에 대한 책임소재 발생 대비 제반원칙을 철저히 준수

8. 비행기록 및 기체 배터리 관리

(1) 교육생 및 비행기록 관리

- 비행기록 습관
- 로그북 작성 시 허위로 작성 금지
- 비행 로그는 실제 비행시간을 기본으로 작성이 원칙

(2) 기체의 관리와 배터리의 관리

- 교육생과 함께 관리하는 방법을 공유할 것
- 1일 1회 기체점검 실시
- 배터리의 관리를 통한 보관, 충전방법 등 교육
  - 조종자 및 그 초경량비행장치 소유자 등의 성명 또는 명칭
  - 사고가 발생한 일시 및 장소
  - 초경량비행장치의 종류 및 신고번호
  - 사고의 경위
  - 사람의 사상(死傷) 또는 물건의 파손 개요
  - 사상자의 성명 등 사상자의 인적사항 파악을 위하여 참고가 될 사항

9. 농업용 무인비행장치 안전 준수사항

- 충돌방지를 위한 비행패턴을 유지, 부조종사 반드시 배치
- 3인 1조 작업(조종사, 부조종사, 작업보조자)
- 항공방지 예정지 표시 깃발 설치
- 기체로부터 15m 이상 안전거리 유지
- 풍향에 의한 농약중독 방지를 위해 20m 이상 안전거리 유지
- 전선, 지주선, 수목 등 장애물을 등지고 비행함으로써 사고 예방

10. 무인비행장치 사고 사례

(1) 전라북도 임실군 오수면 둔덕리 사고

- 사고 발생 일시 및 장소
  - 사고발생 일시 : 2009년 8월 3일 14시
  - 사고 장소 : 전라북도 임실군 오수면 둔덕리
- 사고 기체 종류 및 신고번호
  - 기체 종류 : 일본 야마하 RMAX L17
  - 신고번호 : S7044
- 사고 경위 :
  - 피치트림 스위치가 외부물체에 걸려 3단계로 이동되었으나, 비행 전 점검단계에서 확인되지 못함
  - 기체가 이륙 후 후진하면서 조종자와 충돌하여 조종자 사망
  - 이륙 전 GPS 스위치를 2회 작동하였으나, 당시 GPS 수신신호의 불량으로 시동 후 GPS 표시등이 점등되지 않자 조종자는 조급하게 불필요한 반응을 한 것
  - 기체가 후진하는 동안 조종자는 2회 걸쳐 후진을 멈추기 위해 피치조종 간을 작동하였으나 그 양이나 시간이 충분하지 않았음
  - 조종자의 상황인식 및 회피동작이 부족하였음
- 사고 사상 및 파손 :
  - 조종자 사망, 기체 파손

(2) 경상남도 합천군 삼가면 사고

- 사고 발생 일시 및 장소
  - 사고발생 일시 : 2014년 7월 14일 06시 50분
  - 사고 장소 : 경상남도 합천군 삼가면 소재 논
- 사고 기체 종류 및 신고번호
  - 기체 종류 : ㈜성우엔지니어링 REMO-H2
  - 신고번호 : S7346
- 사고 경위 :
  - 06시에 방제 현장에 도착 후 안개로 06시 40분까지 대기하였다가 안개가 걷히자 부조종자와 방제 대상 논의 건너편으로 보내 전신줄 등 장애물 유무와 위치를 확인하고 방제 시작하였음

- 부조종자는 사고 전 의령농협 직원과 무선교신을 하였으며 이때 시선은 의령농협 직원을 주시하여 비행장치를 보지 못했음
- 무선 교신 후 비행장치를 정지선 10~20m 전에서 발견한 후 급히 정지를 외치는 소리를 듣고 조종자가 정지동작을 하였으나 비행관성으로 인해 차량과 충돌하여 비행장치는 전복 후 화재가 발생

– 사고 사상 및 파손 :
- 기체 파손

(3) 경상남도 밀양시 하동읍 양동리 농업용 무인헬리콥터 실종사고

– 사고 발생 일시 및 장소
- 사고발생 일시 : 2017년 7월 13일
- 사고 장소 : 경상남도 밀양시 하동읍 양동리

– 사고 기체 종류 및 신고번호
- 기체 종류 : 일본 야마하 RMAX L17
- 신고번호 : S7224

– 사고 경위 :
- GPS 해제로 기체가 흐르다가 안개 속으로 사라지자 조종자는 기체를 상승시킴
- 높은 고도에서 비행 후 무선신호 단절로 페일세이프가 작동되어 하강 중 연료 고갈로 인한 추락으로 추정
- 산림청 헬기와 인부를 동원하여 20일간 수색에도 기체를 찾지 못함
- 5개월 후 동쪽으로 약 4km 떨어진 하남공단 부지조성 작업 중인 공터에서 발견
- 조종기의 GPS제어스위치를 이륙한 상태에서 작동시켜야 하나 GPS수신기 상태는 미적용 상태로 기록되어 있다. 이는 항공방제 시점에서 조종기의 GPS스위치를 잘못 조작한 것으로 판단된다.

– 사고 사상 및 파손 :
- 기체 파손

Ⅷ 예상 문제

1. 다음은 드론으로 농약을 살포 시 주의사항에 대한 설명이다. 틀린 것은?

    ① 항공방지 예정지 표시 깃발을 설치한다.

    ② 조종사, 부조종사, 작업보조자 3인 1조로 작업한다.

    ③ 방제하기 전 장화를 신고 긴팔 옷을 입고 마스크를 착용한다.

    ④ 풍향에 의한 농약중독방지를 위해 15m 이상 안전거리 유지한다.

2. 다음은 초경량비행장치 비행 중 주의사항에 대한 설명이다. 틀린 것은?

    ① 자율비행 중에는 모니터링을 하지 않아도 된다.

    ② 한 공간에서 여러 대의 기체를 비행할 수 있다.

    ③ 자동화 비행시스템을 이용하여 인적오류를 줄인다.

    ④ 철저한 비행계획을 세워 일어날 수 있는 오류를 줄여야 한다.

3. 다음은 비행 전 준비사항에 대한 설명이다. 틀린 것은?

    ① 배터리 충전상태를 점검한다.

    ② 조종기의 스틱과 스위치를 점검한다.

    ③ 프로펠러와 랜딩기어의 유격상태를 점검한다.

    ④ 정확한 위치센서 확인을 위해 실내에서의 GPS 수신감도를 확인한다.

4. 다음은 무선비행장치의 비행 전 공역확인에 대한 설명이다. 틀린 것은?

    ① Ready to fly, SafeFlight, Windy 등을 활용한다.

    ② 기상 확인에서 풍속이 15㎧ 이상일 경우 비행을 자제한다.

    ③ 지구자기장 지수 확인에서 지구자기장 지수 5 이상 시 비행을 자제한다.

    ④ 비행 현장에 철골구조물, 조립식 건물, 철판, 차량 위, 철광석 성분이 많은 곳에서는 지자기 왜곡이 발생할 수 있다.

정답

1	2	3	4
④	①	④	②

5. 다음은 비행 중 기체에 심한 진동이 발생 시 조종자가 취해야 할 행동에 대한 설명이다. 틀린 것은?

   ① 큰 소리로 주변에 기체이상을 알린다.

   ② 기체를 신속히 주변 안전한 장소로 착륙시킨다.

   ③ 기체를 신속히 착륙 후 기체의 이상을 확인하기 위해 비행한다.

   ④ GPS에 이상이 있을 경우 자세제어 모드로 변경하여 안전하게 착륙한다.

6. 다음은 초경량비행장치의 Fail-safe에 대한 설명이다. 틀린 것은?

   ① 조종기 전원을 의도적으로 끄면 실행되지 않는다.

   ② 조종기 신호 손실 시 직전의 값을 그대로 유지한다.

   ③ 조종기 신호 손실 시 대형 멀티콥터는 제자리에 착륙한다.

   ④ 조종기 신호 손실 시 수신기에 미리 설정된 값으로 수신기가 PWM 신호를 내보낸다.

7. 다음은 무선비행장치의 배터리 안전관리에 대한 설명이다. 틀린 것은?

   ① 비행 후 배터리 잔량 확인한다.

   ② 비행 전 기체 및 조종기의 배터리 충전상태 확인

   ③ 배터리 사용 횟수/수명을 점검하고 배부른 배터리 사용을 금지한다.

   ④ 여름철은 높은 온도에 의해 배터리 전압이 급속도로 하강할 수 있으므로 수시로 배터리를 점검해야 한다.

8. 다음은 야간에 산불 발생지역을 긴급히 확인하기 위한 조치에 대한 설명이다. 틀린 것은?

   ① 열화상카메라를 장착한다.

   ② 선 조치 후 보고하면 된다.

   ③ 긴급한 상황으로 시간이 없으므로 계획 없이 비행한다.

   ④ 산불발생지역을 잘 모르기 때문에 비행 포인트를 계획하여 비행한다.

정답

| 5 | ③ | 6 | ① | 7 | ④ | 8 | ③ |

IX 비행교수법

1. 피교육생에 대한 지도법
2. 실 비행 시험 주의사항
3. 비행 로그북 작성 시 주의사항
   예상문제

IX. 비행교수법

1. 피교육생에 대한 지도법

- 안전불감증 타파, 안전에 대한 선의식화 후 교육진행
  - 기본 복장 착용 철저(안전모, 안전화, 긴팔·긴바지 등 작업복, 눈 보호 안경)
- 교육생들의 다양한 질문에 대한 능숙한 답변 능력 구비를 위한 학습 지속
  - 작용/반작용, 토크/반토크, 회전원리, 전이 상향, 지면효과, 센서 등
- 개개인의 능력과 숙달정도를 고려한 맞춤식 친절한 교육지도
  - 10시간 전까지 다그치는 언어금지
  - 교육집중 방해하는 행동 금지
  - 스틱 조작에 대해 스스로 깨우칠 수 있도록 기다려 주는 교육
  - 교육생과 조종법에 대한 교감
  - 피교육생들에 대한 연령, 성별을 고려한 공평·평등한 자세, 언어사용 견지
  - 교관은 초심을 잃지 말고 교육생의 자세로 지도
  - 일일성과분석을 통한 진행과정과 목표달성 등 교관 상호간 정보 공유
  - 실기 평가기준서 완전 숙지, 정확한 지도

2. 실 비행 시험 주의사항

- 수평비행 시 고도변화 0.5m까지 인정
- 경로이탈 시 무인멀티콥터 중심축 기준 1m까지 인정
- 비상착륙 시 착륙 전 일시정지 고도는 비상착륙장 기준 1m까지 인정하며, 랜딩기어를 기준으로 비상착륙장의 이탈이 없어야 한다.
- 정상접근 및 착륙 시 무인멀티콥터의 중심축을 기준으로 착륙장 이탈이 없어야 한다.
- 측풍접근 및 착륙 시 착륙 직전 위치수정은 1회 이내 가능하며, 무인멀티콥터의 중심축을 기준으로 착륙장의 이탈이 없어야 한다.

3. 비행 로그북 작성 시 주의사항

- 비행 로그북은 기체를 중심으로 작성한다.
  - 지도조종자는 반드시 해당 교육기관 소속 교관이여야 한다.
  - 조종 증명을 취득한 조종자 본인이 직접 작성하는 로그북은 객관적 증빙이 가능한 서류를 함께 제출하는 경우 인정

- · 교육생에 대한 개인 비행 로그북의 추가 작성은 교육원의 재량 사항이다.
- 비행 로그북 양식은 자유로 하되 비행 로그북에는 비행경력증명서에 기재하는 사항의 세부기록이 확인될 수 있도록 모두 기록되어야 한다.
  - · 비행 횟수의 기준으로 비행일자, 비행 횟수, 비행 장소, 이륙·착륙시각, 임무별 비행시간, 비행 목적, 교육생의 성명·서명, 지도조종자의 성명·자격번호·서명 등을 기록하여야 한다.
  - · 비행시간은 이륙부터 착륙까지의 시간을 의미하며, 비행 전 후의 기체점검은 비행시간에 포함되지 않는다.
  - · 안전성 인증검사를 받아야 하는 기체의 경우 안전성 인증을 받은 해당 일자에 안전성인증 검사를 받은 사실과 안전성인증검사 유효기간을 함께 기재하여야 한다.
- 아워미터 장착기체는 이착륙 시의 아워미터 시각을 기록해야 한다.

비행경력증명서

1. 성명 :   2. 소속 :   3. 생년월일/여권번호 :   4. 연락처 :

ⓐ 일자	ⓑ 비행 횟수	ⓒ 초경량비행장치						ⓓ 비행 장소	ⓔ 비행 시간 (hrs)	ⓕ 임무별 비행시간				ⓖ 비행 목적 (훈련 내용)	ⓗ 지도조종자		
		종류	형식	신고 번호	최종 인증 검사일	자체 중량 (kg)	최대 이륙 중량 (kg)			기장	훈련	교관	소계		성명	자격 번호	서명
계																	

무인비행장치 조종자 증명 운영세칙 제9조에 따라 위와 같이 비행경력을 증명합니다.

발급일: 발급기관명/주소:

발급책임자: (서명 또는 인)   전화번호:

[표 IX-1] 비행경력증명서

(1) 비행경력증명서 기재 요령

① 흑색 또는 청색으로 바르게 기재해야 한다.

② 발급번호는 기관명-년도-월-발급순서 순으로 기재한다.

- 예) 전문교육기관의 경우 : 전문-2021-07-01

    사설교육기관의 경우 : 사설-2021-07-01

③ ⓐ항은 년. 월. 일로 기재해야 한다.

- 예) 작성일자가 2021년 7월 1일 경우 : 21.07.01

④ ⓑ항은 해당일자의 총 비행횟수를 기재한다.

⑤ ⓒ항의 종류에는 해당 비행장치 종류(무인비행기, 무인헬리콥터, 무인멀티콥터, 무인비행선)를 기재한다.

- 형식은 비행장치의 제조사별 모델명을 기입하고 신고번호는 기체에 부착되어 있는 신고번호를 기재하면 된다.
- 최종인증검사일은 해당일자에 비행할 당시 초경량비행장치의 최종 인증검사일을 기재한다. 만약 인증검사 면제대상인 기체일 경우 최종 검사일에 "면제"로 기재한다.
- 자체중량과 최대이륙중량은 지방항공청에 신고할 때의 중량을 기재한다.

⑥ ⓓ항은 해당 비행장치로 비행한 장소를 기재한다.

- 비행하는 장소가 경기도 평택시일 경우 : 경기 평택

⑦ ⓔ항 비행시간(hrs)은 해당일자에 비행한 총 비행시간을 시간(hour)단위로 기재한다.

- 시간은 비행기가 이륙 후 착륙 직후시간을 산정하여 인정하며 소수점 둘째자리부터는 모두 버린다.
- 비행경력서상의 인정받을 수 있는 비행시간은 출결관리시스템이 구축되어 확인된 시간만 인정된다.
- 해당일자에 비행장치 최종인증검사일로부터 유효기간이 경과된 비행장치로 행한 비행시간은 인정되지 않는다.
- 예) 비행시간이 35분일 경우 : 0.5(35÷60=0.5833)

⑧ ⓕ항 임무별 비행시간은 다음과 같다.

- 기장시간 : 해당 초경량비행장치 조종자 증명이 없는 사람이 지도조종자 감독 하에 단독으로 비행한 시간 또는 해당 초경량비행장치 조종자증명이 있는 사람이 단독으로 비행한 시간을 시간단위로 기재한다.
- 훈련시간 : 지도조종자의 원격조종장치와 함께 연결된 비행훈련용 원격조종장치로 교육을 받는 사람이 비행한 시간을 시간 단위로 기재해야 하며 지도조종자로부터 교육을 받은 시간만 비행경력으로 인정된다.
- 교관시간 : 위 훈련시간에 따른 지도조종자로서 비행한 시간을 시간(hour)단위로 기재한다.

⑨ ⓖ항은 조종자증명을 받은 사람은 비행 목적을 기재하고, 조종자증명을 받지 못한 사람은 훈련내용을 기재한다.

⑩ ⓗ항은 조종자 증명을 받은 사람은 비행교육을 실시한 지도조종자의 성명, 자격번호, 서명을 기재하며 지도조종자 서명은 교육을 시행한 지도조종자가 직접 자필로 기재해야 한다.

IX 예상 문제

1. 다음은 조종자 실기평가에 대한 설명이다. 틀린 것은?

   ① 상하고도 0.5m 이상을 벗어나면 실격이다.
   ② 기체 중심으로부터 반경 1m 이상 벗어나면 실격이다.
   ③ 정상접근 착륙 시 랜딩기어가 착륙장에서 벗어나면 실격이다.
   ④ 비상착륙 시 랜딩기어가 착륙장에 걸쳐있지 않으면 실격이다.

2. 다음은 조종자 실기평가에 대한 설명이다. 맞는 것은?

   ① 모두가 U가 아니면 합격이다.
   ② 좌우 기동 시 몸을 움직여도 무방하다.
   ③ 실기비행이 부족해도 구술에서 만회할 수 있다.
   ④ 기체 중심으로부터 반경 0.5m 이상 벗어나면 실격이다.

3. 다음은 현장에서 지도조종자의 피교육생에 대한 지도방법에 대한 설명이다. 틀린 것은?

   ① 비행 교육 중에 교관은 절대 교육생의 옆을 떠나지 않는다.
   ② 교육생별로 교육진행 사항을 기록하여 다음 교육에 참고한다.
   ③ 비행 중 불필요한 사담으로 집중력을 저해시키지 말아야 한다.
   ④ 교육 중 기체 파손은 교육생의 잘못이므로 교관은 책임이 없다.

4. 다음은 로그북 작성방법에 대한 설명이다. 틀린 것은?

   ① 지도조종란에는 성명, 자격번호, 서명을 기록해야 한다.
   ② 기체정보에는 훈련을 가장 많이 한 기체의 번호를 대표로 적는다.
   ③ 비행시간은 이륙부터 착륙까지의 시간을 의미하며, 비행 전후의 기체점검시간은 포함하지 않는다.
   ④ 비행로그북 양식은 자유로 하되 비행로그북에는 비행경력증명서에 기재되는 사항의 세부기록이 확인될 수 있도록 모두 기록되어야 한다.

정답
| 1 | ③ | 2 | ① | 3 | ④ | 4 | ② |

5. 다음은 비행경력증명서에 대한 설명이다. 틀린 것은?

① 교관시간은 훈련시간에 따른 지도조종자로서 비행한 시간을 시간 단위로 기재한다.

② 지도조종란에는 훈련을 지도한 지도조종란에는 성명, 자격번호, 서명을 기록해야 한다.

③ 기장시간은 조종자증명을 받지 않은 사람은 단독으로 비행한 시간을 시간단위로 적는다.

④ 훈련시간은 지도조종자의 원격조종장치와 함께 연결된 비행훈련용 원격장치로 교육을 받는 사람이 비행한 시간을 시간단위로 기재한다.

6. 다음은 비행경력증명서에 대한 설명이다. 틀린 것은?

① 교관시간은 훈련시간에 따른 지도조종자로서 비행한 시간을 시간 단위로 기재한다.

② 지도조종란에는 훈련을 지도한 지도조종란에는 성명, 자격번호, 서명을 기록해야 한다.

③ 기장시간은 조종자증명을 받지 않은 사람은 단독으로 비행한 시간을 시간단위로 적는다.

④ 훈련시간은 지도조종자의 원격조종장치와 함께 연결된 비행훈련용 원격장치로 교육을 받는 사람이 비행한 시간을 시간단위로 기재한다.

7. 다음은 비행경력증명서 작성방법에 대한 설명이다. 틀린 것은?

종류	형식	신고번호	안정성검사	최대이륙중량
① 무인멀티콥터	② MG-1	③ S7034	④ 면제	25.1kg

정답
| 5 | ③ | 6 | ③ | 7 | ④ |

X 부록

1. 모의고사 제1 ~ 5회
2. 항공안전법 법령단위 비교
3. 항공사업법 법령단위 비교
4. 참고문헌

제 1 회
모의고사

1. 다음은 인천비행정부구역의 범위에 대해 설명한 것이다. 틀린 것은?

   ① 북쪽 : 휴전선
   ② 동쪽 : 강릉 동쪽으로 약 210NM
   ③ 서쪽 : 인천 서쪽으로 약 130NM
   ④ 남쪽 : 제주 남쪽으로 약 200NM

2. 다음은 항공사업법에 대해 설명한 것이다. 틀린 것은?

   ① 대한민국 항공사업의 체계적인 성장과 경쟁력 강화기반 마련
   ② 항공사업의 질서유지 및 건전한 발전 도모
   ③ 이용자 편의 향상
   ④ 국가경제의 발전과 공공복리 증진 이바지

3. 다음은 초경량비행장치 신고에 대한 설명이다. 틀린 것은?

   ① 신고증명서의 신고번호를 해당 장치에 표시하여야 한다.
   ② 초경량비행장치의 신고 시 제원 및 성능표를 제출하여야 한다.
   ③ 최대이륙중량이 25kg 이하의 기체일 경우 자본금은 없어도 된다.
   ④ 신고 받은 날로부터 5일 이내 수리여부 또는 수리지연 사유를 통지하여야 한다.

4. 다음은 초경량비행장치 말소신고에 대한 설명이다. 틀린 것은?

   ① 사유 발생한 날로부터 15일 이내
   ② 초경량비행장치가 멸실 또는 해체되었을 경우
   ③ 말소신고를 하지 않고 사용한 자는 30만 원 과태료가 부과된다.
   ④ 소유자의 주소를 알 수 없는 경우 한국안전교통공단 홈페이지에 고시한다.

5. 다음은 초경량비행장치 안전성인증에 대한 설명이다. 틀린 것은?

   ① 비사업용 기체의 정기검사는 매년 실시한다.
   ② 안전성인증 검사는 항공안전기술원에서 실시한다.
   ③ 무인동력장치의 최대이륙중량이 25kg을 초과하는 경우
   ④ 안전성인증을 하지 않는 기체로 비행하는 경우 500만 원 과태료가 부과된다.

6. 다음은 소형무인기 조종자 자격에 대한 설명이다. 틀린 것은?

   ① 국제적으로 통용된다.
   ② 2종 보통운전면허 신체검사 기준이 적용된다.
   ③ 필기 및 실기시험을 통과해야 자격을 취득한다.
   ④ 각 국마다 자국의 사정에 맞춰 국내 자격기준으로 운영된다.

7. 다음은 초경량비행장치 조종자 준수사항에 대한 설명이다. 틀린 것은?

   ① 야간비행을 하는 경우
   ② 비행 중 낙하물을 투하하는 행위
   ③ 관제공역, 통제공역, 주의공역에서 비행하는 행위
   ④ 비행시정 및 구름으로부터 거리기준을 위반하여 비행하는 행위

8. 다음은 초경량비행장치의 비행승인을 받지 않고 비행제한공역에서 비행한 사람에 대한 처벌로 맞는 것은?

   ① 200만 원 이하 벌금
   ② 200만 원 이하 과태료
   ③ 500만 원 이하 벌금
   ④ 500만 원 이하 과태료

9. 다음은 초경량비행장치사용사업 사업계획서에 대한 설명이다. 틀린 것은?

① 사업 개시 예정일을 기입하여야 한다.

② 사업 목적 및 범위를 기입하여야 한다.

③ 예상사업수지 계산서를 제출하여야 한다.

④ 상호, 대표자 성명, 사업소 명칭, 소재지를 기입하여야 한다.

10. 다음은 항공기사업 양도양수를 위한 서류제출에 대한 설명이다. 틀린 것은?

① 양도양수 계약서 원본

② 양도양수 후 사업계획서

③ 법인의 경우 양도 또는 양수에 관한 의사결정을 증명하는 서류

④ 양수인이 사업법의 결격사유에 해당하지 아니함을 증명하는 서류

11. 다음은 항공기가 이착륙하는 공항주의에 설정되는 공역으로 공항중심으로부터 5NM 내에 있는 공역에 대한 설명이다. 맞는 것은?

① 관제권　　② 관제구
③ 조언구역　④ 비행장교통구역

12. 다음은 주의공역 중 민간인과 관련된 구역으로 맞는 것은?

① D　　② P
③ MOA　④ CATA

13. 다음은 무인비행기의 인적 요인에 대한 설명이다. 틀린 것은?

① See & avoid 원칙은 적용되지 않는다.

② 무인조종자는 체감각을 사용하지 않는다.

③ 시각은 타감각에 의존하지 않고 독립적인 감각이다.

④ 무인기의 기술발전에 따라 기계적 결함보다 인적 에러에 의한 사고가 증가할 것이다.

14. 다음은 인적 요인의 목적 중 인간가치 상승에 대한 설명이다. 틀린 것은?

① 안전 향상

② 직무 만족

③ 사용의 편리성

④ 피로와 스트레스 감소

15. 다음은 주간시에 대한 설명이다. 틀린 것은?

① 주간에는 추상체가 사용된다.

② 암순응은 낮에 영화관에 들어갔을 때 나타나는 현상이다.

③ 두 눈이 있기 때문에 입체시로 거리판단 및 원근감을 확인할 수 있다.

④ 푸르키네 현상은 낮에는 파란색이 빨간색보다 눈에 더 잘 띄는 것을 설명한다.

16. 다음은 수면에 대한 설명이다. 틀린 것은?

① 수면은 크게 REM수면과 비REM수면으로 구분된다.

② REM수면은 심장박동과 호흡이 불규칙하여 꿈을 꾸는 단계이다.

③ 수면이 부족할 경우 시각지각, 단기기억, 논리적 추론 등의 저하를 가져온다.

④ 비REM수면의 3단계에서는 외부에서 오는 정보처리를 멈추고 뇌의 뉴런이 빠른 전기파를 생성한다.

17. 다음은 브러시리스모터에 대한 설명이다. 틀린 것은?

① 회전수 제어를 위해 전자변속기(ESC)가 필요하다.

② 모터권선의 전자기력을 이용해 회전력을 발생한다.

③ KV가 작을수록 회전수는 줄어드나 상대적으로 토크는 커진다.

④ 모터의 규격에 KV가 존재하며, 10V 인가했을 때 무부하 상태에서의 회전수를 의미한다.

18. 다음은 배터리 사용 시 유의사항에 대한 설명이다. 틀린 것은?

① 손상 입은 배터리는 절대 사용하지 않는다.
② 다른 제품의 배터리를 연결해서는 안 된다.
③ 배터리에서 케이블 장착 시 -선, 탈착 시 +선부터
④ 장기간 배터리 미 사용 시 50~70% 상태로 방전 후 보관

19. 다음은 프로펠러의 진동에 대한 설명이다. 틀린 것은?

① 센서 신호의 오류
② 프로펠러의 편심
③ 프로펠러의 무게 불균형
④ 프로펠러의 형상 불일치

20. 다음은 관성측정장치(IMU)에 대한 설명이다. 틀린 것은?

① 가속도계를 통해 각속도를 측정한다.
② 자이로스코프를 통해 자세각속도를 측정한다.
③ 코리올리 가속도를 이용하여 각속도를 측정한다.
④ 가속도계, 자이로스코프, 지자계센서의 정보를 융합하여 데이터 측정한다.

21. 다음은 국내 드론산업 발전계획 중 주요 핵심과제에 설명이다. 틀린 것은?

① 한국형 K-드론시스템 구축
② 공공수요 기반으로 초기시장 육성
③ 규제 강화 및 샌드박스 시범사업으로 실용화 촉진 지원
④ 개발·인증·자격 등 인프라 확충 및 기업지원 허브 모델 확산

22. 다음은 항법장치에 대한 설명이다. 틀린 것은?

① 영상항법시스템은 관성항법시스템보다 복잡하다.

② 관성항법시스템은 사용기간이 길어지면 오차가 감소한다.

③ 위성항법시스템은 보정을 위해 관성항법시스템과 결합하여 사용하여야 한다.

④ 영상항법시스템은 저가의 광학카메라의 영상으로 항법정보 추출이 가능하다.

23. 다음은 데이터링크에 대한 설명이다. 틀린 것은?

① Wi-Fi는 고속 데이터 전송이 불가능하다.

② 블루투스는 주파수 간섭현상이 상대적으로 낮다.

③ LTE는 사고위험, 테러, 범죄에 악용될 소지가 있다.

④ Wi-Fi는 ISM 대역을 사용하여 간섭현상이 발생한다.

24. 다음은 현장에서 지도조종자의 피교육생에 대한 지도방법에 대한 설명이다. 틀린 것은?

① 비행 교육 중에 교관은 절대 교육생의 옆을 떠나지 않는다.

② 교육생별로 교육진행 사항을 기록하여 다음 교육에 참고한다.

③ 비행 중 불필요한 사담으로 집중력을 저해시키지 말아야 한다.

④ 교육 중 기체 파손은 교육생의 잘못이므로 교관은 책임이 없다.

25. 다음은 비행경력증명서에 대한 설명이다. 틀린 것은?

① 교관시간은 훈련시간에 따른 지도조종자로서 비행한 시간을 시간 단위로 기재한다.

② 지도조종란에는 훈련을 지도한 지도조종란에는 성명, 자격번호, 서명을 기록해야 한다.

③ 기장시간은 조종자증명을 받지 않은 사람은 단독으로 비행한 시간을 시간단위로 적는다.

④ 훈련시간은 지도조종자의 원격조종장치와 함께 연결된 비행훈련용 원격장치로 교육을 받는 사람이 비행한 시간을 시간단위로 기재한다.

제1회 모의고사 정답 및 해설

정답

1	②	2	④	3	④	4	④	5	①	6	①	7	④	8	③	9	③	10	①
11	①	12	④	13	①	14	③	15	④	16	④	17	④	18	③	19	①	20	①
21	③	22	②	23	①	24	④	25	③										

해설

1. 인천비행정보구역(인천 FIR) 범위는 북쪽으로는 휴전선, 동쪽으로는 속초 동쪽 약 210NM, 남쪽으로는 제주 남쪽 약 200NM, 서쪽으로는 인천 서쪽 약 130NM이다.

2. 항공사업법은 대한민국 항공사업의 체계적인 성장과 경쟁력 강화기반을 마련하는 한편, 항공사업의 질서유지 및 건전한 발전을 도모하고 이용자 편의를 향상시켜 국민경제의 발전과 공공복리 증진에 이바지함을 목적으로 한다.

3. 초경량비행장치를 소유하거나 사용할 수 있는 권리가 있는 자는 안전성인증을 받기 전(안전성인증 대상이 아닌 초경량비행장치인 경우에는 초경량비행장치를 소유하거나 사용할 수 있는 권리가 있는 날부터 30일 이내를 말한다)까지 초경량비행장치 신고서에 다음의 서류를 첨부하여 한국교통안전공단 이사장에게 제출 국토교통부장관에게 신고하면 국토교통부장관은 제1항 본문에 따른 신고를 받은 날부터 7일 이내에 신고수리 통지하여야 한다.

4. 초경량비행장치 말소신고는 신고한 초경량비행장치가 멸실되었거나 그 초경량비행장치를 해체한 경우에는 그 사유가 발생한 날부터 15일 이내에 국토교통부장관에게 말소신고를 하여야 한다.

5. 안전성인증 무인동력장치(무인비행기, 무인헬리콥터 또는 무인멀티콥터) 중에서 최대이륙중량이 25kg을 초과하는 경우 안전성인증 검사를 받아야 한다. 정기검사는 사업용 비사업용 구분없이 2년마다 실시한다.

6. 소형무인기 조종자 자격은 각 국마다 자국의 사정에 맞춰 국내 자격기준으로 운영된다. 그러므로 국제적으로 통용되지 않는다.

7. 초경량비행장치 조종자 준수사항 중 안개 등으로 인하여 지상목표물을 육안으로 식별할 수 없는 상태에서 비행하는 행위와 비행시정 및 구름으로부터의 거리기준을 위반하여 비행하는 행위는 무인비행장치에서 제외된다.

8. 초경량비행장치의 비행승인을 받지 않고 비행제한공역에서 비행한 사람은 항공안전법에 의거 500만 원 이하 벌금을 부과받는다.

9. 초경량비행장치사용사업 사업계획서에는 예상사업수지 계산서, 재원조달방법과 같은 예산 관련 서류는 포함되지 않는다.

10. 항공기사업 양도·양수를 위한 제출서류는 양도·양수 후 사업계획서, 양도·양수 계약서 사본, 양수인이 사업법의 결격 사유에 해당하지 아님을 증명하는 서류, 양도 또는 양수에 관한 의사결정을 증명하는 서류(법인만)을 제출하여야 한다.

11. 관제권은 공항중심으로부터 반경 5NM(9.3㎞) 내 원통구역으로 계기출발 및 도착절차를 포함하는 공역이다.

12. 훈련구역(CATA : Civil Aircraft Training Areas, 9개)은 민간항공기의 계기비행 항공기로부터 분리시키기 위한 구역이다.

13. 무인비행기는 보고 피하기(See & Avoid)를 기본으로 하되, 센서/영상장치에 의한 탐지하고 피하기(Sense & Avoid 또는 Detect & Avoid) 원칙을 적용한다.

14. 인적 요인의 목적에는 수행증진과 인간가치 상승이 있다. 이중 인간가치 상승은 안전 향상, 피로와 스트레스 감소, 편안함, 직무 만족, 삶의 질 향상이다. 수행(Performance)증진을 위해서는 휴먼 에러 감소, 사용의 편리성, 생산성 향상이 있다.

15. 푸르키네 현상은 낮에는 빨간색이 파란색보다 눈에 더 잘 띄는 현상을 말한다.

16. 비REM 수면의 3단계는 서파수면으로 숙면을 취하는 구간이다. 이때는 외부에서 오는 정보처리를 멈추고 뇌의 뉴런이 거대하고 느린 전기파를 생성하여 기억병합이 일어나 학습에 중요한 구간이다.

17. 모터에서 KV는 무부하상태에서 모터에 전압 1V를 인가했을 때 1분 동안 모터 회전수를 말한다.

18. 배터리에서 배선을 장착 시는 +선을, 탈착 시에는 -선부터 순서적으로 해야 한다.

19. 프로펠러 진동의 발생 원인은 로터의 편심, 로터의 무게 불균형, 로터의 형상 불일치이다.

20. 관성측정장치(IMU)에서 가속도계는 가속도를 측정하는 센서이다.

21. 국내 드론산업 발전계획 중 주요 핵심과제는 공공수요 기반으로 초기시장 육성, 한국형 K-드론시스템 구축, 규제 완화 및 샌드박스 시범사업으로 실용화 촉진 지원, 개발·인증·자격 등 인프라 확충 및 기업지원 허브 모델 확산이다.

22. 관성항법시스템은 시간이 경과함에 따라 항법 오차가 증가한다.

23. Wi-Fi는 고속 데이터의 전송이 가능하다.

25. 비행경력증명서에서 기장시간 : 해당 초경량비행장치 조종자 증명이 없는 사람이 지도조종자 감독 하에 단독으로 비행한 시간 또는 해당 초경량비행장치 조종자증명이 있는 사람이 단독으로 비행한 시간을 시간단위로 기재한다.

제 2 회
모의고사

1. 다음은 항공안전법에 대해 설명한 것이다. 틀린 것은?

    ① 국제민간항공 협약 및 같은 협약의 부속서에서 채택된 표준과 권고

    ② 항공기, 경량항공기, 초경량항공기의 안전하고 효율적인 항행

    ③ 국민에 대한 서비스 개선

    ④ 국가, 항공사업자, 항공종사자 등의 의무

2. 다음은 초경량비행장치 변경신고를 해야 하는 이유에 대한 설명이다. 틀린 것은?

    ① 초경량비행장치 용도

    ② 초경량비행장치 추가 구매

    ③ 초경량비행장치 보관 장소

    ④ 초경량비행장치의 소유자 등의 성명, 명칭, 주소

3. 다음은 소형무인기 조종자 자격에 대한 설명이다. 틀린 것은?

    ① 국제적으로 통용된다.

    ② 2종 보통운전면허 신체검사 기준이 적용된다.

    ③ 필기 및 실기시험을 통과해야 자격을 취득한다.

    ④ 각 국마다 자국의 사정에 맞춰 국내 자격기준으로 운영된다.

4. 다음은 특별비행승인에 대한 설명이다. 틀린 것은?

    ① 야간비행을 하려고 할 때

    ② 비가시권에서 비행을 하고자 할 때

    ③ 관제권 내에서 비행을 하고자 할 때

    ④ 야간 비가시권 비행을 하고자 할 때

5. 다음은 초경량비행장치 비행승인에 대한 설명이다. 틀린 것은?

　① 비행제한공역을 비행하려는 사람은 지방항공청장에게 비행승인신청서를 제출한다.

　② 비행승인을 받지 않고 비행제한공역에서 비행하는 자는 벌금 200만 원의 벌금이 부과된다.

　③ 가축전염병 예방법에 따른 소독 방역업무에 긴급하게 사용할 경우 비행승인에서 예외가 된다.

　④ 비행장(군비행장은 포함한다)의 중심으로부터 반지름 3km 이내의 지역의 고도 500ft 이내의 범위는 비행승인에서 제외된다.

6. 다음은 초경량비행장치 사고보고에 대한 설명이다. 틀린 것은?

　① 사고경위에 대해 보고해야 한다.

　② 사고가 발생한 일시와 장소에 대해 보고해야 한다.

　③ 사고 보고를 하지 않을 경우 30만 원의 벌금이 부과된다.

　④ 초경량비행장치의 종류 및 신고번호에 대해 보고해야 한다.

7. 다음은 초경량비행장치사용사업 등록에서 사업계획서에 대한 설명이다. 틀린 것은?

　① 재원조달 방법

　② 안전성 점검계획

　③ 사용 목적과 범위

　④ 종사자 인력의 개요

8. 다음은 초경량비행장치사용사업 변경신고에 대한 설명이다. 변경신고 항목으로 틀린 것은?

　① 자본금 증가

　② 사업범위 변경

　③ 항공기 대수 변경

　④ 사업소 신설 또는 변경

9. 다음 중 초경량비행장치 비행관련 형벌에 대한 설명이다. 형벌 내용이 다른 것은?

　① 사업정지 명령을 위반한 자

　② 인가를 받지 아니하고 사업계획을 변경한 자

　③ 항공보험에 가입하지 아니하고 항공기를 운항한 항공사업자 또는 항공기를 운항한 자

　④ 보험 또는 공제에 가입하지 아니하고 경량항공기 또는 초경량비행장치를 사용하여 비행한 자

10. 다음은 항공기가 이착륙하는 공항주위에 설정되는 공역으로 공항중심으로부터 5NM 내에 있는 공역에 대한 설명이다. 맞는 것은?

　① 관제권　　　　　　　② 관제구
　③ 조언구역　　　　　　④ 비행장교통구역

11. 다음은 무인항공기의 비행 안전상의 문제에 대한 설명이다. 틀린 것은?

　① 무인기를 이용한 테러　　② 원하지 않는 사생활 노출
　③ 드론과 여객기의 충돌위험　④ 고장으로 인한 추락 시 인명피해의 우려

12. 다음은 광수용기에 대한 설명이다. 맞는 것은?

　① 간상체가 추상체보다 개수가 더 많다.

　② 추상체는 야간에 흑백을 보는 것과 관련 있다.

　③ 간상체는 낮 시간 동안의 해상도와 관련 있다.

　④ 추상체는 망막 주변에 위치하기 때문에 야간시에 암점과 관련이 있다.

13. 다음은 무인기 조종에 대한 설명이다. 틀린 것은?

　① 무인기 조종자는 체감각을 사용하지 않는다.

　② 시각은 타 감각에 의존하지 않는 독립적인 감각이다.

　③ 무인조종자는 반드시 시각을 통해 들어오는 정보로만 상황을 파악하며 비행한다.

　④ 무인기에 설치되어 있는 카메라는 매우 넓은 반경을 한 번에 볼 수 있어 인간의 눈을 대체할 수 있다.

14. 다음은 리튬폴리머 배터리에 대한 설명이다. 틀린 것은?

① 충전기 셀 밸런싱을 통한 셀간 전압 관리가 필요하다.

② 전해질이 액체로 되어 있어 이온전도율이 낮고 누액 가능성이 크다.

③ 장기간 보관 시 완전충전 상태가 아닌 50~70% 충전상태로 보관한다.

④ 강한 충격에 노출되거나 외형이 손상되었을 경우 안전을 위해 완전 방전 후 폐기한다.

15. 다음은 프로펠러에 대한 설명이다. 틀린 것은?

① 프로펠러의 피치가 커질수록 모터온도가 올라가고 진동이 커진다.

② 프로펠러의 경도가 커질수록 반응속도가 빨라지고 파손이 커진다.

③ 프로펠러 사이즈가 커질수록 양력이 커지고 비행시간이 늘어난다.

④ 프로펠러의 수량이 많을수록 양력이 커지고 사이즈는 줄어들고 급상승이 줄어든다.

16. 다음은 프로펠러 재질에 대한 설명이다. 틀린 것은?

① 우드는 소음은 적으나 가격이 고가이다.

② 카본은 비행 시 소음이 심하고 가격이 고가이다.

③ 금속은 가장 범용적으로 사용되나 비행시간 효율이 낮다.

④ 플라스틱은 가격이 저렴하나 사고 시 대인 · 대물 피해가 우려된다.

17. 다음은 비행데이터 저장 시 주의사항에 대한 설명이다. 틀린 것은?

① 저장매체의 여유 공간이 없을 경우 데이터가 손실될 가능성이 있다.

② 기체진동이 기체이상 기동과 기체의 추락 원인이 될 수 없다.

③ 각 센서 및 모듈에서 저장된 데이터의 저장주기가 다를 수 있다.

④ 기체의 이상유무를 분석하기 위해서는 가급적 빠른 주기의 저장된 미가공 데이터가 필요하다.

18. 다음은 국내 드론산업 육성을 종합정책에 대한 설명이다. 틀린 것은?

① 규제완화, 재정지원(시범운영) 등 실용화 Fast-track 지원

② 공공분야 3,700대 드론수요발굴로 3,500억원 규모 초기시장 창출 지원

③ Life Cycle 관리에서 원격·자율·안전비행까지 한국형 K-드론시스템 개발

④ 3차원 지도·비행 관리·클라우드 서비스 3대 핵심 인프라 구축 및 기업허브 모델 전국 확산

19. 다음은 위성항법 DOP(Dilution of Precision)에 대한 설명이다. 틀린 것은?

① 장애물이 있으면 DOP는 높다.

② 눈에 보이는 위성들이 흩어지게 되면 DOP는 낮다.

③ 눈에 보이는 위성들의 수가 많아지면 DOP는 높아진다.

④ 위성들이 하늘에서 서로 가까이 모이게 되면 DOP는 높다.

20. 다음은 안티드론기술 중 무인비행체 탐지센서에 대한 설명이다. 맞는 것은?

① 방향탐지센서는 도입 비용이 고가이며 주파수 승인에 문제가 있다.

② 음향탐지센서는 가격은 저렴하나 소음이 많은 환경에서 탐지 어렵다.

③ 레이더센서는 Wi-Fi가 많이 설치되어 있는 도심에서는 조정신호 구분이 어렵다.

④ 영상센서는 가시광선영역과 적외선, 열화상영역의 영상정보를 활용하여 움직이는 표적을 탐지한다.

21. 다음은 드론으로 농약을 살포 시 주의사항에 대한 설명이다. 틀린 것은?

① 항공방지 예정지 표시 깃발을 설치한다.

② 조종사, 부조종사, 작업보조자 3인 1조로 작업한다.

③ 방제하기 전 장화를 신고 긴팔 옷을 입고 마스크를 착용한다.

④ 풍향에 의한 농약중독방지를 위해 15m 이상 안전거리를 유지한다.

22. 다음은 비행 중 기체에 심한 진동이 발생 시 조종자가 취해야 할 행동에 대한 설명이다. 틀린 것은?

① 큰 소리로 주변에 기체이상을 알린다.

② 기체를 신속히 주변 안전한 장소로 착륙시킨다.

③ 기체를 신속히 착륙 후 기체의 이상을 확인하기 위해 비행한다.

④ GPS에 이상이 있을 경우 자세제어 모드로 변경하여 안전하게 착륙한다.

23. 다음은 무선비행장치의 배터리 안전관리에 대한 설명이다. 틀린 것은?

① 비행 후 배터리 잔량을 확인한다.

② 비행 전 기체 및 조종기의 배터리 충전상태를 확인한다.

③ 배터리 사용 횟수/수명을 점검하고 배부른 배터리 사용을 금지한다.

④ 여름철은 높은 온도에 의해 배터리 전압이 급속도로 하강할 수 있으므로 수시로 배터리를 점검해야 한다.

24. 다음은 조종자 실기평가에 대한 설명이다. 맞는 것은?

① 모두가 U가 아니면 합격이다.

② 좌·우 기동 시 몸을 움직여도 무방하다.

③ 실기비행이 부족해도 구술에서 만회할 수 있다.

④ 기체 중심으로부터 반경 0.5m 이상 벗어나면 실격이다.

25. 다음은 비행경력증명서에 대한 설명이다. 틀린 것은?

① 교관시간은 훈련시간에 따른 지도조종자로서 비행한 시간을 시간 단위로 기재한다.

② 지도조종란에는 훈련을 지도한 지도조종란에는 성명, 자격번호, 서명을 기록해야 한다.

③ 기장시간은 조종자증명을 받지 않은 사람은 단독으로 비행한 시간을 시간단위로 적는다.

④ 훈련시간은 지도조종자의 원격조종장치와 함께 연결된 비행훈련용 원격장치로 교육을 받는 사람이 비행한 시간을 시간단위로 기재한다.

제 2 회 모의고사 정답 및 해설

정답

1	③	2	②	3	①	4	③	5	④	6	③	7	①	8	①	9	④	10	①
11	②	12	①	13	④	14	②	15	③	16	③	17	②	18	④	19	③	20	②
21	④	22	③	23	④	24	①	25	③										

해설

1. 항공안전법은 국제민간항공협약 및 같은 협약의 부속서에서 채택된 표준과 권고되는 방식에 따라 항공기, 경량항공기, 초경량항공기의 안전하고 효율적인 항행을 위한 방법과 국가, 항공사업자, 항공종사자 등의 의무 등에 관한 사항을 규정함을 목적으로 한다.
   - 항공안전법은 국가의 의무를, 항공사업법은 국민경제의 발전을 말한다.

2. 초경량비행장치 용도, 소유자등의 성명, 명칭 또는 주소 그리고 보관 장소의 변경이 있을 경우 변경신고를 해야 한다.

3. 무인기는 각 국마다 자국의 사정에 맞춰 국내 자격기준으로 운영되므로 국제적으로 통용되지는 않는다.

구분	대형무인기(RPAS)	소형무인기(무인비행장치)
체제	무인비행체+이륙수단 +원격조종수+착륙수단	무인비행체+조종기+조종자 +육안감시자 다른 기능 수행 시 추가인원 필요할 수 있음
신체기준	항공조종사 신체검사 3종 (관제사 적용)	2종 보통운전면허 신체검사 기준 적용
기타	내부조종사 + 외부조종사 필요 (한명은 기장, 다른 사람은 부조종사 역할)	각국 자국사정에 맞춰 국내자격기준 운영

4. 야간에 비행하거나 육안으로 확인할 수 없는 범위에서 비행하려는 자는 무인비행장치 특별비행승인 신청서에 서류를 첨부하여 지방항공청장에게 제출한다.

5. 비행승인 제외 범위로는
   - 비행장(군 비행장은 제외한다)의 중심으로부터 반지름 3㎞ 이내의 지역의 고도 500ft 이내의 범위(해당 비행장에서 항공교통업무를 수행하는 자와 사전에 협의가 된 경우에 한정한다)
   - 이착륙장의 중심으로부터 반지름 3㎞ 이내의 지역의 고도 500ft 이내의 범위(해당 이착륙장을 관리하는 자와 사전에 협의가 된 경우에 한정한다)

6. 초경량비행장치 사고에 관한 보고를 아니하거나 거짓으로 보고한 초경량비행장치 조종사 또는 그 초경량비행장치 소유자 등은 30만 원의 과태료가 부과된다.

7. 초경량비행장치사용사업 등록 시 사업계획서에는 예상사업수지계산서와 재원조달방법과 같은 예산관련 서류는 제출하지 않는다.

8. 초경량비행장치사용사업 사업계획에서 자본금 감소, 사업소의 신설 또는 변경, 대표자 변경, 대표자의 대표권 제한 및 그 제한의 변경, 상호 변경, 사업범위 변경 등의 변경사유가 있으면 초경량비행장치사용사업 변경신고를 해야 한다.

9. - 사업정지 명령을 위반한 자 : 1천만 원 이하 벌금
   - 인가를 받지 아니하고 사업계획을 변경한 자 : 1천만 원 이하 벌금

- 항공보험에 가입하지 아니하고 항공기를 운항한 항공사업자 또는 항공기를 운항한 자: 3년 이하 징역 또는 3천만 원 이하 벌금
- 보험 또는 공제에 가입하지 아니하고 경량항공기 또는 초경량비행장치를 사용하여 비행한 자: 500만 원 이하 과태료

10. 관제권(CTR: Control Zone)은 공항중심으로부터 반경 5NM(9.3㎞) 내 원통구역으로 계기출발 및 도착절차를 포함하는 공역. 지표면으로부터 3,000ft~5,000ft까지의 공역을 말한다.

11. 무인항공기는 비행안전문제와 사생활 침해에 대한 우려가 있다.
    - 비행안전 문제는 여객기와 충돌, 추락으로 인한 인명 피해, 테러 문제이며
    - 사생활침해의 우려는 사생활 노출이다.

12. 광수용기에 대한 설명이다.

구분	추상체(Corn)	간상체(Rod)
색각의 형태	컬러	흑백
활동 주시간대	주간	야간
망막의 분포	중심	주변
개수	약 7백만 개	1억 3천만 개
해상도	높다	낮다
암순응 소요시간	10분	30분

13. 무인기 조종에서 무인기에 설치되어 있는 카메라는 매우 넓은 반경을 한 번에 볼 수 있어 인간의 눈을 대체할 수 없다.

14. 리튬폴리머 배터리 전해질이 젤 상태로 되어 있어 누액이 가능성이 없어 리튬이온 배터리보다 안정적이나 이온전도율이 떨어지는 단점이 있다.

15. 프로펠러 각종 변수에 따른 영향

구분	사이즈↑	수량↑	피치↑	경도↑
특성	양력↑ 모터부하↑ 비행시간↓	양력↑ Banked Turn↑ 사이즈↓ 급상승↓	모터온도↑ 진동↑ 제어↓	반응속도↑ 파손↑

16. 플라스틱 재질의 프로펠러를 가장 범용적으로 사용하며 금속재질의 프로펠러의 사용은 거의 없다.

17. 비행데이터 저장 시 주의사항
    - 기체의 이상 유무를 분석하기 위해 가급적 빠른 주기로 저장된 미가공 데이터 필요
    - 각 센서 및 모듈에서 저장된 데이터의 저장주기가 다를 수 있음
    - 저장매체의 여유 공간이 없을 경우 데이터 손실 가능

18. 드론산업 육성을 위한 종합계획
    - 공공분야 3,700대 드론수요발굴로 3,500억원 규모 초기시장 창출 지원
    - Life Cycle 관리에서 원격·자율·안전비행까지 한국형 K-드론시스템 개발
    - 규제완화, 재정지원(시범운영) 등 실용화 Fast-track 지원
    - 드론개발·인증·자격 3대 핵심 인프라 구축 및 기업허브 모델 전국 확산

19. 수신 중인 위성의 배치에 의한 정밀도 희석(DOP)변화가 발생한다.
    - DOP(Dilution of Precision)가 낮을수록 정밀도가 높아진다. 또한 높은 빌딩 등에 의해 위성신호가 가려질 경우 DOP가 높아져 정밀도가 낮아진다.

20. 방향탐지센서는 가시광선, 적외선, 열화상영역의 영상정보를 활용하여 움직이는 표적을 탐지한다. 비행체의 형상을 직접 확인하나 가격이 비싸다.
    - 음향탐지센서는 드론이 작동할 때 프로펠러의 회전으로 인해 발생하는 특유의 소음을 이용하여 표적 탐지한다. 가격은 저렴하나 소음이 많은 환경에서 탐지가 어렵다.
    - 영상센서는 드론이 사용하는 제어신호와 영상데이터 송수신용 대역신호의 방향과 위치를 탐지한다. Wi-Fi가 많이 설치된 도심에서는 조정신호 구분이 어렵다.
    - 레이더센서는 특정대역의 RF신호를 송출하고 표적으로부터 반사되어 돌아오는 신호를 수신하여 표적을 탐지한다. 도입 비용이 고가이며 주파수 승인 문제가 있다.

21. 드론으로 농약 살포 시 주의사항
    - 충돌방지를 위한 비행패턴을 유지, 부조종사 반드시 배치
    - 3인 1조 작업(조종사, 부조종사, 작업보조자)
    - 항공방지 예정지 표시 깃발 설치
    - 기체로부터 15m 이상 안전거리 유지
    - 풍향에 의한 농약중독방지를 위해 20m 이상 안전거리 유지
    - 전선, 지주선, 수목 등 장애물을 등지고 비행함으로써 사고 예방

22. 비행 중 기체에 심한 진동이 발생 시 조종자는 기체를 신속히 착륙 후 기체의 이상을 확인하기 위해 비행해서는 안 된다.

23. 무선비행장치의 배터리 안전관리에서 겨울철 추운기온에서 배터리 전압이 급속도로 하강할 수 있다.

24. 조종사 실기평가에서 실습항목 모두가 S이면(= 모두가 U가 아니면) 합격이다.

25. 비행경력증명서에서 기장시간은 해당 초경량비행장치 조종자 증명이 없는 사람이 지도조종자 감독 하에 단독으로 비행한 시간 또는 해당 초경량비행장치 조종자증명이 있는 사람이 단독으로 비행한 시간을 시간단위로 기재한다.

제 3 회
모의고사

1. 다음은 2017년 항공법을 분법한 이유를 설명하였다. 틀린 것은?

   ① 국민의 이해를 쉽도록

   ② 국제기준 탄력적 대응

   ③ 현행제도 운영상 문제점 개선·보완

   ④ 항공사업의 활성화

2. 다음은 국제민간항공기구(ICAO)에 대한 설명이다. 틀린 것은?

   ① 우리나라는 1952년에 가입하였다.

   ② ICAO는 ANNEX19로 구성되어 있다.

   ③ 1944년 12월 시카고 조약에서 서명되었다.

   ④ ICAO에서는 드론과 관련 규범을 제정하여 운영하고 있다.

3. 다음은 조종사증명 취소사유에 대한 설명이다. 맞는 것은?

   ① 법을 위반하여 벌금이상의 형을 신고받은 경우

   ② 업무수행 중 개인의 과실로 재산피해를 발생한 경우

   ③ 음주 및 비행 간 음주를 하거나 음주 측정을 거부한 경우

   ④ 거짓이나 부정한 방법으로 조종자 증명을 받은 경우

4. 다음은 주류 섭취 후 비행 시 알코올 농도에 따른 처벌에 대한 설명이다. 맞는 것은?

   ① 0.03% : 효력 정지 60일

   ② 0.07% : 효력 정지 90일

   ③ 0.08% : 효력 정지 100일

   ④ 0.12% : 효력 정지 200일

5. 다음은 항공법 위반사례에 대한 설명이다. 형벌의 종류가 다른 것은?

　　① 조종자 증명 위반

　　② 조종자 준수사항 위반

　　③ 초경량비행장치 신고번호 표시 위반

　　④ 초경량비행장치 신고 또는 변경신고 위반

6. 다음은 지도조종자의 등록취소 요건에 대한 설명이다. 틀린 것은?

　　① 벌금형 행정 처분을 받은 경우

　　② 부정한 방법으로 지도조종자가 된 경우

　　③ 실기시험위원으로 지정된 사람이 부정한 방법으로 실기시험을 진행할 경우

　　④ 음주를 한 상태에서 비행지도를 한 경우

7. 다음은 초경량비행장치의 조종자 전문교육기관 운영에 대한 설명이다. 틀린 것은?

　　① 교육과목, 교육시간, 평가방법, 교육훈련규정 등 필요한 항공전문교육기관 운영세칙에 의한다.

　　② 초경량비행장치 조종자 양성을 위한 전문교육기관은 국토교통부령으로 정하는 기준에 의한다.

　　③ 조종교육 교관 1명 이상, 실기평가과정을 이수한 실기평가 조종자 1명 이상의 전문교관이 필요하다.

　　④ 전문교육기관으로 지정을 받기 위하여 교관현황, 교육시설 및 장비현황, 교육훈련계획 및 교육훈련규정을 국토교통부장관에게 제출해야 한다.

8. 다음은 초경량비행장치사용사업 종류에 대한 설명이다. 틀린 것은?

　　① 비료 및 농약살포 등 농업지원

　　② 사진촬영, 육상해상 측정 및 탐사

　　③ 초경량비행장치를 이용한 조종교육

　　④ 초경량비행장치에 대한 정비 서비스

9. 다음은 초경량비행장치사용사업 등록 제한 조건에 대한 설명이다. 틀린 것은?

① 항공기 등록 시 외국정부나 외국 공공단체는 불가하다.

② 항공관련법 위반으로 금고 이상의 2년 이내인 경우 등록되지 않는다.

③ 운송사업 관련 면허 및 등록 취소 후 2년 이내인 경우 등록되지 않는다.

④ 항공관련법 위반으로 금고 이상 죄를 지은 상태에서 집행유예 기간인 경우는 등록되지 않는다.

10. 다음은 항공사격이나 대공사격 등으로 인한 위험으로부터 항공기의 안전을 보호하거나 그 밖의 이유로 비행허가를 받지 않으면 항공기 비행을 제한하는 공역으로 맞는 것은?

① 관제권

② 훈련구역

③ 비행제한구역

④ 비행금지구역

11. 다음은 초경량비행장치 비행승인 제외범위로 맞는 것은?

① 공항주변 5NM

② P61 ~ P64 18.6NM

③ P73 B공역 4.5NM

④ 공항중심 반지름 3km, 고도 500ft 이내 범위

12. 다음은 인적요인의 목적 중 수행(Performance) 증진에 대한 설명이다. 틀린 것은?

① 안전 향상

② 휴먼 에러

③ 생산성 향상

④ 사용 편리성

13. 다음은 푸르키네 현상에서 낮에 가장 잘 보이는 색에 대한 설명이다. 맞는 것은?

　① 노랑　　　　　　　　② 초록
　③ 파랑　　　　　　　　④ 빨강

14. 다음은 항공 분야의 대표적인 인적모델 중 규정, 절차, 매뉴얼에 대한 설명이다. 맞는 것은?

　① L-S 모델　　　　　　② L-H 모델
　③ L-E 모델　　　　　　④ L-L 모델

15. 다음은 APM Copter 제어기반 시스템 중 센서가 가장 많이 관여하는 순서로 나열한 것으로 맞는 것은?

　① GPS → Barometer → Accelerometer → Gyroscope → Magnetometer
　② Magnetometer → GPS → Accelerometer → Barometer → Gyroscope
　③ Gyroscope → Accelerometer → Magnetometer → GPS → Barometer
　④ Gyroscope → GPS → Accelerometer → Barometer → Magnetometer

16. 다음은 GNSS 오차요인에 대한 설명이다. 틀린 것은?

　① 수신기 잡음 오차
　② 대류층 지연 오차
　③ 위성신호 전파간섭
　④ 바람 등에 의한 오차

17. 다음은 무인비행장치 산업 동향에 대한 설명이다. 틀린 것은?

　① 자율비행 시스템은 고도화로 발전이 된다.
　② 각종 산업분야에 드론이 상용화 될 수 있다.
　③ 경량화, 소형화로 드론의 활용도로 높아진다.
　④ 무인비행장치의 성능 한계로 다양한 사업의 활용기술 적용이 어렵다.

18. 다음은 한국형 K-드론 시스템 구상 시 해외사례에 대한 설명이다. 미국 사례로 맞는 것은?

① 실시간 비행정보 및 기상정보 등 클라우드시스템(UCAS) 개발

② 공역배정, 관제, 감시 등을 위한 교통관제시스템(UTM) 개발 중

③ 드론·3차원 지도·비행 관리·클라우드 서비스 등 스마트플랫폼 개발 중

④ 전자적 등록(2019) 및 비행경로 추적, 관제당국과 동시 접속시스템 구축 추진

19. 다음은 드론통신방식에 대한 설명이다. 틀린 것은?

① 블루투스는 단거리 저전력이나 고용량 자료 전송이 어렵다.

② Wi-Fi는 고속 데이터 전송이 가능하나 출력제한으로 드론제어 통신에 제약이 있다.

③ LTE는 드론제어 통신거리가 무제한이나, ISM 대역사용으로 간섭현상이 발생할 수 있다.

④ 위성통신은 인공위성을 활용한 장거리 통신이 가능하나 지상 교신 시 시간지연이 발생한다.

20. 다음은 비행 전 준비사항에 대한 설명이다. 틀린 것은?

① 배터리 충전상태를 점검한다.

② 조종기의 스틱과 스위치를 점검한다.

③ 프로펠러와 랜딩기어의 유격상태를 점검한다.

④ 정확한 위치센서 확인을 위해 실내에서의 GPS 수신감도를 확인한다.

21. 다음은 초경량비행장치 비행 중 주의시항에 대한 설명이다. 틀린 것은?

① 자율비행 중에는 모니터링을 하지 않아도 된다.

② 한 공간에서 여러 대의 기체를 비행할 수 있다.

③ 자동화 비행시스템을 이용하여 인적오류를 줄인다.

④ 철저한 비행계획을 세워 일어날 수 있는 오류를 줄여야 한다.

22. 다음은 초경량비행장치의 Fail-safe에 대한 설명이다. 틀린 것은?

① 조종기 전원을 의도적으로 끄면 실행되지 않는다.

② 조종기 신호 손실 시 직전의 값을 그대로 유지한다.

③ 조종기 신호 손실 시 대형 멀티콥터는 제자리에 착륙한다.

④ 조종기 신호 손실 시 수신기에 미리 설정된 값으로 수신기가 PWM 신호를 내 보낸다.

23. 다음은 무선비행장치의 비행 전 공역확인에 대한 설명이다. 틀린 것은?

① Ready to fly, SafeFlight, Windy 등을 활용한다.

② 기상 확인에서 풍속이 15㎧ 이상일 경우 비행을 자제한다.

③ 지구자기장 지수 확인에서 지구자기장 지수 5 이상 시 비행을 자제한다.

④ 비행 현장에 철골구조물, 조립식 건물, 철판, 차량 위, 철광석 성분이 많은 곳에서는 지자기 왜곡이 발생할 수 있다.

24. 다음은 조종자 실기평가에 대한 설명이다. 틀린 것은?

① 상하고도 0.5m 이상을 벗어나면 실격이다.

② 기체 중심으로부터 반경 1m 이상 벗어나면 실격이다.

③ 정상접근 착륙 시 랜딩기어가 착륙장에서 벗어나면 실격이다.

④ 비상착륙 시 랜딩기어가 착륙장에 걸쳐있지 않으면 실격이다.

25. 다음은 로그북 작성방법에 대한 설명이다. 틀린 것은?

① 지도조종란에는 성명, 자격번호, 서명을 기록해야 한다.

② 기체정보에는 훈련을 가장 많이 한 기체의 번호를 대표로 적는다.

③ 비행시간은 이륙부터 착륙까지의 시간을 의미하며, 비행 전후의 기체점검시간은 포함하지 않는다.

④ 비행로그북 양식은 자유로 하되 비행로그북에는 비행경력증명서에 기재되는 사항의 세부기록이 확인될 수 있도록 모두 기록되어야 한다.

제 3 회 모의고사 정답 및 해설

정답

1	④	2	④	3	④	4	①	5	④	6	④	7	①	8	④	9	②	10	③
11	④	12	①	13	④	14	①	15	③	16	④	17	④	18	②	19	③	20	④
21	①	22	①	23	②	24	③	25	②										

해설

1. 항공법의 분법 이유
   - 국민의 이해를 쉽도록
   - 국제기준 탄력적 대응
   - 현행제도 운영상 문제점 개선·보완

2. 무인기는 각 국마다 자국의 사정에 맞춰 국내 자격기준으로 운영되고 ICAO와는 관련이 없다.

3. 조종사증명 취소사유
   - 거짓이나 그 밖의 부정한 방법으로 초경량비행장치 조종자 증명을 받은 경우
   - 초경량비행장치 조종자 증명의 효력 정지기간에 초경량비행장치를 사용하여 비행한 경우
   - 법을 위반하여 다른 사람에게 자기의 성명을 사용하여 초경량비행장치 조종을 수행하게 하거나 초경량비행장치 조종자 증명을 빌려 준 경우
   - 다른 사람의 성명을 사용하여 초경량비행장치 조종을 수행하거나 다른 사람의 초경량비행장치 조종자 증명을 빌리는 행위

4. 초경량비행장치 음주 비행 시 처벌
   - 혈중알코올농도 0.02% 이상 0.06% 미만 : 효력 정지 60일
   - 혈중알코올농도 0.06% 이상 0.09% 미만 : 효력 정지 120일
   - 혈중알코올농도 0.09% 이상 : 효력 정지 180일

5. 조종자 증명 위반 : 300만 원 이하 과태료
   - 조종자 준수사항 위반 : 200만 원 이하 과태료
   - 초경량비행장치 신고번호 표시 위반 : 100만 원 이하 과태료
   - 초경량비행장치 신고 또는 변경신고 위반 : 6개월 이하 징역 또는 500만 원 이하 벌금

6. 지도조종자의 등록취소 요건(음주는 해당사항이 없음)
   - 법 제125조제2항에 따른 행정처분(효력정지 30일 이하인 경우에는 제외)을 받은 경우
   - 거짓이나 그 밖의 부정한 방법으로 전문교관으로 등록된 경우
   - 허위로 작성된 비행경력증명서를 확인하지 아니하고 서명 날인한 경우
   - 비행경력증명서(비행경력을 확인하기 위해 제출된 자료를 포함한다. 로그북을 포함한다)를 허위로 제출한 경우

- 실기시험위원으로 지정된 사람이 부정한 방법으로 실기시험을 진행한 경우
- 공단 이사장은 제1항에 따라 전문교관 등록을 취소하려는 경우 그 사실을 본인에게 통지하여야 한다.
- 등록취소 결과에 이의가 있는 사람은 통보 받은 날로부터 30일 이내 이의신청서 공단이사장에게 제출
- 등록 취소된 자가 다시 등록을 하려면 취소된 날로부터 2년 경과 후 교육과정 다시 이수하여야 한다.

7. 초경량비행장치의 조종자 전문교육기관 운영에서 교육과목, 교육시간, 평가방법 및 교육훈련규정 등 교육훈련에 필요한 사항으로 국토교통부장관이 정하여 고시하는 기준을 갖추어야 한다.

8. 초경량비행장치사용사업 종류
    - 비료 및 농약살포 등 농업지원
    - 사진촬영, 육상해상 측정 또는 탐사
    - 산림 또는 공원 등의 관측 또는 탐사
    - 조종교육
    - 국민 생명과 재산의 안전에 위해를 일으키지 않는 업무
    - 국방, 보안 등 국가안보에 위협을 할 수 없는 업무

9. 초경량비행장치사용사업 등록 제한 조건
    - 대한민국 국민이 아닌 사람
      - 외국정부 또는 외국의 공공단체
    - 외국의 법인 또는 단체
    - 위 중 해당 사람이 지분 1/2 이상 소유
    - 외국인이 법인등기대표자, 임원수 1/2 이상
    - 피성년 후견인, 피한정 후견인, 파산선고 후 복권되지 않은 사람
    - 항공관련법 위반으로 금고 이상 실형 3년 이내
    - 항공관련법 위반 금고 이상 집행유예 중
    - 운송사업 관련 면허 및 등록 취소 후 2년 이내
    - 초경량비행장치 사업등록 취소처분 후 2년이 지나지 아니한 자

10. 비행제한구역은 항공사격·대공사격 등으로 인한 위험으로부터 항공기의 안전을 보호하거나 그 밖의 이유로 비행허가를 받지 않은 항공기의 비행을 제한하는 공역이다.

11. 초경량비행장치 비행승인 제외범위
    - 비행장(군 비행장은 제외한다)의 중심으로부터 반지름 3㎞ 이내의 지역의 고도 500ft 이내의 범위(해당 비행장에서 항공교통업무를 수행하는 자와 사전에 협의가 된 경우에 한정한다)
    - 이착륙장의 중심으로부터 반지름 3㎞ 이내의 지역의 고도 500ft 이내의 범위(해당 이착륙장을 관리하는 자와 사전에 협의가 된 경우에 한정한다)

12. 무인항공기는 인적요인의 목적은 크게 수행증진과 인간가치상승이다.
    - 수행(Performance)증진은 휴먼 에러 감소, 사용의 편리성, 생산성 향상이며
    - 인간가치 상승은 안전 향상, 피로와 스트레스 감소, 편안함, 직무만족, 삶의 질 향상이다.

13. 푸르키네 현상은 추상체와 간상체의 민감한 색깔대가 달라서 나타나는 현상으로 밝을 때는 빨간색, 어두운 때는 파란색이 잘 보이는 현상이다.

14. SHELL 모델은 호킨스 모델이라 하며 인간과 관련 주변 요소들 간의 관계성에 초점 둔 모델이다.
    - S는 Software(항공기 운항 분야)로 규정, 절차, 매뉴얼, 작업카드를 나타내며
    - H는 Hardware(항공기 기계적 분야) : 항공기, 장비, 공구, 시설(작업장, 건물)을 나타내며
    - E는 Environment(조종 환경) : 온도, 습도, 조명, 기상 등을 나타내며
    - L은 Liveware(인간) : 성격, 의사소통, 리더십, 문화를 나타낸다.
    - 인적모델 중 규정, 절차, 매뉴얼에 관계되는 모델이 L-S 모델이다.

15. APM Copter 제어기반 시스템에서 많이 쓰는 센서의 순서는
    - Gyroscope → Accelerometer → Magnetometer → GPS → Barometer 이다.

16. GNSS 오차요인은
    - 위성신호 전파간섭
    - 전리층 지연 오차
    - 건물, 지면 반사에 따른 다중 경로 오차
    - 위성궤도 오차
    - 대류층 지연 오차
    - 수신기 잡음 오차 등
    - 바람 등에 의한 오차는 발생하지 않음

17. 무인비행장치 산업 동향
    - 자율비행 시스템은 고도화로 발전이 된다.
    - 각종 산업분야에 드론이 상용화될 수 있다.
    - 경량화, 소형화로 드론의 활용도로 높아진다.
    - 무인비행장치의 성능 향상으로 다양한 사업의 활용기술 적용이 된다.

18. - 미국 : 공역배정, 관제, 감시 등을 위한 교통관제시스템(UTM) 개발 중
    - 유럽 : 전자적 등록(2019) 및 비행경로 추적, 관제당국과 동시 접속시스템 구축 추진
    - 일본 : 드론·3차원 지도·비행 관리·클라우드 서비스 등 스마트플랫폼 개발 중
    - 중국 : 실시간 비행정보 및 기상정보 등 클라우드 시스템(UCAS) 개발

19. 드론 통신방식 중 LTE는 드론제어 통신거리 무제한이며 실시간 영상스트리밍과 높은 고도에서 영상 중계가 가능하다.
    - Wi-Fi는 ISM 대역사용으로 간섭현상이 발생할 수 있다.

20. 비행 전 준비사항에서 정확한 위치센서 확인을 위해 실외에서 GPS 수신감도를 확인해야 한다. 실내에서는 정확한 GPS 수신감도 확인이 어렵다.

21. 자율비행 중에도 지속적으로 모니터링을 해야 한다.

22. 조종기 전원을 의도적으로 끄면 무인비행기는 신호를 손실하게 되어 Fail-safe가 작동한다.
    - Fail-safe가 작동하면 조종기 신호 손실시 수신기에 미리 설정된 값으로 수신가가 PWM 신호를 보냄

조종기 신호 손실	소형	호버링, RTH(Return to Home)
	대형	Land(제자리 착륙, 복귀 중 사고발생 우려)

23. 무선비행장치의 비행 전 공역확인에 현지 풍량, 돌풍, 등으로 인한 풍속 5㎧ 이상 시 비행을 자제한다.

24. 정상접근 및 착륙 시에는 무인멀티콥터의 중심 축을 기준으로 착륙장 이탈하면 실격이다.

25. 로그북 작성방법에서 기체정보에는 현재 훈련한 기체를 중심으로 작성한다.

제 4 회
모의고사

1. 다음은 국내 항공법에 대한 설명이다. 틀린 것은?

   ① 1961년 3월 항공법 최초 제정하였다.
   ② 2009년 6월 경량항공기 제도를 도입하였다.
   ③ 2017년 3월 항공사업법, 항공안전법, 공항시설법으로 분법하였다.
   ④ 대한민국은 1947년 국제민간항공기구(ICAO)설립과 함께 가입하였다.

2. 다음은 초경량비행장치에 대한 설명이다. 틀린 것은?

   ① 무인동력비행장치의 기준은 연료의 중량을 제외한 자체중량이 150kg 이하여야 한다.
   ② 행글라이더는 탑승자 및 비상용 장비의 중량을 제외한 자체중량이 70kg 이하여야 한다.
   ③ 무인비행선은 연료 중량을 제외한 자체중량이 180kg 이하 또는 길이가 20m 이하여야 한다.
   ④ 동력비행장치는 탑승자, 연료 및 비상용 장비의 중량을 제외한 자체중량이 115kg 이하이며 좌석이 1개이여야 한다.

3. 다음은 안전성인증검사에 대한 설명이다. 틀린 것은?

   ① 안전성인증 검사기관은 항공안전기술원이다.
   ② 재검사는 불합격통지로부터 6개월 이내 실시한다.
   ③ 사업용인 기체인 경우 정기검사는 1년을 주기로 실시한다.
   ④ 안전성 인증을 받지 아니하고 비행한 자는 1년 이하 징역 또는 1천만 원 이하 벌금이 부과된다.

4. 다음은 조종자 증명 취소사유에 대한 설명이다. 틀린 것은?

   ① 거짓이나 그 밖의 부정한 방법으로 초경량비행장치 조종자 증명을 받은 경우
   ② 명의 대여금지 위반한 사업자는 1년 이하 징역 또는 1천만 원 이하 벌금 부과
   ③ 초경량비행장치 조종자 증명의 효력 정지기간에 초경량비행장치를 사용하여 비행한 경우
   ④ 주류 등의 영향으로 비행을 정상적으로 수행할 수 없는 상태에서 초경량비행장치를 비행한 경우

5. 다음은 초경량비행장치 사고에 대한 설명이다. 틀린 것은?

① 화상은 2도나 3도의 화상 또는 신체표면의 10%를 초과하는 경우

② 행방불명은 초경량비행장치 사고로 1년간 생사가 분명하지 아니한 경우

③ 사망은 초경량비행장치 사고가 발생한 날부터 30일 이내에 그 사고로 사망한 경우

④ 중상은 초경량비행장치 사고로 부상을 입은 날부터 7일 이내에 48시간을 초과하는 입원치료가 필요한 경우

6. 다음은 항공레저스포츠사업 등록에 대한 설명이다. 틀린 것은?

① 보험은 제3자 배상책임 보험을 가입하여야 한다.

② 경량항공기와 초경량비행장치만 사용하면 자본금은 3천만 원이다.

③ 초경량비행장치는 안전성인증 등급을 받은 기체 1대 이상이여야 한다.

④ 초경량비행장치 사용 시 조종자 자격은 조종자 증명 보유자로 비행시간 제한이 없다.

7. 다음은 항공운송사업자의 지위를 승계한 상속인이 항공운송사업을 타인에게 양도해야 하는 경우에 대한 설명이다. 틀린 것은?

① 항공관련법 위반 금고이상 집행유예 중인 자

② 운송사업 관련 면허 및 등록 취소 후 3년 이내인 자

③ 항공관련법 위반으로 금고 이상 실형집행 3년 이내인 자

④ 피성년후견인, 피한정후견인, 파산선고 후 복권되지 아니한 자

8. 다음은 5백만 원 이하의 벌금에 해당하는 위반행위에 대한 설명이다. 맞는 것은?

① 사업개선명령을 위반한 자

② 사업정지명령을 위반한 자

③ 검사 또는 출입을 거부, 방해하거나 기피한 자

④ 초경량항공기를 사업 외 영리목적으로 사용한 자

9. 다음은 주권공역에 대한 설명이다. 틀린 것은?

① 영토는 한반도와 그 부속 도서

② 국토교통부장관이 지정하고 고시

③ 영해는 기선으로부터 측정하여 그 외측 12해리 선까지 이르는 수역

④ 영공은 영토와 영해의 상공으로 완전하고 배타적인 주권을 행사할 수 있는 공간

10. 다음은 통제공역에 대한 설명이다. 틀린 것은?

① 훈련구역　　　　　　② 비행금지구역

③ 비행제한구역　　　　④ 초경량비행장치비행제한구역

11. 다음은 초경량비행장치의 비행승인을 받지 않아도 되는 경우에 대한 설명이다. 틀린 것은?

① 최저비행고도(150m) 미만의 고도에서 운영하는 계류식 기구

② 관제권, 비행금지구역, 비행제한구역 외의 공역에서 비행하는 무인비행장치

③ 연료의 중량을 제외한 자체중량이 12kg 이하 또는 길이가 7m 이하인 무인비행선

④ 가축전염병의 예방 또는 확산 방지를 위하여 소독·방역업무 등에 긴급하게 사용하는 무인비행장치

12. 다음은 주의공역에 대한 설명이다. 틀린 것은?

① 위험구역은 사격장, 폭발물처리장 위험시설의 상공으로 32개소가 있다.

② 훈련구역은 민간항공기의 계기비행 항공기로부터 분리하는 구역으로 9개소가 있다.

③ 군작전구역은 군 훈련 항공기를 IFR항공기로부터 분리하는 구역으로 155개소가 있다.

④ 경계구역은 대규모 조종사 훈련, 비정상형태의 항공활동이 수행되는 공역으로 7개소가 있다.

13. 다음은 최근 대형 무인항공기 명칭에 대한 설명이다. 맞는 것은?

① UAS(Unmanned Aerial System)

② UAV(Unmanned Aerial Vehicle)

③ ROA(Remotely Operated Aircraft)

④ RPAS(Remotely Piloted Aircraft System)

14. 다음은 무인기운용 인력에 대한 설명이다. 틀린 것은?

① 대형무인기는 내부 조종사와 외부 조종사가 필요하다.

② 소형무인기는 각국 자국사정에 맞춰 국내 자격기준에 따라 운영한다.

③ 대형무인기 조종사의 신체기준은 항공조종사 신체검사 2종 기준을 적용한다.

④ 소형무인기 조종사의 신체기준은 2종보통 운전면허 신체검사 기준을 적용한다.

15. 다음은 Sense & Avoid에서 탐지센서에 대한 설명이다. 맞는 것은?

① 레이더는 안개, 연기 등 기상조건의 제약을 받음

② 트랜스폰더는 소형무인항공기는 탑재하중과 저전력형 장비개발이 관건임

③ 공중충돌방지장치는 유상하중에 제약이 많은 소형 항공기에 적합한 소형 시스템이 없음

④ 광학시스템은 속도가 느리고 기동성이 낮은 무인기는 경고음 발생만 증가시키는 문제가 될 수 있음

16. 다음은 인간의 시각에 대한 설명이다. 맞는 것은?

① 맹점은 어두운 상태에서 추상체가 작용을 하지 않아 발생한다.

② 푸르키네 현상은 추상체와 간상체의 민감한 색깔대가 달라서 나타나는 현상이다.

③ 암점은 망막에는 시세포가 없어 물체의 상이 맺히지 않으므로 시각의 기능을 할 수 없다.

④ 암순응은 어두운 곳에서 밝은 곳으로 들어갔을 때 처음에 보이지 않던 것이 시간이 지남에 따라 차차 보이기 시작하는 현상이다.

17. 다음은 수면이 부족할 때 나타나는 증상에 대한 설명이다. 틀린 것은?

① 단기기억 저하   ② 시각지각 저하

③ 논리적 추론 저하   ④ 의사결정능력 저하

18. 다음은 모터의 속도상수에 대한 설명이다. 틀린 것은?

　① KV가 작을수록 동일한 전류로 모터에서는 큰 토크 발생한다.

　② 모터에 인가되는 전압이 일정할 때 모터의 회전수와 토크는 반비례한다.

　③ 부하상태에서 모터에 전압 1V를 인가했을 때 1분 동안 모터 회전수이다.

　④ 모터의 순간적 토크를 발생시키기 위해서는 배터리 방전률 확보가 필요하다.

19. 다음은 프로펠러 결빙에 대한 설명이다. 틀린 것은?

　① 주로 앞전에서 발생한다.

　② 비행 중 주기적인 결빙 확인이 필요하다.

　③ 기온이 높고 습도가 낮은 경우 발생한다.

　④ 공기흐름의 분리가 발생하여 기체 불안정 발생한다.

20. 다음은 무인비행장치의 기체이상 및 원인 분석 시 주의사항에 대한 설명이다. 틀린 것은?

　① 기체진동으로 인해 기체이상 기동 및 추락이 발생할 수 있다.

　② 기체이상 및 추락원인을 명확하게 분석하기 위해서는 별도의 계측기가 필요할 수 없다.

　③ 저장된 비행 데이터는 센서 데이터의 저장이므로 센서 오류 시 부정확한 데이터가 저장될 수 있다.

　④ 기체 이상 기동 및 추락의 원인은 센서와 구동기의 오류, 비행제어 불안정, 환경적 요인을 복합적으로 확인하여야 한다.

21. 다음은 드론의 자율비행과 충돌회피 기술에 대한 설명이다. 틀린 것은?

　① 2차원 지도 기반의 운행경로에 따라 자율비행 하는 기술

　② 기계고장 및 비행환경 변화에 스스로 안전하게 대처하는 기술

　③ 주변상황 인식 센서와 비행제어소프트웨어의 장애물 충돌회피 기술

　④ 드론이 지정한 목적지까지 비행하는 동안 다른 물체를 탐지하고 회피하는 기술

22. 다음은 한국형 K-드론 시스템 구상 시 해외사례 중 중국사례에 대한 설명이다. 맞는 것은?

① 실시간 비행정보 및 기상정보 등 클라우드시스템(UCAS) 개발

② 공역배정, 관제, 감시 등을 위한 교통관제시스템(UTM) 개발 중

③ 드론·3차원 지도·비행 관리·클라우드 서비스 등 스마트플랫폼 개발 중

④ 전자적 등록(2019) 및 비행경로 추적, 관제당국과 동시 접속시스템 구축 추진

23. 다음은 무인비행장치의 사전 비행 계획에 대한 설명이다. 틀린 것은?

① 조종자 준수사항을 확인 한다.

② 안전성인증검사/기체보험 유효기간을 확인한다.

③ Safe Flight 앱을 이용한 지구자기장 관측데이터(K-index)를 확인한다.

④ 항공정보간행물(AIP)로 관제공역, 비행장교통구역, 비행금지공역, 비행제한공역을 확인한다.

24. 다음은 경상남도 밀양시 하동읍 농업용 무인헬리콥터 사고 경위에 대한 설명이다. 틀린 것은?

① 사고로 인해 조종자 사망과 기체가 파손됨

② 사고 후 산림청 헬기와 인부를 동원하여 20일간 수색하였으나 기체를 찾지 못함

③ 사고 후 사고지점 동쪽으로 약 4km 떨어진 하남공단 부지조성 작업 중인 공터에서 5개월 후 발견

④ 비행 후 GPS 해제로 기체가 안개 속으로 사라지자 기체를 상승시켰으나 무선신호 단절로 페일세이프가 작동되어 하강 중 연료고갈로 추락 추정

25. 다음은 비행경력증명서 작성방법에 대한 설명이다. 틀린 것은?

종류	형식	신고번호	안정성검사	최대이륙중량
① 무인멀티콥터	② MG-1	③ S7034	④ 면제	25.1kg

제4회 모의고사 정답 및 해설

정답

1	④	2	③	3	④	4	④	5	①	6	④	7	②	8	③	9	②	10	①
11	③	12	③	13	④	14	④	15	②	16	②	17	④	18	③	19	③	20	②
21	①	22	①	23	④	24	①	25	④										

해설

1. 대한민국은 국제민간항공기구(ICAO)에 1952년 가입하였다.

2. 초경량비행장치 중 무인비행선의 기준은 연료의 중량을 제외한 자체중량이 180kg 이하이고 길이가 20m 이하이다.

3. 초경량비행장치의 안전성인증
   - 초도검사, 정기검사(사업용 1년, 비사업용 2년), 수시검사(대수리, 대개조 후), 재검사(불합격통지로부터 6개월 이내)
   - 안전성인증을 받지 아니한 초경량비행장치를 조종사 증명을 받지 아니하고 비행한 자 → 1년 이하 징역 또는 1천만 원 이하 벌금(항공안전법)
   - 안전성 인증을 받지 아니하고 비행한 자 → 500만 원 과태료(항공안전법)

4. 초경량비행장치 무인멀티콥터 조종자증명 취소사유
   - 거짓이나 그 밖의 부정한 방법으로 초경량비행장치 조종자 증명을 받은 경우
   - 초경량비행장치 조종자 증명의 효력 정지기간에 초경량비행장치를 사용하여 비행한 경우
   - 법을 위반하여 다른 사람에게 자기의 성명을 사용하여 초경량비행장치 조종을 수행하게 하거나 초경량비행장치 조종자 증명을 빌려 준 경우
   - 다른 사람의 성명을 사용하여 초경량비행장치 조종을 수행하거나 다른 사람의 초경량비행장치 조종자 증명을 빌리는 행위

5. 초경량비행장치 사고
   - 화상은 2도나 3도의 화상 또는 신체표면의 5퍼센트를 초과하는 화상
   (화상을 입은 날부터 7일 이내에 48시간을 초과하는 입원치료가 필요한 경우만 해당한다)

6. 항공레저스포츠사업 등록 조건
   - 초경량비행장치 : 조종자 증명 보유하고 비행시간이 180시간 이상
   - 정비인력 : 초경량비행장치 제외

7. 항공운송사업자의 지위를 승계한 상속인이 항공운송사업을 타인에게 양도 조건
   - 피성년후견인, 피한정후견인, 파산선고 후 복권되지 아니한 자
   - 항공관련법 위반으로 금고 이상 실형집행 3년 이내인 자
   - 항공관련법 위반 금고 이상 집행유예 중인 자
   - 운송사업 관련 면허 및 등록 취소 후 2년 이내인 자
   - 초경량비행장치 사업등록 취소처분 후 2년이 지나지 아니한 자

8. - 검사 또는 출입을 거부, 방해하거나 기피한 자 : 5백만 원 이하 벌금
   - 사업개선명령을 위반한 자 : 1천만 원 이하 벌금
   - 사업정지명령을 위반한 자 : 1천만 원 이하 벌금
   - 초경량항공기를 사업 외 영리목적으로 사용한 자 : 6개월 이하 징역 또는 5백만 원 이하 벌금

9. - 영공 : 영토와 영해의 상공으로 완전하고 배타적인 주권을 행사할 수 있는 공간
   - 영토 : 한반도와 그 부속 도서
   - 영해 : 기선으로부터 측정하여 그 외측 12해리 선까지 이르는 수역

10. 통제구역
    - 항공교통의 안전을 위하여 항공기의 비행을 금지하거나 제한할 필요가 있는 공역
    - 구역별 제한사항에 관한 세부 정보는 항공정보간행물(AIP)에 게재 공고
    - 비행금지구역(P : Prohibit Area, 5개)
    - 비행제한구역(R : Restrict Area, 84개),
    - 초경량비행장치 비행제한구역(URA : Ultralight Vehicle Flight Area, 29개)
    - 훈련구역은 주의공역에 포함됨

11. 초경량비행장치 비행승인 예외
    - 초경량비행장치(항공기대여업, 항공레저스포츠사업 또는 초경량비행장치사용사업에 사용되지 아니하는 것으로 한정한다)
    - 최저비행고도(150m) 미만의 고도에서 운영하는 계류식 기구
    - 관제권, 비행금지구역, 비행제한구역 외의 공역에서 비행하는 무인비행장치
    - 「가축전염병 예방법」에 따른 가축전염병의 예방 또는 확산 방지를 위하여 소독·방역업무 등에 긴급하게 사용하는 무인비행장치
    - 연료의 중량을 포함한 최대이륙중량이 25kg 이하인 무인동력비행장치
    - 연료의 중량을 제외한 자체중량이 12kg 이하이고 길이가 7m 이하인 무인비행선

12. 주의공역
    - 항공기 조종사가 비행 시 특별한 주의·경계·식별 등이 필요한 공역
    - 훈련구역(CATA : Civil Aircraft Training Areas, 9개)은 민간항공기의 계기비행 항공기로부터 분리
    - 군작전구역(MOA : Military Operation Area, 55개)은 군 훈련 항공기를 IFR항공기로부터 분리
    - 위험구역(D : Danger Area, 32개)은 사격장, 폭발물처리장 위험시설의 상공으로
    - 경계구역(A : Alert Area, 7개)은 대규모 조종사 훈련, 비정상형태의 항공활동이 수행되는 공역

13. RPAS(Remotely Piloted Aircraft System)
    - 최근국제민간항공기구(ICAO)에서 새로이 정의
    - 항공기급 대형 무인기

14. 무인기 체제 및 조종사의 신체기준

구분	대형무인기(RPAS)	소형무인기(무인비행장치)
체제	무인비행체+이륙수단+원격조종수+착륙수단	무인비행체+조종기+조종자+육안감시자 다른 기능 수행 시 추가인원 필요할 수 있음
신체기준	항공조종사 신체검사 3종 (관제사 적용)	2종 보통운전면허 신체검사 기준 적용
기타	내부조종사 + 외부조종사 필요 (한명은 기장, 다른 사람은 부조종사 역할)	각국 자국사정에 맞춰 국내자격기준 운영

15. 탐지센서의 특성

구분	특성
광학시스템	안개, 연기 등 기상조건의 제약을 받음 탐색율이 타 항적을 탐지해 내기에는 느림
레이더	유상하중에 제약이 많은 소형 항공기에 적합한 소형레이더가 없음
트랜스폰더, ADS-B	소형무인항공기는 탑재하중과 저전력형 장비개발이 관건임
공중충돌방지장치 (TCAS)	속도가 느리고 기동성이 낮은 무인기는 경고음 발생만 증가시키는 문제가 될 수 있음

16. - 명순응은 어두운 곳에서 밝은 곳으로 들어갔을 때 처음에 보이지 않던 것이 시간이 지남에 따라 차차 보이기 시작하는 현상
    - 암순응은 밝은 곳에서 어두운 곳으로 들어갔을 때 처음에 보이지 않던 것이 시간이 지남에 따라 차차 보이기 시작하는 현상
    - 암점은 어두운 상태에서 추상체가 작용을 하지 않아 발생한다.
    - 맹점은 망막에는 시세포가 없어 물체의 상이 맺히지 않으므로 시각의 기능을 할 수 없다.

17. 수면이 부족할 때 나타나는 증상
    - 시각지각 저하
    - 단기기억 저하
    - 논리적 추론 저하
    - 지속주의 능력 저하

18. - 모터의 속도상수(KV) : 무부하상태에서 모터에 전압 1V를 인가했을 때 1분 동안 모터 회전수
    - 모터의 토크/회전수/소모전류의 관계
    · KV가 작을수록 동일한 전류로 모터에서는 큰 토크 발생
    · 권선저항이 적을수록 전압강하가 적어져 KV값은 높아진다.
    · 모터에 인가되는 전압이 일정할 때 모터의 회전수와 토크는 반비례한다.
    · 토크와 소모전류는 비례한다.
    · 모터의 순간적 토크를 발생시키기 위해서는 배터리 방전율 확보가 필요하다.
    · 프로펠러는 모터의 부하요소(직경과 피치)에 의해 변화한다.
    프로펠러의 직경과 피치가 클수록 모터의 부하는 증가한다.

19. 프로펠러 결빙
    - 기온이 낮고 습도가 높은 경우 발생
    - 주로 앞에서 발생
    - 공기흐름의 분리가 발생하여 기체 불안정 발생
    - 비행 중 주기적인 결빙 확인 필요

20. 기체 이상 및 원인분석 주의사항
    - 기체 이상 기동 및 추락의 원인은 센서와 구동기의 오류, 비행제어 불안정, 환경적 요인을 복합적으로 확인하여야 함
    - 저장된 비행 데이터는 센서 데이터의 저장이므로 센서 오류 시 부정확한 데이터 저장될 수 있음
    - 기체이상 및 추락원인을 명확하게 분석하기 위해서는 별도의 계측기가 필요할 수 있음
    - 기체진동으로 인해 기체 이상 기동 및 추락이 발생할 수 있음

21. 자율비행, 충돌회피 기술
    - 드론이 지정한 목적지까지 비행하는 동안 다른 물체를 탐지하고 회피하는 기술
    - 3차원 지도 기반의 운행경로에 따라 자율비행하는 기술
    - 기계고장 및 비행환경 변화에 스스로 안전하게 대처하는 기술
    - 유인기의 조종사 역할을 대신할 수 있는 비협조적 충돌회피 기술
    - 주변상황 인식 센서와 비행제어소프트웨어의 장애물 충돌회피 기술

22. 자동관제시스템 해외사례

구분	특성
미국	공역배정, 관제, 감시 등을 위한 교통관제시스템(UTM) 개발 중
유럽	전자적 등록(2019) 및 비행경로 추적, 관제당국과 동시 접속시스템 구축 추진
중국	실시간 비행정보 및 기상정보 등 클라우드 시스템(UCAS) 개발
일본	드론·3차원 지도·비행 관리·클라우드 서비스 등 스마트플랫폼 개발 중

23. 사전비행계획으로 관제공역, 비행장교통구역, 비행금지공역, 비행제한공역은 항공고시보(NOTAM)로 확인한다.

24. 사고로 인해 기체가 파손되는 피해가 보고됨

제 5 회 모의고사

1. 다음은 국제민간항공협약(시카고협약) 채택에 대한 설명으로 맞는 것은?

    ① 1919년 10월 국제 항공회의 개최하여 시카고협약을 채택하였다.

    ② 1944년 12월 파리회의에서 국제민간항공협약을 채택하였다.

    ③ 국제민간항공기구(ICAO)의 부속서는 직접 법적 구속력이 있다.

    ④ 1947년 4월 국제민간항공협약 발효하였으며 국제민간항공기구를 설립하였다.

2. 다음은 초경량비행장치의 장치신고에 대한 설명이다. 틀린 것은?

    ① 안전성인증을 받기 전까지 초경량비행장치 신고서를 제출한다.

    ② 국토교통부장관은 신고를 받은 날부터 7일 이내에 신고수리 통지하여야 한다.

    ③ 장치신고를 하지 않고 초경량비행장치를 비행한 자는 500만 원 과태료가 부과된다.

    ④ 안전성인증 대상이 아닌 경우 권리가 있는 날부터 30일 이내까지 초경량비행장치 신고서를 제출한다.

3. 다음은 신고가 필요없는 초경량비행장치에 대한 설명이다. 맞는 것은?

    ① 동력을 이용한 행글라이더, 패러글라이더 등의 비행장치

    ② 무인동력장치 중에서 최대이륙중량이 2kg 이하인 초경량비행장치

    ③ 제작자가 판매목적으로 제작하였으나 판매하지 않은 것으로 실험용 비행을 한 초경량비행장치

    ④ 무인비행선 중에서 연료의 무게를 제외한 자체무게가 12kg 이하 또는 길이가 7m 이하인 초경량비행장치

4. 다음은 초경량비행장치의 말소신고에 대한 설명이다. 틀린 것은?

    ① 말소신고 하지 않은 자는 30만 원 과태료가 부과된다.

    ② 신고한 초경량비행장치가 멸실되었거나 해체한 경우 말소신고를 한다.

    ③ 그 사유가 발생한 날부터 15일 이내에 국토교통부장관에게 말소신고를 하여야 한다.

    ④ 초경량비행장치 소유자 등의 주소를 알 수 없는 경우 말소신고 할 것을 한국안전교통공단 홈페이지에 고시한다.

5. 다음은 초경량비행장치 반복적인 비행승인 조건에 대한 설명이다. 틀린 것은?

　① 교육목적 비행

　② 2kg 이하 기체

　③ 비행시간은 정규, 방과 후 활동 중

　④ 비행고도 지표면으로부터 20m 이내

6. 다음은 조종자 증명 취소사유에 대한 설명이다. 틀린 것은?

　① 거짓이나 그 밖의 부정한 방법으로 초경량비행장치 조종자 증명을 받은 경우

　② 명의 대여금지 위반한 사업자는 1년 이하 징역 또는 1천만 원 이하 벌금 부과

　③ 초경량비행장치 조종자 증명의 효력 정지기간에 초경량비행장치를 사용하여 비행한 경우

　④ 주류 등의 영향으로 비행을 정상적으로 수행할 수 없는 상태에서 초경량비행장치를 비행한 경우

7. 다음은 공역에 대한 설명이다. 틀린 것은?

　① 영구공역은 국토교통부장관이 지정하고 고시

　② 임시공역은 국토교통부 항공교통본부장 등이 항공정보간행물(AIP)로 지정

　③ 방공식별구역은 영공방위를 위하여 동 공역을 비행하는 항공기에 대하여 식별, 위치결정 및 통제업무를 실시하는 공역

　④ 제한식별구역은 방공식별구역에서 평시 국내 운항을 용이하게 하고 방공작전의 편의를 도모하기 위하여 설정한 구역

8. 다음은 주의구역 중에서 민간항공기와 관련된 구역에 대한 설명이다. 맞는 것은?

　① 훈련구역　　　　　② 경계구역

　③ 위험구역　　　　　④ 군작전구역

9. 다음 중 관제권 외에 D공역에서 시계비행을 하는 항공기 간에 교통정보를 제공하는 공역에 대한 설명으로 맞는 것은?

① 관제권　　② 관제구
③ 비행장교통구역　　④ 비행금지구역

10. 다음은 무인항공기 논란에 대한 설명이다. 틀린 것은?

① 테러 문제　　② 사생활 노출
③ 여객기와 충돌　　④ 환경오염 문제

11. 다음은 비행안전에 영향을 미치는 인적요인에 대한 설명이다. 틀린 것은?

① 시각　　② 피로
③ 후각　　④ 약물

12. 다음은 인간의 시각에서 입체시에 대한 설명이다. 틀린 것은?

① 거리감각을 느낄 수 있다.
② 드론의 원주비행에 관여한다.
③ 양안의 시차에 의해 발생된다.
④ 거리 및 원근감을 느낄 수 있다.

13. 다음은 피로가 비행안전에 미치는 부정적 영향에 대한 설명이다. 틀린 것은?

① 기억능력　　② 의사결정능력
③ 주의집중능력　　④ 의사소통능력

14. 다음은 무인비행장치의 ESC(Electronic Speed Controller)에 대한 설명이다. 틀린 것은?

① 신호잡음이 발생할 수 있어 설치위치에 대한 고려가 필요하다.

② ESC의 선정은 모터의 최대 소모전류를 허용할 수 있도록 선정하여야 한다.

③ 무인비행장치에 탑재된 비행조종계통과 모터 사이에 위치하여 모터의 속도를 조절하는 역할을 한다.

④ 배터리 전원을 받아 3상 전류를 발생시켜 교류모터에 전원을 전달하여 회전수를 제어하는 역할을 한다.

15. 다음은 무인비행장치에 사용되는 2차 전지에 대한 설명이다. 틀린 것은?

① 니켈 카드뮴전지는 메모리현상이 없으나 용량이 적고 자연방전이 크고 무겁다.

② 니켈수소전지는 대전류가 방전되는 특징 때문에 과거 휴대용 전자제품에 주로 사용하였다.

③ 리듐이온전지는 높은 전압과 에너지 저장 밀도가 높으나 전해질이 액체로 누액 가능성이 높다.

④ 리듐폴리머전지는 다양한 형태로 설계가 가능하나 제조 공정이 복잡하고 저온에서 사용특성이 떨어진다.

16. 다음은 프로펠러에 대한 설명이다. 틀린 것은?

① 저속 비행하는 비행체는 저피치 프로펠러가 효율이 좋다.

② 프로펠러 끝단 속도가 가장 빠르며 음속에 도달해야 한다.

③ 가변피치 프로펠러를 통해 넓은 속도 영역에서 효율 향상 가능하다.

④ 프로펠러의 회전 중심에서 멀어질수록 프로펠러 이동속도가 증가한다.

17. 다음은 위성항법시스템(GNSS)에 대한 설명이다. 틀린 것은?

① GPS로 속도, 위치, 시간을 알 수 있다.

② 항법은 항공기가 자신의 위치를 알아내는 것이다.

③ 위성항법시스템에서 경도, 위도, 높이 측정 위해 3개 위성 신호가 필요하다.

④ 위성항법시스템은 미국은 GPS, 러시아는 GLONASS, 중국은 Beidou, 유럽은 Galileo라 한다.

18. 다음은 드론 인프라 구축에 대한 설명이다. 틀린 것은?

① 비행사업장 ② 안전성인증센터
③ 자격실시 시험장 ④ 드론전문교육기관

19. 다음은 드론의 추진동력 기술에 대한 설명이다. 틀린 것은?

① 친환경, 고성능, 고효율 동력원을 개발 중이다.
② 소형드론은 니켈 카드뮴 배터리와 모터를 추진동력으로 주로 사용한다.
③ 내연기관, 태양전지, 연료전지 등을 조합한 하이브리드 동력 기술을 개발 중이다.
④ 고고도 장기 체공을 위한 태양전지, 수소연료전지 등 추진동력 기술 개발 중이다.

20. 다음은 드론의 데이터링크 기술에 대한 설명이다. 틀린 것은?

① 무선주파수(ISM밴드), LTE 등 무선통신 적용기술
② 제어 데이터와 정보 데이터를 송수하기 위한 무선통신 기술
③ 유효성, 신뢰성, 통합성을 보장할 수 있는 소형경량통신시스템 기술
④ ISM대역은 산업, 과학, 의료용기기에 사용되는 주파수 대역으로 통신 장비 간 간섭이 없다.

21. 다음은 안티드론기술에 대한 설명이다. 틀린 것은?

① 음향탐지센서는 가격은 저렴하나 소음이 많은 환경에서 탐지하기 어렵다.
② 영상센서는 블루투스가 많이 설치된 도심에서는 조정신호 구분이 어렵다.
③ 레이더센서는 특정대역의 RF신호를 송출하고 표적으로부터 반사되어 돌아오는 신호를 수신하여 표적을 탐지한다.
④ 무인비행체의 접근을 탐지하는 무인비행체 탐지기술과 드론의 비행을 무력화시키는 기술이 융합된 시스템이다.

22. 다음은 영상항법시스템에 대한 설명이다. 맞는 것은?

① 인공위성을 기초로 위치, 속도 정보를 구하는 항법시스템이다.

② 가볍고 소모 전력이 적으며 시야가 확보된 영상이 제공된다.

③ 고도오차보정을 위해 관성항법시스템과 필터를 결합하여 사용한다.

④ 외부환경에 대한 영향이 적으나 시간이 경과함에 따라 항법 오차가 증가한다.

23. 다음은 무인비행장치 비행 중 안전 확인 사항에 대한 설명이다. 틀린 것은?

① 일출, 일몰 시간을 사전 확인한다.

② 육안감시자 배치하여 지상 및 공중의 헬기와 공중장애물에 대해 경계한다.

③ 가시권비행, 인구밀집지역 비행금지, 낙하물 금지 등의 조종자 준수사항 준수한다.

④ 아파트 송전선, 철탑주변 등 비행 중 GPS 수신 장애 우려지역에 대한 비행을 지향한다.

24. 다음은 무인비행장치의 비행 통신 안전에 대한 설명이다. 틀린 것은?

① Fail Safe은 고장발생 시 안전 확보를 위한 기능이다.

② 무인비행장치는 무선조종기와 수신기 간의 전파로 조종한다.

③ HOLD는 조종기 신호 손실 시 직전의 값을 유지하는 기능이다.

④ 무인비행장치는 자동화가 되어 있어 통신 두절 및 제어불능 상황을 염두에 둘 필요가 없다.

25. 다음은 전라북도 임실군 오수면 무인비행장치 사고 경위에 대한 설명이다. 틀린 것은?

① 조종자의 상황인식 및 회피동작이 부족하였음

② 기체가 이륙 후 후진하면서 조종자와 충돌하여 조종자가 사망하였음

③ 비행 전 점검단계에서 피치트림 스위치가 3단계로 이동된 것을 확인되지 못함

④ 이륙 전 GPS 스위치를 2회 작동하여 GPS표시등은 정상적으로 작동되었으나 조종자가 확인하지 못함

제 5 회 모의고사 정답 및 해설

정답

1	④	2	③	3	②	4	④	5	②	6	④	7	②	8	①	9	③	10	④
11	③	12	②	13	④	14	④	15	①	16	②	17	③	18	④	19	②	20	④
21	②	22	②	23	④	24	④	25	④										

해설

1. 항공관련 법규
   - 1919년 10월 국제 항공회의 개최하여 파리협약 채택
     · 자국 영공에 대한 완전하고 배타적인 주권을 인정함으로써 영공주권의 원칙을 정착
   - 1944년 12월 시카고회의에서 국제민간항공협약(시카고협약) 채택
   - 1947년 4월 국제민간항공협약 발효, 국세민간항공기구(ICAO) 설립
     · 국제민간항공기구(ICAO)는 협약과 부속서(ANNEX 19)로 구성
     · 부속서는 기술적인 사항에 관한 통일을 용이하게 하는 것으로 그 자체가 직접 법적 구속력은 없음

2. 초경량비행장치
   - 초경량비행장치를 소유하거나 사용할 수 있는 권리가 있는 자는 안전성인증을 받기 전(안전성인증 대상이 아닌 초경량비행장치인 경우에는 초경량비행장치를 소유하거나 사용할 수 있는 권리가 있는 날부터 30일 이내를 말한다)까지 초경량비행장치 신고서에 다음의 서류를 첨부하여 한국교통안전공단 이사장에게 제출 국토교통부장관에게 신고
   - 국토교통부장관은 제1항 본문에 따른 신고를 받은 날부터 7일 이내에 신고수리 통지
   - 신고 또는 변경신고를 하지 않고 비행한 자(6개월 이하 징역 또는 500만 원 이하 벌금(항공안전법))

3. 신고를 필요하지 않는 초경량비행장치
   - 항공기대여업, 항공레저스포츠사업, 초경량비행장치사용사업에 사용되지 않는
   - 무인동력장치 중에서 최대이륙중량이 2kg 이하
   - 무인비행선 중에서 연료의 무게를 제외한 자체무게가 12kg 이하이고 길이가 7m 이하
   - 연구기관 등에서 시험, 조사, 개발을 위하여 제작
   - 제작자가 판매목적으로 제작하였으나 판매하지 않은 것으로 비행하지 않은 것
   - 군사목적으로 사용되는 것
   - 행글라이더, 패러글라이더 등 동력을 이용하지 아니하는 비행장치
   - 사람이 탑승하지 않는 기구류
   - 계류식 무인비행장치
   - 낙하산류

4. 초경량비행장치의 말소신고
   - 신고한 초경량비행장치가 멸실되었거나 그 초경량비행장치를 해체(정비 등 수송 또는 보관하기 위한 해체는 제외한다)한 경우에는
   - 그 사유가 발생한 날부터 15일 이내에 국토교통부장관에게 말소신고를 하여야 한다.
   - 초경량비행장치 소유자 등의 주소 또는 거소를 알 수 없는 경우 말소신고 할 것을 관보에 고시하고, 한국안전교통공단 홈페이지에 공고한다.
   - 말소신고 하지 않은 자 → 30만 원 과태료(항공안전법)

5. 반복적인 비행승인 조건
   - 교육목적 비행
   - 7kg 이하 기체
   - 학교 운동장
   - 비행시간은 정규, 방과 후 활동 중
   - 비행고도 지표면으로부터 20m 이내
   - 안전, 국방 등 비행금지구역의 지정 목적을 저해하지 않을 것

6. 조종자 증명 취소 사유
   - 거짓이나 그 밖의 부정한 방법으로 초경량비행장치 조종자 증명을 받은 경우
   - 초경량비행장치 조종자 증명의 효력 정지기간에 초경량비행장치를 사용하여 비행한 경우
   - 법을 위반하여 다른 사람에게 자기의 성명을 사용하여 초경량비행장치 조종을 수행하게 하거나 초경량비행장치 조종자 증명을 빌려 준 경우
   - 다른 사람의 성명을 사용하여 초경량비행장치 조종을 수행하거나 다른 사람의 초경량비행장치 조종자 증명을 빌리는 행위

7. - 영구공역
   · 국토교통부장관이 지정하고 고시
   · 관제공역, 비관제공역, 통제구역, 주의공역 등이 항공로지도 및 항공정보간행물(AIP)에 고시된 통상적인 3개월 이상 동일 목적으로 사용되는 일정한 수평 및 수직 범위 공역임
   - 임시공역
   · 국토교통부 항공교통본부장 등이 NOTAM으로 지정
   · 공역 설정 목적에 맞게 3개월 미만의 기간 동안만 단기간으로 설정되는 수평 및 수직범위의 공역임
   - 방공식별구역(Air Defense Identification Zone)
   · 영공방위를 위하여 동 공역을 비행하는 항공기에 대하여 식별, 위치결정 및 통제업무를 실시하는 공역
   · 비행정보구역과는 별도로 한국방공식별구역(KADIZ)을 설정하여 국방부에서 관리
   - 제한식별구역(Limited Identification Zone)
   · 방공식별구역에서 평시 국내 운항을 용이하게 하고 방공작전의 편의를 도모하기 위하여 설정한 구역
   · 우리나라 해안선을 따라 한국제한식별구역(KLIZ)을 설정, 국방부에서 관리
   · 항공기 식별이 안 될 경우 요격기 투입

8. 주의공역
   - 훈련구역은 민간항공기의 계기비행 항공기로부터 분리
   - 군작전구역은 군 훈련 항공기를 IFR항공기로부터 분리
   - 위험구역은 사격장, 폭발물처리장 위험시설의 상공으로
   - 경계구역은 대규모 조종사 훈련, 비정상형태의 항공활동이 수행되는 공역

9. 비행장교통구역(ATZ : Aerodrome Traffic Zone)
   - 관제권 외에 D에서 시계비행을 하는 항공기 간에 교통 정보를 제공하는 공역
   - 비행장 중심 반경 3NM, 수직으로 지표면으로부터 3,000ft까지의 공역

10. 무인항공기 논란
    - 비행안전문제 : 여객기와 충돌, 추락으로 인한 인명피해, 테러 문제
    - 사생활침해의 우려 : 사생활 노출

11. 비행안전에 영향을 미치는 인적요인은 시각, 피로, 수면, 약물

12. 입체시
    - 양안의 시차에 의하여 발생되는 시각현상으로 거리 감각을 느낄 수 있는 기능
    - 거리 및 원근감 판단
    - 드론 직진 및 후진 비행 관여

13. 피로가 비행안전에 미치는 부정적 영향
    - 의사결정능력, 기억능력, 주의집중 능력에 부정적 영향

14. ESC(Electronic Speed Controller)
    - 무인비행장치에 탑재된 비행조종계통과 모터 사이에 위치하여 모터의 속도를 조절하는 역할을 한다.
    - 배터리 전원을 받아 3상 전류를 발생시켜 브러시리스 모터에 전원을 전달하여 회전수를 제어하는 역할을 한다.

15.

구분	장점	단점
리튬이온 Li-ion	높은 전압 높은 에너지 저장 밀도 뛰어난 온도 특성	폭발 위험 상존 전해질이 액체로 누액 가능성
리튬폴리머 Li-Po	높은 전압 높은 에너지 저장 밀도 뛰어난 온도 특성 폴리머전해질로 높은 안전성 다양한 형태로 설계 가능	제조 공정 복잡 가격 고가 폴리머전해질로 이온전도율이 떨어짐 지온에서 사용특성이 떨어짐
니켈 카드뮴 Li-Cd	완전 방전 후 충전	메모리 현상 용량이 적고 자연방전이 크고 무거움
니켈수소 Li-MH	작은 내부저항과 함께 전압변동이 적어 대전류가 방전됨 대전류가 방전되는 특징 때문에 과거 휴대용 전자제품에 주로 사용	
납축전지	자동차 시동용, 산업기기예비전원용 경제적이지만 무거움	

16. 프로펠러 회전속도
    - 프로펠러의 회전 중심에서 멀어질수록 프로펠러 이동 속도가 증가한다.
    - 프로펠러 끝단 속도가 가장 빠르며 음속에 가깝지 않아야 한다.
    - 회전수가 동일할 때 프로펠러의 직경이 길수록 끝단의 속도가 빨라진다.

프로펠러 효율
- 전진비에 따라 효율 차이가 발생한다.
- 저속 비행하는 비행체는 저피치 프로펠러가 효율이 좋다.
- 가변피치 프로펠러를 통해 넓은 속도 영역에서 효율 향상이 가능하다.

17. - 항법은 항공기가 자신의 위치를 알아내는 것
    - 위성항법시스템은 GPS로 속도, 위치, 시간을 알 수 있으며, 위성 최소 24개 필요하다.
    - 미국 GPS, 러시아 GLONASS, 중국 Beidou, 유럽 Galileo라고 부른다.
    - GNSS 측정원리는 경도, 위도, 높이 측정 위해 3개 위성 신호와 위성 간 오차 제거 1위성 신호가 필요하다.

18. 드론 3대 인프라 구축
    - 비행사업장, 안전성인증센터, 자격실시 시험장

19. 드론기술 중 추진 동력 기술
    - 친환경, 고성능, 고효율 동력원 개발 진행
    - 고고도 장기 체공을 위한 태양전지, 수소연료전지 등 추진동력 기술
    - 내연기관, 태양전지, 연료전지 등을 조합한 하이브리드 동력기술
    - 소형드론은 리튬폴리머 배터리와 모터를 추진동력으로 주로 사용

20. 데이터링크 기술
    - 제어 데이터와 정보 데이터를 송수하기 위한 무선 통신 기술
    - 유효성, 신뢰성, 통합성을 보장할 수 있는 소형경량 통신시스템 기술
    - 무선주파수(ISM밴드), LTE 등 무선통신 적용기술
    - ISM(Industrial Scientific Medical)대역은 산업, 과학, 의료용기기에 사용하기 위해 지정된 주파수 대역
    - 기기들과 이 대역을 사용하는 통신장비 간에 간섭을 용인한다는 조건에서 사용
    - 2.4GHz 대역은 와이파이 서비스, 블루투스, 전파식별(RFID) 등 다양한 통신에 사용

- 2.4~2.8GHz, 5.725~5.875GHz 대역 사용
- 우리나라는 433MHz 대역과 902MHz 대역은 ISM 대역이 아님

21. 무인비행체의 접근을 탐지하는 무인비행체 탐지기술과 드론의 비행을 무력화시키는 기술이 융합된 시스템이다.

구분	탐지 방법	특이사항
음향탐지센서	드론이 작동할 때 프로펠러의 회전으로 인해 발생하는 특유의 소음을 이용하여 표적 탐지	가격 저렴 소음이 많은 환경에서 탐지 어렵다.
방향탐지센서	가시광선, 적외선, 열화상영역의 영상정보를 활용하여 움직이는 표적을 탐지	비행체의 형상을 직접 확인 가격 고가
영상센서	드론이 사용하는 제어신호와 영상데이터 송수신용 대역신호의 방향과 위치를 탐지	Wi-Fi가 많이 설치된 도심에서는 조정신호 구분이 어렵다.
레이더센서	특정대역의 RF신호를 송출하고 표적으로부터 반사되어 돌아오는 신호를 수신하여 표적 탐지	도입 비용 고가 주파수 승인 문제

22.

구분	관성항법시스템 (INS)	위성항법시스템 (GPS)	영상항법시스템
정의	항공기 움직일 때 가속도계를 이용하여 측정하여 속도, 이동거리를 구해 항공기의 위치를 구하는 항법	인공위성을 기초로 위치, 속도 정보를 구하는 항법	설치된 카메라에서 제공된 영상으로 위치, 속도, 자세를 구하는 항법
구성 센서	자이로센서, 가속도센서	위성신호, GPS	영상정보, 이미지센서
특징	오차가 상대적으로 커 다른 항법센서와 정보를 융합 소형항공기 저가의 MEMS 기반 IMU 사용	무인항공기의 위치, 속도 정보 제공 고도오차 보정을 위해 관성항법시스템과 필터 결합하여 사용	가볍고 소모전력이 적음 저가의 광학카메라의 영상으로 항법정보 추출 가능
장점	외부환경 영향 최소	저렴하고 소형 비교적 정확한 위치 정보 획득	시야 확보 영상 제공
단점	시간이 경과함에 따라 항법오차 증가	고도정보 오차 큼 전파방해, 장애물과 같은 외부 간섭에 취약	영상분석 SW에 따른 HW성능 영향 조정 계산이 많고, 조도의 영향을 많이 받음

23. 비행 중 안전 확인 사항
   - 조종자 준수사항 준수 : 가시권비행, 인구밀집지역 비행금지, 낙하물 금지 등
   - 육안감시자 배치하여 지상 및 공중(헬기, 공중장애물) 경계
   - 아파트 송전선, 철탑주변 비행 중 GPS 수신 장애 우려 지역 비행 지양
   - 야간 비행금지(일출, 일몰 시간 사전 확인)

24. 통신 안전
   - 무인비행장치는 무선조종기와 수신기 간의 전파로 조종
   - 항상 통신 두절 및 제어불능 상황을 염두에 두고 사고 피해를 최소화하도록 운영
   - 조종기 Range Test 모드로 30~50m 거리에서 시동
   - HOLD : 조종기 신호 손실 시 직전의 값을 유지
   - Fail Safe : 고장발생 시 안전 확보

25. 전라북도 임실군 오수면 무인비행장치 사고 경위
   - 피치트림 스위치가 외부물체에 걸려 3단계로 이동되었으나, 비행 전 점검단계에서 확인되지 못함
   - 기체가 이륙 후 후진하면서 조종자와 충돌하여 조종자 사망
   - 이륙 전 GPS 스위치를 2회 작동하였으나, 당시 GPS 수신신호의 불량으로 시동 후 GPS 표시등이 점등되지 않자 조종자는 조급하게 불필요한 반응을 한 것
   - 기체가 후진하는 동안 조종자는 2회 걸쳐 후진을 멈추기 위해 피치조종 간을 작동하였으나 그 양이나 시간이 충분하지 않았음
   - 조종자의 상황인식 및 회피동작이 부족하였음

2. 항공안전법 법령단위 비교

항공안전법 [법률 제18952호, 2022. 6. 10., 일부개정]	항공안전법 시행령 [대통령령 제32677호, 2022. 6. 7., 일부개정]	항공안전법 시행규칙 [국토교통부령 제1167호, 2022. 12. 9., 일부개정]
제1장 총칙		
제1조(목적) 이 법은 「국제민간항공협약」 및 같은 협약의 부속서에서 채택된 표준과 권고되는 방식에 따라 항공기, 경량항공기 또는 초경량비행장치의 안전하고 효율적인 항행을 위한 방법과 국가, 항공사업자 및 항공종사자 등의 의무 등에 관한 사항을 규정함을 목적으로 한다.		
제2조(정의) 이 법에서 사용하는 용어의 뜻은 다음과 같다. 1. "항공기"란 공기의 반작용(지표면 또는 수면에 대한 공기의 반작용은 제외한다. 이하 같다)으로 뜰 수 있는 기기로서 최대이륙중량, 좌석 수 등 국토교통부령으로 정하는 기준에 해당하는 다음 각 목의 기기와 그 밖에 대통령령으로 정하는 기기를 말한다. 가. 비행기 나. 헬리콥터 다. 비행선 라. 활공기(滑空機) 2. "경량항공기"란 항공기 외에 공기의 반작용으로 뜰 수 있는 기기로서 최대이륙중량, 좌석 수 등 국토교통부령으로 정하는 기준에 해당하는 비행기, 헬리콥터, 자이로플레인(gyroplane) 및 동력패러슈트(powered parachute) 등을 말한다. 3. "초경량비행장치"란 항공기와 경량항공기 외에 공기의 반작용으로 뜰 수 있는 장치로서 자체중량, 좌석 수 등 국토교통부령으로 정하는 기준에 해당하는 동력비행장치, 행글라이더, 패러글라이더, 기구류 및 무인비행장치 등을 말한다. 4. "국가기관등항공기"란 국가, 지방자치단체, 그 밖에 「공공기관의 운영에 관한 법률」에 따른 공공기관으로서 대통령령으로 정하는 공공기관(이하 "국가기관등"이라 한다)이 소유하거나 임차(賃借)한 항공기로서 다음 각 목의 어느 하나에 해당하는 업무를 수행하기 위하여 사용되는 항공기를 말한다. 다만, 군용·경찰용·세관용 항공기는 제외한다. 가. 재난·재해 등으로 인한 수색(搜索)·구조	**제2조(항공기의 범위)** 「항공안전법」(이하 "법"이라 한다) 제2조제1호 각 목 외의 부분에서 "대통령령으로 정하는 기기"란 다음 각 호의 어느 하나에 해당하는 기기를 말한다. 1. 최대이륙중량, 좌석 수, 속도 또는 자체중량 등이 국토교통부령으로 정하는 기준을 초과하는 기기 2. 지구 대기권 내외를 비행할 수 있는 항공우주선 **제3조(국가기관등항공기 관련 공공기관의 범위)** 법 제2조제4호 각 목 외의 부분 본문에서 "대통령령으로 정하는 공공기관"이란 「국립공원공단법」에 따른 국립공원공단을 말한다. 〈개정 2017. 5. 29., 2019. 1. 15.〉	**제2조(항공기의 기준)** 「항공안전법」(이하 "법"이라 한다) 제2조제1호 각 목 외의 부분에서 "최대이륙중량, 좌석 수 등 국토교통부령으로 정하는 기준"이란 다음 각 호의 기준을 말한다. 1. 비행기 또는 헬리콥터 가. 사람이 탑승하는 경우: 다음의 기준을 모두 충족할 것 1) 최대이륙중량이 600킬로그램(수상비행에 사용하는 경우에는 650킬로그램)을 초과 할 것 2) 조종사 좌석을 포함한 탑승좌석 수가 1개 이상일 것 3) 동력을 일으키는 기계장치(이하 "발동기"라 한다)가 1개 이상일 것 나. 사람이 탑승하지 아니하고 원격조종 등의 방법으로 비행하는 경우: 다음의 기준을 모두 충족할 것 1) 연료의 중량을 제외한 자체중량이 150킬로그램을 초과할 것 2) 발동기가 1개 이상일 것 2. 비행선 가. 사람이 탑승하는 경우 다음의 기준을 모두 충족할 것 1) 발동기가 1개 이상일 것 2) 조종사 좌석을 포함한 탑승좌석 수가 1개 이상일 것 나. 사람이 탑승하지 아니하고 원격조종 등의 방법으로 비행하는 경우 다음의 기준을 모두 충족할 것 1) 발동기가 1개 이상일 것 2) 연료의 중량을 제외한 자체중량이 180킬로그램을 초과하거나 비행선의 길이가 20미터를 초과 할 것 3. 활공기 : 자체중량이 70킬로그램을 초과할 것

항공안전법 [법률 제18952호, 2022. 6. 10., 일부개정]	항공안전법 시행령 [대통령령 제32677호, 2022. 6. 7., 일부개정]	항공안전법 시행규칙 [국토교통부령 제1167호, 2022. 12. 9., 일부개정]

나. 산불의 진화 및 예방
다. 응급환자의 후송 등 구조·구급활동
라. 그 밖에 공공의 안녕과 질서유지를 위하여 필요한 업무
5. "항공업무"란 다음 각 목의 어느 하나에 해당하는 업무를 말한다.
  가. 항공기의 운항(무선설비의 조작을 포함한다) 업무(제46조에 따른 항공기 조종연습은 제외한다)
  나. 항공교통관제(무선설비의 조작을 포함한다) 업무(제47조에 따른 항공교통관제연습은 제외한다)
  다. 항공기의 운항관리 업무
  라. 정비·수리·개조(이하 "정비등"이라 한다)된 항공기·발동기·프로펠러(이하 "항공기등"이라 한다), 장비품 또는 부품에 대하여 안전하게 운용할 수 있는 성능(이하 "감항성"이라 한다)이 있는지를 확인하는 업무
6. "항공기사고"란 사람이 비행을 목적으로 항공기에 탑승하였을 때부터 탑승한 모든 사람이 항공기에서 내릴 때까지[사람이 탑승하지 아니하고 원격조종 등의 방법으로 비행하는 항공기(이하 "무인항공기"라 한다)의 경우에는 비행을 목적으로 움직이는 순간부터 비행이 종료되어 발동기가 정지되는 순간까지를 말한다] 항공기의 운항과 관련하여 발생한 다음 각 목의 어느 하나에 해당하는 것으로서 국토교통부령으로 정하는 것을 말한다.
  가. 사람의 사망, 중상 또는 행방불명
  나. 항공기의 파손 또는 구조적 손상
  다. 항공기의 위치를 확인할 수 없거나 항공기에 접근이 불가능한 경우
7. "경량항공기사고"란 비행을 목적으로 경량항공기의 발동기가 시동되는 순간부터 비행이 종료되어 발동기가 정지되는 순간까지 발생한 다음 각 목의 어느 하나에 해당하는 것으로서 국토교통부령으로 정하는 것을 말한다.
  가. 경량항공기에 의한 사람의 사망, 중상 또는 행방불명
  나. 경량항공기의 추락, 충돌 또는 화재 발생
  다. 경량항공기의 위치를 확인할 수 없거나 경량항공기에 접근이 불가능한 경우
		제5조(초경량비행장치의 기준) 법 제2조제3호에서 "자체중량, 좌석 수 등 국토교통부령으로 정하는 기준에 해당하는 동력비행장치, 행글라이더, 패러글라이더, 기구류 및 무인비행장치 등"이란 다음 각 호의 기준을 충족하는 동력비행장치, 행글라이더, 패러글라이더, 기구류, 무인비행장치, 회전익비행장치, 동력패러글라이더 및 낙하산류 등을 말한다.
		1. 동력비행장치 : 동력을 이용하는 것으로서 다음 각 목의 기준을 모두 충족하는 고정익비행장치
		  가. 탑승자, 연료 및 비상용 장비의 중량을 제외한 자체중량이 115킬로그램 이하일 것
		  나. 좌석이 1개일 것
		2. 행글라이더 : 탑승자 및 비상용 장비의 중량을 제외한 자체중량이 70킬로그램 이하로서 체중이동, 타면조종 등의 방법으로 조종하는 비행장치
		3. 패러글라이더 : 탑승자 및 비상용 장비의 중량을 제외한 자체중량이 70킬로그램 이하로서 날개에 부착된 줄을 이용하여 조종하는 비행장치
		4. 기구류 : 기체의 성질·온도차 등을 이용하는 다음 각 목의 비행장치
		  가. 유인자유기구 또는 무인자유기구
		  나. 계류식(繫留式)기구
		5. 무인비행장치 : 사람이 탑승하지 아니하는 것으로서 다음 각 목의 비행장치
		  가. 무인동력비행장치 : 연료의 중량을 제외한 자체중량이 150킬로그램 이하인 무인비행기, 무인헬리콥터 또는 무인멀티콥터
		  나. 무인비행선 : 연료의 중량을 제외한 자체중량이 180킬로그램 이하이고 길이가 20미터 이하인 무인비행선
		6. 회전익비행장치 : 제1호 각 목의 동력비행장치의 요건을 갖춘 헬리콥터 또는 자이로플레인
		7. 동력패러글라이더 : 패러글라이더에 추진력을 얻는 장치를 부착한 다음 각 목의 어느 하나에 해당하는 비행장치
		  가. 착륙장치가 없는 비행장치
		  나. 착륙장치가 있는 것으로서 제1호 각 목의 동력비행장치의 요건을 갖춘 비행장치

항공안전법 [법률 제18952호, 2022. 6. 10., 일부개정]	항공안전법 시행령 [대통령령 제32677호, 2022. 6. 7., 일부개정]	항공안전법 시행규칙 [국토교통부령 제1167호, 2022. 12. 9., 일부개정]
8. "초경량비행장치사고"란 초경량비행장치를 사용하여 비행을 목적으로 이륙[이수(離水)를 포함한다. 이하 같다]하는 순간부터 착륙[착수(着水)를 포함한다. 이하 같다]하는 순간까지 발생한 다음 각 목의 어느 하나에 해당하는 것으로서 국토교통부령으로 정하는 것을 말한다. 가. 초경량비행장치에 의한 사람의 사망, 중상 또는 행방불명 나. 초경량비행장치의 추락, 충돌 또는 화재 발생 다. 초경량비행장치의 위치를 확인할 수 없거나 초경량비행장치에 접근이 불가능한 경우 9. "항공기준사고"(航空機準事故)란 항공안전에 중대한 위해를 끼쳐 항공기사고로 이어질 수 있었던 것으로서 국토교통부령으로 정하는 것을 말한다. 10. "항공안전장애"란 항공기사고 및 항공기준사고 외에 항공기의 운항 등과 관련하여 항공안전에 영향을 미치거나 미칠 우려가 있었던 것으로서 국토교통부령으로 정하는 것을 말한다. 11. "비행정보구역"이란 항공기, 경량항공기 또는 초경량비행장치의 안전하고 효율적인 비행과 수색 또는 구조에 필요한 정보를 제공하기 위한 공역(空域)으로서 「국제민간항공협약」 및 같은 협약 부속서에 따라 국토교통부장관이 그 명칭, 수직 및 수평 범위를 지정·공고한 공역을 말한다. 12. "영공"(領空)이란 대한민국의 영토와 「영해 및 접속수역법」에 따른 내수 및 영해의 상공을 말한다. 13. "항공로"(航空路)란 국토교통부장관이 항공기, 경량항공기 또는 초경량비행장치의 항행에 적합하다고 지정한 지구의 표면상에 표시한 공간의 길을 말한다. 32. "초경량비행장치사용사업"이란 「항공사업법」 제2조제23호에 따른 초경량비행장치사용사업을 말한다. 33. "초경량비행장치사용사업자"란 「항공사업법」 제2조제24호에 따른 초경량비행장치사용사업자를 말한다.		8. 낙하산류 : 항력(抗力)을 발생시켜 대기(大氣) 중을 낙하하는 사람 또는 물체의 속도를 느리게 하는 비행장치 9. 그 밖에 국토교통부장관이 종류, 크기, 중량, 용도 등을 고려하여 정하여 고시하는 비행장치 **제6조(사망·중상 등의 적용기준)** ① 법 제2조제6호가목에 따른 사람의 사망 또는 중상에 대한 적용기준은 다음 각 호와 같다. 1. 항공기에 탑승한 사람이 사망하거나 중상을 입은 경우. 다만, 자연적인 원인 또는 자기 자신이나 타인에 의하여 발생된 경우와 승객 및 승무원이 정상적으로 접근할 수 없는 장소에 숨어있는 밀항자 등에게 발생한 경우는 제외한다. 2. 항공기로부터 이탈된 부품이나 그 항공기와의 직접적인 접촉 등으로 인하여 사망하거나 중상을 입은 경우 3. 항공기 발동기의 흡입 또는 후류(後流)로 인하여 사망하거나 중상을 입은 경우 ② 법 제2조제6호가목, 같은 조 제7호가목 및 같은 조 제8호가목에 따른 행방불명은 항공기, 경량항공기 또는 초경량비행장치 안에 있던 사람이 항공기사고, 경량항공기사고 또는 초경량비행장치사고로 1년간 생사가 분명하지 아니한 경우에 적용한다. ③ 법 제2조제7호가목 및 같은 조 제8호가목에 따른 사람의 사망 또는 중상에 대한 적용기준은 다음 각 호와 같다. 1. 경량항공기 및 초경량비행장치에 탑승한 사람이 사망하거나 중상을 입은 경우. 다만, 자연적인 원인 또는 자기 자신이나 타인에 의하여 발생된 경우는 제외한다. 2. 비행 중이거나 비행을 준비 중인 경량항공기 또는 초경량비행장치로부터 이탈된 부품이나 그 경량항공기 또는 초경량비행장치와의 직접적인 접촉 등으로 인하여 사망하거나 중상을 입은 경우

항공안전법 [법률 제18952호, 2022. 6. 10., 일부개정]	항공안전법 시행령 [대통령령 제32677호, 2022. 6. 7., 일부개정]	항공안전법 시행규칙 [국토교통부령 제1167호, 2022. 12. 9., 일부개정]
34. "이착륙장"이란 「공항시설법」 제2조제19호에 따른 이착륙장을 말한다.		**제7조(사망·중상의 범위)** ① 법 제2조제6호가목, 같은 조 제7호가목 및 같은 조 제8호가목에 따른 사람의 사망은 항공기사고, 경량항공기사고 또는 초경량비행장치사고가 발생한 날부터 30일 이내에 그 사고로 사망한 경우를 포함한다. ② 법 제2조제6호가목, 같은 조 제7호가목 및 같은 조 제8호가목에 따른 중상의 범위는 다음 각 호와 같다. 1. 항공기사고, 경량항공기사고 또는 초경량비행장치사고로 부상을 입은 날부터 7일 이내에 48시간을 초과하는 입원치료가 필요한 부상 2. 골절(코뼈, 손가락, 발가락 등의 간단한 골절은 제외한다) 3. 열상(찢어진 상처)으로 인한 심한 출혈, 신경·근육 또는 힘줄의 손상 4. 2도나 3도의 화상 또는 신체표면의 5퍼센트를 초과하는 화상(화상을 입은 날부터 7일 이내에 48시간을 초과하는 입원치료가 필요한 경우만 해당한다) 5. 내장의 손상 6. 전염물질이나 유해방사선에 노출된 사실이 확인된 경우 **제9조(항공기준사고의 범위)** 법 제2조제9호에서 "국토교통부령으로 정하는 것"이란 별표 2와 같다. **제10조(항공안전장애의 범위)** 법 제2조제10호에서 "국토교통부령으로 정하는 것"이란 별표 3과 같다. **제17조(등록부호 표시의 예외)** ① 국토교통부장관은 제14조부터 제16조까지의 규정에도 불구하고 부득이한 사유가 있다고 인정하는 경우에는 등록부호의 표시위치, 높이, 폭 등을 따로 정할 수 있다. ② 법 제2조제4호에 따른 국가기관등항공기에 대해서는 제14조부터 제16조까지의 규정에도 불구하고 관계 중앙행정기관의 장이 국토교통부장관과 협의하여 등록부호의 표시위치, 높이, 폭 등을 따로 정할 수 있다.

항공안전법 [법률 제18952호, 2022. 6. 10., 일부개정]	항공안전법 시행령 [대통령령 제32677호, 2022. 6. 7., 일부개정]	항공안전법 시행규칙 [국토교통부령 제1167호, 2022. 12. 9., 일부개정]
		제104조(전문교육기관의 지정 등) ① 법 제48조제1항에 따른 전문교육기관으로 지정을 받으려는 자는 별지 제57호서식의 항공종사자 전문교육기관 지정신청서에 다음 각 호의 사항이 포함된 교육계획서를 첨부하여 국토교통부장관에게 제출하여야 한다. 1. 교육과목 및 교육방법 2. 교관 현황(교관의 자격·경력 및 정원) 3. 시설 및 장비의 개요 4. 교육평가방법 5. 연간 교육계획 6. 교육규정 ② 법 제48조제2항에 따른 전문교육기관의 지정기준은 별표 12와 같으며, 지정을 위한 심사 등에 관한 세부절차는 국토교통부장관이 정하여 고시한다. 〈개정 2018. 4. 25.〉 ③ 법 제48조제3항에서 "국토교통부령으로 정하는 사항"이란 다음 각 호의 사항을 말한다. 〈신설 2018. 4. 25.〉 1. 교육과정, 교관의 인원·자격 및 교육평가방법 2. 훈련용 항공기의 지정 및 정비방법에 관한 사항 3. 전문교육기관의 책임관리자 4. 교육훈련 기록관리에 관한 사항 5. 교육훈련의 품질보증체계에 관한 사항 6. 그 밖에 교육훈련에 필요한 사항으로서 국토교통부장관이 정하여 고시하는 사항 ④ 국토교통부장관은 제1항에 따른 신청서를 심사하여 그 내용이 제2항에서 정한 지정기준에 적합한 경우에는 법 제35조, 제37조 및 제44조에 따른 자격별로 별지 제58호서식의 항공종사자 전문교육기관 지정서 및 별지 제58호의2서식의 훈련운영기준(Training Specifications)을 발급하여야 한다. 〈개정 2018. 4. 25.〉 ⑤ 국토교통부장관은 제4항에 따라 지정한 전문교육기관(이하 "지정전문교육기관"이라 한다)을 공고하여야 한다. 〈개정 2018. 4. 25., 2019. 2. 26.〉

항공안전법 [법률 제18952호, 2022. 6. 10., 일부개정]	항공안전법 시행령 [대통령령 제32677호, 2022. 6. 7., 일부개정]	항공안전법 시행규칙 [국토교통부령 제1167호, 2022. 12. 9., 일부개정]
		⑥ 국토교통부장관은 법 제48조제4항에 따라 직권으로 훈련운영기준을 변경하는 때에는 지체 없이 변경 내용과 그 사유를 전문교육기관의 장에게 알리고 새로운 훈련운영기준을 발급해야 한다. 〈신설 2019. 2. 26.〉 ⑦ 법 제48조제4항에 따라 전문교육기관의 장이 훈련운영기준 변경신청을 하려는 경우에는 변경하는 훈련운영기준을 적용하려는 날의 15일전까지 별지 제58호의3서식의 훈련운영기준 변경신청서에 변경하려는 내용과 그 사유를 적어 국토교통부장관에게 제출해야 한다. 〈신설 2019. 2. 26.〉 ⑧ 국토교통부장관은 제7항에 따른 훈련운영기준 변경신청을 받으면 그 내용을 검토하여 교육훈련 과정에서의 안전확보에 문제가 있는 경우를 제외하고는 변경된 훈련운영기준을 신청인에게 발급해야 한다. 〈신설 2019. 2. 26.〉 ⑨ 국토교통부장관은 법 제48조제7항에 따라 지정전문교육기관이 교육훈련체계를 유지하고 있는지 여부를 다음 각 호의 기준에 따라 검사하여야 한다. 〈개정 2018. 4. 25., 2019. 2. 26.〉 1. 정기검사 : 매년 1회 2. 수시검사 : 교육훈련체계가 변경되는 경우 등 국토교통부장관이 필요하다고 판단하는 때 ⑩ 지정전문교육기관은 다음 각 호의 사항을 법 제48조제9항에 따른 항공교육훈련통합관리시스템에 입력하여야 한다. 〈개정 2018. 4. 25., 2019. 2. 26.〉 1. 법 제48조제2항에 따른 교육훈련체계의 변경사항 2. 해당 교육훈련과정의 이수자 명단

항공안전법 [법률 제18952호, 2022. 6. 10., 일부개정]	항공안전법 시행령 [대통령령 제32677호, 2022. 6. 7., 일부개정]	항공안전법 시행규칙 [국토교통부령 제1167호, 2022. 12. 9., 일부개정]
제48조의2(전문교육기관 지정의 취소 등) ① 국토교통부장관은 전문교육기관으로 지정받은 자가 다음 각 호의 어느 하나에 해당하는 경우에는 그 지정을 취소하거나 6개월 이내의 기간을 정하여 그 업무의 정지를 명할 수 있다. 다만, 제1호 또는 제8호에 해당하는 경우에는 그 지정을 취소하여야 한다. 1. 거짓이나 그 밖의 부정한 방법으로 전문교육기관으로 지정받은 경우 2. 정당한 사유 없이 전문교육기관 지정기준을 위반한 경우 3. 제48조제5항을 위반하여 정당한 사유 없이 훈련운영기준을 준수하지 아니한 경우 4. 정당한 사유 없이 제48조제10항에 따른 국토교통부장관의 자료 또는 정보 제공의 요청을 따르지 아니한 경우 5. 전문교육기관으로 지정받은 이후 2년을 초과하는 기간 동안 교육과정을 개설하지 아니한 경우 6. 고의 또는 중대한 과실로 항공기사고를 발생시키거나 소속 항공종사자에 대하여 관리·감독하는 상당한 주의 의무를 게을리하여 항공기사고가 발생한 경우 7. 제58조제2항을 위반하여 다음 각 목의 어느 하나에 해당하는 경우 　가. 업무를 시작하기 전까지 항공안전관리시스템을 마련하지 아니한 경우 　나. 승인을 받지 아니하고 항공안전관리시스템을 운용한 경우 　다. 항공안전관리시스템을 승인받은 내용과 다르게 운용한 경우 　라. 승인을 받지 아니하고 국토교통부령으로 정하는 중요사항을 변경한 경우 8. 이 항 본문에 따른 업무정지 기간에 업무를 한 경우 ② 제1항에 따른 처분의 세부기준 및 절차와 그 밖에 필요한 사항은 국토교통부령으로 정한다. [본조신설 2017. 10. 24.]		**제104조의2(지정전문교육기관의 지정 취소 등의 기준)** ① 법 제48조의2에 따른 지정전문교육기관의 지정 취소 등 행정처분의 기준은 별표 12의2와 같다. ② 법 제48조의2제1항제7호라목에서 "국토교통부령으로 정하는 중요사항"이란 다음 각 호의 사항을 말한다. 1. 안전목표에 관한 사항 2. 안전조직에 관한 사항 3. 안전장애 등에 대한 보고체계에 관한 사항 4. 안전평가에 관한 사항 [본조신설 2018. 4. 25.]

항공안전법 [법률 제18952호, 2022. 6. 10., 일부개정]	항공안전법 시행령 [대통령령 제32677호, 2022. 6. 7., 일부개정]	항공안전법 시행규칙 [국토교통부령 제1167호, 2022. 12. 9., 일부개정]
제10장 초경량비행장치 **제122조(초경량비행장치 신고)** ① 초경량비행장치를 소유하거나 사용할 수 있는 권리가 있는 자(이하 "초경량비행장치소유자등"이라 한다)는 초경량비행장치의 종류, 용도, 소유자의 성명, 제129조제4항에 따른 개인정보 및 개인위치정보의 수집 가능 여부 등을 국토교통부령으로 정하는 바에 따라 국토교통부장관에게 신고하여야 한다. 다만, 대통령령으로 정하는 초경량비행장치는 그러하지 아니하다. ② 국토교통부장관은 제1항에 따라 초경량비행장치의 신고를 받은 경우 그 초경량비행장치소유자등에게 신고번호를 발급하여야 한다. ③ 제2항에 따라 신고번호를 발급받은 초경량비행장치소유자등은 그 신고번호를 해당 초경량비행장치에 표시하여야 한다.	**제24조(신고를 필요로 하지 아니하는 초경량비행장치의 범위)** 법 제122조제1항 단서에서 "대통령령으로 정하는 초경량비행장치"란 다음 각 호의 어느 하나에 해당하는 것으로서 「항공사업법」에 따른 항공기대여업·항공레저스포츠사업 또는 초경량비행장치사용사업에 사용되지 아니하는 것을 말한다. 1. 행글라이더, 패러글라이더 등 동력을 이용하지 아니하는 비행장치 2. 계류식(繫留式) 기구류(사람이 탑승하는 것은 제외한다) 3. 계류식 무인비행장치 4. 낙하산류 5. 무인동력비행장치 중에서 연료의 무게를 제외한 자체무게(배터리 무게를 포함한다)가 12킬로그램 이하인 것 6. 무인비행선 중에서 연료의 무게를 제외한 자체무게가 12킬로그램 이하이고, 길이가 7미터 이하인 것 7. 연구기관 등이 시험·조사·연구 또는 개발을 위하여 제작한 초경량비행장치 8. 제작자 등이 판매를 목적으로 제작하였으나 판매되지 아니한 것으로서 비행에 사용되지 아니하는 초경량비행장치 9. 군사목적으로 사용되는 초경량비행장치	**제301조(초경량비행장치 신고)** ① 법 제122조제1항 본문에 따라 초경량비행장치소유자등은 법 제124조에 따른 안전성인증을 받기 전(법 제124조에 따른 안전성인증 대상이 아닌 초경량비행장치인 경우에는 초경량비행장치를 소유하거나 사용할 수 있는 권리가 있는 날부터 30일 이내를 말한다)까지 별지 제116호서식의 초경량비행장치 신고서(전자문서로 된 신고서를 포함한다)에 다음 각 호의 서류(전자문서를 포함한다)를 첨부하여 지방항공청장에게 제출하여야 한다. 이 경우 신고서 및 첨부서류는 팩스또는 정보통신을 이용하여 제출할 수 있다. 1. 초경량비행장치를 소유하거나 사용할 수 있는 권리가 있음을 증명하는 서류 2. 초경량비행장치의 제원 및 성능표 3. 초경량비행장치의 사진(가로 15센티미터, 세로 10센티미터의 측면사진) ② 지방항공청장은 초경량비행장치의 신고를 받으면 별지 제117호서식의 초경량비행장치 신고증명서를 초경량비행장치소유자등에게 발급하여야 하며, 초경량비행장치소유자등은 비행 시 이를 휴대하여야 한다. ③ 지방항공청장은 제2항에 따라 초경량비행장치 신고증명서를 발급하였을 때에는 별지 제118호서식의 초경량비행장치 신고대장을 작성하여 갖추어 두어야 한다. 이 경우 초경량비행장치 신고대장은 전자적 처리가 불가능한 특별한 사유가 없으면 전자적 처리가 가능한 방법으로 작성·관리하여야 한다. ④ 초경량비행장치소유자등은 초경량비행장치 신고증명서의 신고번호를 해당 장치에 표시하여야 하며, 표시방법, 표시장소 및 크기 등 필요한 사항은 지방항공청장이 정한다. ⑤ 지방항공청장은 제1항에 따른 신고를 받은 날부터 7일 이내에 수리 여부 또는 수리 지연 사유를 통지하여야 한다. 이 경우 7일 이내에 수리 여부 또는 수리 지연 사유를 통지하지 아니하면 7일이 끝난 날의 다음 날에 신고가 수리된 것으로 본다.

항공안전법 [법률 제18952호, 2022. 6. 10., 일부개정]	항공안전법 시행령 [대통령령 제32677호, 2022. 6. 7., 일부개정]	항공안전법 시행규칙 [국토교통부령 제1167호, 2022. 12. 9., 일부개정]
제123조(초경량비행장치 변경신고 등) ① 초경량비행장치소유자등은 제122조제1항에 따라 신고한 초경량비행장치의 용도, 소유자의 성명 등 국토교통부령으로 정하는 사항을 변경하려는 경우에는 국토교통부령으로 정하는 바에 따라 국토교통부장관에게 변경신고를 하여야 한다. ② 초경량비행장치소유자등은 제122조제1항에 따라 신고한 초경량비행장치가 멸실되었거나 그 초경량비행장치를 해체(정비등, 수송 또는 보관하기 위한 해체는 제외한다)한 경우에는 그 사유가 발생한 날부터 15일 이내에 국토교통부장관에게 말소신고를 하여야 한다. ③ 초경량비행장치소유자등이 제2항에 따른 말소신고를 하지 아니하면 국토교통부장관은 30일 이상의 기간을 정하여 말소신고를 할 것을 해당 초경량비행장치소유자등에게 최고하여야 한다. ④ 제3항에 따른 최고를 한 후에도 해당 초경량비행장치소유자등이 말소신고를 하지 아니하면 국토교통부장관은 직권으로 그 신고번호를 말소할 수 있으며, 신고번호가 말소된 때에는 그 사실을 해당 초경량비행장치소유자등 및 그 밖의 이해관계인에게 알려야 한다.		제302조(초경량비행장치 변경신고) ① 법 제123조제1항에서 "초경량비행장치의 용도, 소유자의 성명 등 국토교통부령으로 정하는 사항"이란 다음 각 호의 어느 하나를 말한다. 1. 초경량비행장치의 용도 2. 초경량비행장치 소유자등의 성명, 명칭 또는 주소 3. 초경량비행장치의 보관 장소 ② 초경량비행장치소유자등은 제1항 각 호의 사항을 변경하려는 경우에는 그 사유가 있는 날부터 30일 이내에 별지 제116호서식의 초경량비행장치 변경·이전신고서를 지방항공청장에게 제출하여야 한다. ③ 지방항공청장은 제2항에 따른 신고를 받은 날부터 7일 이내에 수리 여부 또는 수리 지연 사유를 통지하여야 한다. 이 경우 7일 이내에 수리 여부 또는 수리 지연 사유를 통지하지 아니하면 7일이 끝난 날의 다음 날에 신고가 수리된 것으로 본다. 제303조(초경량비행장치 말소신고) ① 법 제123조제2항에 따른 말소신고를 하려는 초경량비행장치 소유자등은 그 사유가 발생한 날부터 15일 이내에 별지 제116호서식의 초경량비행장치 말소신고서를 지방항공청장에게 제출하여야 한다. ② 지방항공청장은 제1항에 따른 신고가 신고서 및 첨부서류에 흠이 없고 형식상 요건을 충족하는 경우 지체 없이 접수하여야 한다. ③ 지방항공청장은 법 제123조제3항에 따른 최고(催告)를 하는 경우 해당 초경량비행장치의 소유자등의 주소 또는 거소를 알 수 없는 경우에는 말소신고를 할 것을 관보에 고시하고, 국토교통부홈페이지에 공고하여야 한다.

항공안전법 [법률 제18952호, 2022. 6. 10., 일부개정]	항공안전법 시행령 [대통령령 제32677호, 2022. 6. 7., 일부개정]	항공안전법 시행규칙 [국토교통부령 제1167호, 2022. 12. 9., 일부개정]
제124조(초경량비행장치 안전성인증) 시험비행 등 국토교통부령으로 정하는 경우로서 국토교통부장관의 허가를 받은 경우를 제외하고는 동력비행장치 등 국토교통부령으로 정하는 초경량비행장치를 사용하여 비행하려는 사람은 국토교통부령으로 정하는 기관 또는 단체의 장으로부터 그가 정한 안전성인증의 유효기간 및 절차·방법 등에 따라 그 초경량비행장치가 국토교통부장관이 정하여 고시하는 비행안전을 위한 기술상의 기준에 적합하다는 안전성인증을 받지 아니하고 비행하여서는 아니 된다. 이 경우 안전성인증의 유효기간 및 절차·방법 등에 대해서는 국토교통부장관의 승인을 받아야 하며, 변경할 때에도 또한 같다.		**제301조(초경량비행장치 신고)** ① 법 제122조제1항 본문에 따라 초경량비행장치소유자등은 법 제124조에 따른 안전성인증을 받기 전(법 제124조에 따른 안전성인증 대상이 아닌 초경량비행장치인 경우에는 초경량비행장치를 소유하거나 사용할 수 있는 권리가 있는 날부터 30일 이내를 말한다)까지 별지 제116호서식의 초경량비행장치 신고서(전자문서로 된 신고서를 포함한다)에 다음 각 호의 서류(전자문서를 포함한다)를 첨부하여 지방항공청장에게 제출하여야 한다. 이 경우 신고서 및 첨부서류는 팩스 또는 정보통신을 이용하여 제출할 수 있다. 1. 초경량비행장치를 소유하거나 사용할 수 있는 권리가 있음을 증명하는 서류 2. 초경량비행장치의 제원 및 성능표 3. 초경량비행장치의 사진(가로 15센티미터, 세로 10센티미터의 측면사진) ② 지방항공청장은 초경량비행장치의 신고를 받으면 별지 제117호서식의 초경량비행장치 신고증명서를 초경량비행장치소유자등에게 발급하여야 하며, 초경량비행장치소유자등은 비행 시 이를 휴대하여야 한다. ③ 지방항공청장은 제2항에 따라 초경량비행장치 신고증명서를 발급하였을 때에는 별지 제118호서식의 초경량비행장치 신고대장을 작성하여 갖추어 두어야 한다. 이 경우 초경량비행장치 신고대장은 전자적 처리가 불가능한 특별한 사유가 없으면 전자적 처리가 가능한 방법으로 작성·관리하여야 한다. ④ 초경량비행장치소유자등은 초경량비행장치 신고증명서의 신고번호를 해당 장치에 표시하여야 하며, 표시방법, 표시장소 및 크기 등 필요한 사항은 지방항공청장이 정한다. ⑤ 지방항공청장은 제1항에 따른 신고를 받은 날부터 7일 이내에 수리 여부 또는 수리 지연 사유를 통지하여야 한다. 이 경우 7일 이내에 수리 여부 또는 수리 지연 사유를 통지하지 아니하면 7일이 끝난 날의 다음 날에 신고가 수리된 것으로 본다.

항공안전법 [법률 제18952호, 2022. 6. 10., 일부개정]	항공안전법 시행령 [대통령령 제32677호, 2022. 6. 7., 일부개정]	항공안전법 시행규칙 [국토교통부령 제1167호, 2022. 12. 9., 일부개정]
		제304조(초경량비행장치의 시험비행 허가) ① 법 제124조 전단에서 "시험비행 등 국토교통부령으로 정하는 경우"란 다음 각 호의 어느 하나에 해당하는 경우를 말한다. 1. 연구·개발 중에 있는 초경량비행장치의 안전성 여부를 평가하기 위하여 시험비행을 하는 경우 2. 안전성인증을 받은 초경량비행장치의 성능개량을 수행하고 안전성여부를 평가하기 위하여 시험비행을 하는 경우 3. 그 밖에 국토교통부장관이 필요하다고 인정하는 경우 ② 법 제124조 전단에 따른 시험비행 등을 위한 허가를 받으려는 자는 별지 제119호서식의 초경량비행장치 시험비행허가 신청서에 해당 초경량비행장치가 같은 조 전단에 따라 국토교통부장관이 정하여 고시하는 초경량비행장치의 비행안전을 위한 기술상의 기준(이하 "초경량비행장치 기술기준"이라 한다)에 적합함을 입증할 수 있는 다음 각 호의 서류를 첨부하여 국토교통부장관에게 제출하여야 한다. 1. 해당 초경량비행장치에 대한 소개서 2. 초경량비행장치의 설계가 초경량비행장치 기술기준에 충족함을 입증하는 서류 3. 설계도면과 일치되게 제작되었음을 입증하는 서류 4. 완성 후 상태, 지상 기능점검 및 성능시험 결과를 확인할 수 있는 서류 5. 초경량비행장치 조종절차 및 안전성 유지를 위한 정비방법을 명시한 서류 6. 초경량비행장치 사진(전체 및 측면사진을 말하며, 전자파일로 된 것을 포함한다) 각 1매 7. 시험비행계획서 ③ 국토교통부장관은 제2항에 따른 신청서를 접수받은 경우 초경량비행장치 기술기준에 적합한지의 여부를 확인한 후 적합하다고 인정하면 신청인에게 시험비행을 허가하여야 한다.

항공안전법 [법률 제18952호, 2022. 6. 10., 일부개정]	항공안전법 시행령 [대통령령 제32677호, 2022. 6. 7., 일부개정]	항공안전법 시행규칙 [국토교통부령 제1167호, 2022. 12. 9., 일부개정]
		제305조(초경량비행장치 안전성인증 대상 등) ① 법 제124조 전단에서 "동력비행장치 등 국토교통부령으로 정하는 초경량비행장치"란 다음 각 호의 어느 하나에 해당하는 초경량비행장치를 말한다. 1. 동력비행장치 2. 행글라이더, 패러글라이더 및 낙하산류(항공레저스포츠사업에 사용되는 것만 해당한다) 3. 기구류(사람이 탑승하는 것만 해당한다) 4. 다음 각 목의 어느 하나에 해당하는 무인비행장치 　가. 제5조제5호가목에 따른 무인비행기, 무인헬리콥터 또는 무인멀티콥터 중에서 최대이륙중량이 25킬로그램을 초과하는 것 　나. 제5조제5호나목에 따른 무인비행선 중에서 연료의 중량을 제외한 자체중량이 12킬로그램을 초과하거나 길이가 7미터를 초과하는 것 5. 회전익비행장치 6. 동력패러글라이더 ② 법 제124조 전단에서 "국토교통부령으로 정하는 기관 또는 단체"란 기술원 또는 별표 43에 따른 시설기준을 충족하는 기관 또는 단체 중에서 국토교통부장관이 정하여 고시하는 기관 또는 단체(이하 "초경량비행장치 인증성인증기관"이라 한다)를 말한다. 〈개정 2018. 3. 23.〉 **제310조(초경량비행장치 조종자의 준수사항)** ① 초경량비행장치 조종자는 법 제129조제1항에 따라 다음 각 호의 어느 하나에 해당하는 행위를 하여서는 아니 된다. 다만, 무인비행장치의 조종자에 대해서는 제4호 및 제5호를 적용하지 아니한다. 〈개정 2017. 11. 10., 2018. 11. 22.〉 1. 인명이나 재산에 위험을 초래할 우려가 있는 낙하물을 투하(投下)하는 행위 2. 인구가 밀집된 지역이나 그 밖에 사람이 많이 모인 장소의 상공에서 인명 또는 재산에 위험을 초래할 우려가 있는 방법으로 비행하는 행위 2의2. 사람 또는 건축물이 밀집된 지역의 상공에서 건축물과 충돌할 우려가 있는 방법으로 근접하여 비행하는 행위

항공안전법 [법률 제18952호, 2022. 6. 10., 일부개정]	항공안전법 시행령 [대통령령 제32677호, 2022. 6. 7., 일부개정]	항공안전법 시행규칙 [국토교통부령 제1167호, 2022. 12. 9., 일부개정]
		3. 법 제78조제1항에 따른 관제공역·통제공역·주의공역에서 비행하는 행위. 다만, 법 제127조에 따라 비행승인을 받은 경우와 다음 각 목의 행위는 제외한다. 가. 군사목적으로 사용되는 초경량비행장치를 비행하는 행위 나. 다음의 어느 하나에 해당하는 비행장치를 별표 23 제2호에 따른 관제권 또는 비행금지구역이 아닌 곳에서 제199조제1호나목에 따른 최저비행고도(150미터) 미만의 고도에서 비행하는 행위 1) 무인비행기, 무인헬리콥터 또는 무인멀티콥터 중 최대이륙중량이 25킬로그램 이하인 것 2) 무인비행선 중 연료의 무게를 제외한 자체 무게가 12킬로그램 이하이고, 길이가 7미터 이하인 것 4. 안개 등으로 인하여 지상목표물을 육안으로 식별할 수 없는 상태에서 비행하는 행위 5. 별표 24에 따른 비행시정 및 구름으로부터의 거리기준을 위반하여 비행하는 행위 6. 일몰 후부터 일출 전까지의 야간에 비행하는 행위. 다만, 제199조제1호나목에 따른 최저비행고도(150미터) 미만의 고도에서 운영하는 계류식 기구 또는 법 제124조 전단에 따른 허가를 받아 비행하는 초경량비행장치는 제외한다. 7. 「주세법」 제3조제1호에 따른 주류, 「마약류 관리에 관한 법률」 제2조제1호에 따른 마약류 또는 「화학물질관리법」 제22조제1항에 따른 환각물질 등(이하 "주류등"이라 한다)의 영향으로 조종업무를 정상적으로 수행할 수 없는 상태에서 조종하는 행위 또는 비행 중 주류등을 섭취하거나 사용하는 행위 8. 그 밖에 비정상적인 방법으로 비행하는 행위 ② 초경량비행장치 조종자는 항공기 또는 경량항공기를 육안으로 식별하여 미리 피할 수 있도록 주의하여 비행하여야 한다.

항공안전법 [법률 제18952호, 2022. 6. 10., 일부개정]	항공안전법 시행령 [대통령령 제32677호, 2022. 6. 7., 일부개정]	항공안전법 시행규칙 [국토교통부령 제1167호, 2022. 12. 9., 일부개정]
		③ 동력을 이용하는 초경량비행장치 조종자는 모든 항공기, 경량항공기 및 동력을 이용하지 아니하는 초경량비행장치에 대하여 진로를 양보하여야 한다. ④ 무인비행장치 조종자는 해당 무인비행장치를 육안으로 확인할 수 있는 범위에서 조종하여야 한다. 다만, 법 제124조 전단에 따른 허가를 받아 비행하는 경우는 제외한다. ⑤ 「항공사업법」 제50조에 따른 항공레저스포츠사업에 종사하는 초경량비행장치 조종자는 다음 각 호의 사항을 준수하여야 한다. 1. 비행 전에 해당 초경량비행장치의 이상 유무를 점검하고, 이상이 있을 경우에는 비행을 중단할 것 2. 비행 전에 비행안전을 위한 주의사항에 대하여 동승자에게 충분히 설명할 것 3. 해당 초경량비행장치의 제작자가 정한 최대이륙중량을 초과하지 아니하도록 비행할 것 4. 동승자에 관한 인적사항(성명, 생년월일 및 주소)을 기록하고 유지할 것

제125조(초경량비행장치 조종자 증명 등)
① 동력비행장치 등 국토교통부령으로 정하는 초경량비행장치를 사용하여 비행하려는 사람은 국토교통부령으로 정하는 기관 또는 단체의 장으로부터 그가 정한 해당 초경량비행장치별 자격기준 및 시험의 절차·방법에 따라 해당 초경량비행장치의 조종을 위하여 발급하는 증명(이하 "초경량비행장치 조종자 증명"이라 한다)을 받아야 한다. 이 경우 해당 초경량비행장치별 자격기준 및 시험의 절차·방법 등에 관하여는 국토교통부령으로 정하는 바에 따라 국토교통부장관의 승인을 받아야 하며, 변경할 때에도 또한 같다.
② 국토교통부장관은 초경량비행장치 조종자 증명을 받은 사람이 다음 각 호의 어느 하나에 해당하는 경우에는 초경량비행장치 조종자 증명을 취소하거나 1년 이내의 기간을 정하여 그 효력의 정지를 명할 수 있다. 다만, 제1호 또는 제8호의 어느 하나에 해당하는 경우에는 초경량비행장치 조종자 증명을 취소하여야 한다.
		제306조(초경량비행장치의 조종자 증명 등)
		① 법 제125조제1항 전단에서 "동력비행장치 등 국토교통부령으로 정하는 초경량비행장치"란 다음 각 호의 어느 하나에 해당하는 초경량비행장치를 말한다.
		1. 동력비행장치
		2. 행글라이더, 패러글라이더 및 낙하산류(항공레저스포츠사업에 사용되는 것만 해당한다)
		3. 유인자유기구
		4. 초경량비행장치 사용사업에 사용되는 무인비행장치. 다만 다음 각 목의 어느 하나에 해당하는 것은 제외한다.
		  가. 제5조제5호가목에 따른 무인비행기, 무인헬리콥터 또는 무인멀티콥터 중에서 연료의 중량을 제외한 자체중량이 12킬로그램 이하인 것
		  나. 제5조제5호나목에 따른 무인비행선 중에서 연료의 중량을 제외한 자체중량이 12킬로그램 이하이고, 길이가 7미터 이하인 것
		5. 회전익비행장치
		6. 동력패러글라이더

항공안전법 [법률 제18952호, 2022. 6. 10., 일부개정]	항공안전법 시행령 [대통령령 제32677호, 2022. 6. 7., 일부개정]	항공안전법 시행규칙 [국토교통부령 제1167호, 2022. 12. 9., 일부개정]
1. 거짓이나 그 밖의 부정한 방법으로 초경량비행장치 조종자 증명을 받은 경우 2. 이 법을 위반하여 벌금 이상의 형을 선고받은 경우 3. 초경량비행장치의 조종자로서 업무를 수행할 때 고의 또는 중대한 과실로 초경량비행장치사고를 일으켜 인명피해나 재산피해를 발생시킨 경우 4. 제129조제1항에 따른 초경량비행장치 조종자의 준수사항을 위반한 경우 5. 제131조에서 준용하는 제57조제1항을 위반하여 주류등의 영향으로 초경량비행장치를 사용하여 비행을 정상적으로 수행할 수 없는 상태에서 초경량비행장치를 사용하여 비행한 경우 6. 제131조에서 준용하는 제57조제2항을 위반하여 초경량비행장치를 사용하여 비행하는 동안에 같은 조 제1항에 따른 주류등을 섭취하거나 사용한 경우 7. 제131조에서 준용하는 제57조제3항을 위반하여 같은 조 제1항에 따른 주류등의 섭취 및 사용 여부의 측정 요구에 따르지 아니한 경우 8. 이 조에 따른 초경량비행장치 조종자 증명의 효력정지기간에 초경량비행장치를 사용하여 비행한 경우 ③ 국토교통부장관은 초경량비행장치 조종자 증명을 위한 초경량비행장치 실기시험장, 교육장 등의 시설을 지정·구축·운영할 수 있다. 〈신설 2017. 8. 9.〉		② 법 제125조제1항 전단에서 "국토교통부령으로 정하는 기관 또는 단체"란 한국교통안전공단 및 별표 44의 기준을 충족하는 기관 또는 단체 중에서 국토교통부장관이 정하여 고시하는 기관 또는 단체(이하 "초경량비행장치 조종자증명기관"이라 한다)를 말한다. 〈개정 2018. 3. 23.〉 ③ 법 제125조제1항 후단에 따라 초경량비행장치조종자증명기관의 장은 다음 각 호의 사항을 포함하는 초경량비행장치별 자격기준 및 시험의 절차·방법 등에 관하여 승인을 신청하는 경우 그 사유를 설명하는 자료와 신·구 내용 대비표(변경승인의 경우에 한정한다)를 첨부하여 국토교통부장관에게 제출하여야 한다. 1. 초경량비행장치 조종자 증명 시험의 응시자격 2. 초경량비행장치 조종자 증명 시험의 과목 및 범위 3. 초경량비행장치 조종자 증명 시험의 실시 방법과 절차 4. 초경량비행장치 조종자 증명 발급에 관한 사항 5. 그 밖에 초경량비행장치 조종자 증명을 위하여 국토교통부장관이 필요하다고 인정하는 사항
제126조(초경량비행장치 전문교육기관의 지정 등) ① 국토교통부장관은 초경량비행장치 조종자를 양성하기 위하여 국토교통부령으로 정하는 바에 따라 초경량비행장치 전문교육기관(이하 "초경량비행장치 전문교육기관"이라 한다)을 지정할 수 있다. ② 국토교통부장관은 초경량비행장치 전문교육기관이 초경량비행장치 조종자를 양성하는 경우에는 예산의 범위에서 필요한 경비의 전부 또는 일부를 지원할 수 있다. ③ 초경량비행장치 전문교육기관의 교육과목, 교육방법, 인력, 시설 및 장비 등의 지정기준은 국토교통부령으로 정한다.		제307조(초경량비행장치 조종자 전문교육기관의 지정 등) ① 법 제126조제1항에 따른 초경량비행장치 조종자 전문교육기관으로 지정받으려는 자는 별지 제120호서식의 초경량비행장치 조종자 전문교육기관 지정신청서에 다음 각 호의 사항을 적은 서류를 첨부하여 한국교통안전공단에 제출하여야 한다. 〈개정 2017. 11. 10., 2018. 3. 23.〉 1. 전문교관의 현황 2. 교육시설 및 장비의 현황 3. 교육훈련계획 및 교육훈련규정 ② 법 제126조제3항에 따른 초경량비행장치 조종자 전문교육기관의 지정기준은 다음 각 호와 같다.

항공안전법 [법률 제18952호, 2022. 6. 10., 일부개정]	항공안전법 시행령 [대통령령 제32677호, 2022. 6. 7., 일부개정]	항공안전법 시행규칙 [국토교통부령 제1167호, 2022. 12. 9., 일부개정]
④ 국토교통부장관은 초경량비행장치 전문교육기관으로 지정받은 자가 다음 각 호의 어느 하나에 해당하는 경우에는 그 지정을 취소할 수 있다. 다만, 제1호에 해당하는 경우에는 그 지정을 취소하여야 한다. 1. 거짓이나 그 밖의 부정한 방법으로 초경량비행장치 전문교육기관으로 지정받은 경우 2. 제3항에 따른 초경량비행장치 전문교육기관의 지정기준 중 국토교통부령으로 정하는 기준에 미달하는 경우 ⑤ 국토교통부장관은 초경량비행장치 전문교육기관으로 지정받은 자가 제3항의 지정기준을 충족·유지하고 있는지에 대하여 관련 사항을 보고하게 하거나 자료를 제출하게 할 수 있다. 〈신설 2017. 8. 9.〉 ⑥ 국토교통부장관은 초경량비행장치 전문교육기관으로 지정받은 자가 제3항의 지정기준을 충족·유지하고 있는지에 대하여 관계 공무원으로 하여금 사무소 등을 출입하여 관계 서류나 시설·장비 등을 검사하게 할 수 있다. 이 경우 검사를 하는 공무원은 그 권한을 나타내는 증표를 지니고 이를 관계인에게 내보여야 한다. 〈신설 2017. 8. 9.〉		1. 다음 각 목의 전문교관이 있을 것 가. 비행시간이 200시간(무인비행장치의 경우 조종경력이 100시간)이상이고, 국토교통부장관이 인정한 조종교육교관과정을 이수한 지도조종자 1명 이상 나. 비행시간이 300시간(무인비행장치의 경우 조종경력이 150시간)이상이고 국토교통부장관이 인정하는 실기평가과정을 이수한 실기평가조종자 1명 이상 2. 다음 각 목의 시설 및 장비(시설 및 장비에 대한 사용권을 포함한다)를 갖출 것 가. 강의실 및 사무실 각 1개 이상 나. 이륙·착륙 시설 다. 훈련용 비행장치 1대 이상 3. 교육과목, 교육시간, 평가방법 및 교육훈련규정 등 교육훈련에 필요한 사항으로서 국토교통부장관이 정하여 고시하는 기준을 갖출 것 ③ 한국교통안전공단은 제1항에 따라 초경량비행장치 조종자 전문교육기관 지정신청서를 제출한 자가 제2항에 따른 기준에 적합하다고 인정하는 경우에는 별지 제121호 서식의 초경량비행장치 조종자 전문교육기관 지정서를 발급하여야 한다. 〈개정 2017. 11. 10., 2018. 3. 23.〉
제127조(초경량비행장치 비행승인) ① 국토교통부장관은 초경량비행장치의 비행안전을 위하여 필요하다고 인정하는 경우에는 초경량비행장치의 비행을 제한하는 공역(이하 "초경량비행장치 비행제한공역"이라 한다)을 지정하여 고시할 수 있다. ② 동력비행장치 등 국토교통부령으로 정하는 초경량비행장치를 사용하여 국토교통부장관이 고시하는 초경량비행장치 비행제한공역에서 비행하려는 사람은 국토교통부령으로 정하는 바에 따라 미리 국토교통부장관으로부터 비행승인을 받아야 한다. 다만, 비행장 및 이착륙장의 주변 등 대통령령으로 정하는 제한된 범위에서 비행하려는 경우는 제외한다. ③ 제2항 본문에 따른 비행승인 대상이 아닌 경우라 하더라도 다음 각 호의 어느 하나에 해당하는 경우에는 제2항의 절차에 따라 국토교통부장관의 비행승인을 받아야 한다. 〈신설 2017. 8. 9〉	**제25조(초경량비행장치 비행승인 제외 범위)** 법 제127조제2항 단서에서 "비행장 및 이착륙장의 주변 등 대통령령으로 정하는 제한된 범위"란 다음 각 호의 어느 하나에 해당하는 범위를 말한다. 1. 비행장(군 비행장은 제외한다)의 중심으로부터 반지름 3킬로미터 이내의 지역의 고도 500피트 이내의 범위(해당 비행장에서 법 제83조에 따른 항공교통업무를 수행하는 자와 사전에 협의가 된 경우에 한정한다) 2. 이착륙장의 중심으로부터 반지름 3킬로미터 이내의 지역의 고도 500피트 이내의 범위(해당 이착륙장을 관리하는 자와 사전에 협의가 된 경우에 한정한다)	**제308조(초경량비행장치의 비행승인)** ① 법 제127조제2항 본문에서 "동력비행장치 등 국토교통부령으로 정하는 초경량비행장치"란 제5조에 따른 초경량비행장치를 말한다. 다만, 다음 각 호의 어느 하나에 해당하는 초경량비행장치는 제외한다. 〈개정 2017. 7. 18.〉 1. 영 제24조제1호부터 제4호까지의 규정에 해당하는 초경량비행장치(항공기대여업, 항공레저스포츠사업 또는 초경량비행장치사용사업에 사용되지 아니하는 것으로 한정한다) 2. 제199조제1호나목에 따른 최저비행고도(150미터) 미만의 고도에서 운영하는 계류식 기구 3. 「항공사업법 시행규칙」 제6조제2항 제1호에 사용하는 무인비행장치로서 다음 각 목의 어느 하나에 해당하는 무인비행장치 가. 제221조제1항 및 별표 23에 따른 관제권, 비행금지구역 및 비행제한구역 외의 공역에서 비행하는 무인비행장치

항공안전법 [법률 제18952호, 2022. 6. 10., 일부개정]	항공안전법 시행령 [대통령령 제32677호, 2022. 6. 7., 일부개정]	항공안전법 시행규칙 [국토교통부령 제1167호, 2022. 12. 9., 일부개정]
1. 제68조제1호에 따른 국토교통부령으로 정하는 고도 이상에서 비행하는 경우 2. 제78조제1항에 따른 관제공역·통제공역·주의공역 중 국토교통부령으로 정하는 구역에서 비행하는 경우		나. 「가축전염병 예방법」 제2조제2호에 따른 가축전염병의 예방 또는 확산 방지를 위하여 소독·방역업무 등에 긴급하게 사용하는 무인비행장치 4. 다음 각 목의 어느 하나에 해당하는 무인비행장치 가. 최대이륙중량이 25킬로그램 이하인 무인동력비행장치 나. 연료의 중량을 제외한 자체중량이 12킬로그램 이하이고 길이가 7미터 이하인 무인비행선 5. 그 밖에 국토교통부장관이 정하여 고시하는 초경량비행장치 ② 제1항에 따른 초경량비행장치를 사용하여 비행제한공역을 비행하려는 사람은 법 제127조제2항 본문에 따라 별지 제122호서식의 초경량비행장치 비행승인신청서를 지방항공청장에게 제출하여야 한다. 이 경우 비행승인신청서는 서류, 팩스 또는 정보통신망을 이용하여 제출할 수 있다. 〈개정 2017. 7. 18.〉 ③ 지방항공청장은 제2항에 따라 제출된 신청서를 검토한 결과 비행안전에 지장을 주지 아니한다고 판단되는 경우에는 이를 승인하여야 한다. 이 경우 동일지역에서 반복적으로 이루어지는 비행에 대해서는 6개월의 범위에서 비행기간을 명시하여 승인할 수 있다. ④ 제2항 및 제3항에도 불구하고 국가기관등이 법 제131조의2제2항에 따라 무인비행장치를 공공목적으로 긴급히 비행하려는 경우 유·무선 방법으로 지방항공청장의 승인을 받아 비행할 수 있다. 다만, 제221조제1항 및 별표 23에 따른 관제권에서 비행하려는 경우에는 해당 관제권의 항공교통업무를 수행하는 자와, 비행금지구역에서 비행하려는 경우에는 해당 구역을 관할하는 자와 사전에 협의가 된 경우에 한한다. 〈신설 2018. 11. 22.〉 ⑤ 제4항에 따라 무인비행장치를 비행한 국가기관등은 비행 종료 후 지체없이 별지 제122호서식에 따른 초경량비행장치 비행승인신청서를 지방항공청장에게 제출하여야 한다. 〈신설 2018. 11. 22.〉

항공안전법 [법률 제18952호, 2022. 6. 10., 일부개정]	항공안전법 시행령 [대통령령 제32677호, 2022. 6. 7., 일부개정]	항공안전법 시행규칙 [국토교통부령 제1167호, 2022. 12. 9., 일부개정]
		⑥ 법 제127조제3항제1호에서 "국토교통부령으로 정하는 고도"란 다음 각 호에 따른 고도를 말한다. 〈신설 2017. 11. 10., 2018. 11. 22.〉 1. 사람 또는 건축물이 밀집된 지역: 해당 초경량비행장치를 중심으로 수평거리 150미터(500피트) 범위 안에 있는 가장 높은 장애물의 상단에서 150미터 2. 제1호 외의 지역: 지표면·수면 또는 물건의 상단에서 150미터 ⑦ 법 제127조제3항제2호에서 "국토교통부령으로 정하는 구역"이란 별표 23 제2호에 따른 관제공역 중 관제권과 통제공역 중 비행금지구역을 말한다. 〈신설 2017. 11. 10., 2018. 11. 22.〉
제128조(초경량비행장치 구조 지원 장비 장착 의무) 초경량비행장치를 사용하여 초경량비행장치 비행제한공역에서 비행하려는 사람은 안전한 비행과 초경량비행장치사고 시 신속한 구조 활동을 위하여 국토교통부령으로 정하는 장비를 장착하거나 휴대하여야 한다. 다만, 무인비행장치 등 국토교통부령으로 정하는 초경량비행장치는 그러하지 아니하다.		제309조(초경량비행장치의 구조지원 장비 등) ① 법 제128조 본문에서 "국토교통부령으로 정하는 장비"란 다음 각 호의 어느 하나에 해당하는 것을 말한다. 1. 위치추적이 가능한 표시기 또는 단말기 2. 조난구조용 장비(제1호의 장비를 갖출 수 없는 경우만 해당한다) ② 법 제128조 단서에서 "무인비행장치 등 국토교통부령으로 정하는 초경량비행장치"란 다음 각 호의 어느 하나에 해당하는 초경량비행장치를 말한다 1. 동력을 이용하지 아니하는 비행장치 2. 계류식 기구 3. 동력패러글라이더 4. 무인비행장치
제129조(초경량비행장치 조종자 등의 준수사항) ① 초경량비행장치의 조종자는 초경량비행장치로 인하여 인명이나 재산에 피해가 발생하지 아니하도록 국토교통부령으로 정하는 준수사항을 지켜야 한다. ② 초경량비행장치 조종자는 무인자유기구를 비행시켜서는 아니 된다. 다만, 국토교통부령으로 정하는 바에 따라 국토교통부장관의 허가를 받은 경우에는 그러하지 아니하다. ③ 초경량비행장치 조종자는 초경량비행장치사고가 발생하였을 때에는 국토교통부령으로 정하는 바에 따라 지체없이 국토교통부장관에게 그 사실을 보고하여야 한다. 다만, 초경량비행장치 조종자가 보고할 수 없을 때에는 그 초경량비행장치소유자등이 초경량비행장치사고를 보고하여야 한다.		제310조(초경량비행장치 조종자의 준수사항) ① 초경량비행장치 조종자는 법 제129조제1항에 따라 다음 각 호의 어느 하나에 해당하는 행위를 하여서는 아니 된다. 다만, 무인비행장치의 조종자에 대해서는 제4호 및 제5호를 적용하지 아니한다. 〈개정 2017. 11. 10., 2018. 11. 22.〉 1. 인명이나 재산에 위험을 초래할 우려가 있는 낙하물을 투하(投下)하는 행위 2. 인구가 밀집된 지역이나 그 밖에 사람이 많이 모인 장소의 상공에서 인명 또는 재산에 위험을 초래할 우려가 있는 방법으로 비행하는 행위 2의2. 사람 또는 건축물이 밀집된 지역의 상공에서 건축물과 충돌할 우려가 있는 방법으로 근접하여 비행하는 행위

항공안전법 [법률 제18952호, 2022. 6. 10., 일부개정]	항공안전법 시행령 [대통령령 제32677호, 2022. 6. 7., 일부개정]	항공안전법 시행규칙 [국토교통부령 제1167호, 2022. 12. 9., 일부개정]

④ 무인비행장치 조종자는 무인비행장치를 사용하여 「개인정보 보호법」 제2조제1호에 따른 개인정보(이하 "개인정보"라 한다) 또는 「위치정보의 보호 및 이용 등에 관한 법률」 제2조제2호에 따른 개인위치정보(이하 "개인위치정보"라 한다) 등 개인의 공적·사적 생활과 관련된 정보를 수집하거나 이를 전송하는 경우 타인의 자유와 권리를 침해하지 아니하도록 하여야 하며 형식, 절차 등 세부적인 사항에 관하여는 각각 해당 법률에서 정하는 바에 따른다. 〈개정 2017. 8. 9.〉
⑤ 제1항에도 불구하고 초경량비행장치 중 무인비행장치 조종자로서 야간에 비행 등을 위하여 국토교통부령으로 정하는 바에 따라 국토교통부장관의 승인을 받은 자는 그 승인 범위 내에서 비행할 수 있다. 이 경우 국토교통부장관은 국토교통부장관이 고시하는 무인비행장치 특별비행을 위한 안전기준에 적합한지 여부를 검사하여야 한다. 〈신설 2017. 8. 9.〉
		3. 법 제78조제1항에 따른 관제공역·통제공역·주의공역에서 비행하는 행위. 다만, 법 제127조에 따라 비행승인을 받은 경우와 다음 각 목의 행위는 제외한다.
		  가. 군사목적으로 사용되는 초경량비행장치를 비행하는 행위
		  나. 다음의 어느 하나에 해당하는 비행장치를 별표 23 제2호에 따른 관제권 또는 비행금지구역이 아닌 곳에서 제199조제1호나목에 따른 최저비행고도(150미터) 미만의 고도에서 비행하는 행위
		    1) 무인비행기, 무인헬리콥터 또는 무인멀티콥터 중 최대이륙중량이 25킬로그램 이하인 것
		    2) 무인비행선 중 연료의 무게를 제외한 자체 무게가 12킬로그램 이하이고, 길이가 7미터 이하인 것
		4. 안개 등으로 인하여 지상목표물을 육안으로 식별할 수 없는 상태에서 비행하는 행위
		5. 별표 24에 따른 비행시정 및 구름으로부터의 거리기준을 위반하여 비행하는 행위
		6. 일몰 후부터 일출 전까지의 야간에 비행하는 행위. 다만, 제199조제1호나목에 따른 최저비행고도(150미터) 미만의 고도에서 운영하는 계류식 기구 또는 법 제124조 전단에 따른 허가를 받아 비행하는 초경량비행장치는 제외한다.
		7. 「주세법」 제3조제1호에 따른 주류, 「마약류 관리에 관한 법률」 제2조제1호에 따른 마약류 또는 「화학물질관리법」 제22조제1항에 따른 환각물질 등(이하 "주류등"이라 한다)의 영향으로 조종업무를 정상적으로 수행할 수 없는 상태에서 조종하는 행위 또는 비행 중 주류등을 섭취하거나 사용하는 행위
		8. 그 밖에 비정상적인 방법으로 비행하는 행위
		② 초경량비행장치 조종자는 항공기 또는 경량항공기를 육안으로 식별하여 미리 피할 수 있도록 주의하여 비행하여야 한다.

항공안전법 [법률 제18952호, 2022. 6. 10., 일부개정]	항공안전법 시행령 [대통령령 제32677호, 2022. 6. 7., 일부개정]	항공안전법 시행규칙 [국토교통부령 제1167호, 2022. 12. 9., 일부개정]
		③ 동력을 이용하는 초경량비행장치 조종자는 모든 항공기, 경량항공기 및 동력을 이용하지 아니하는 초경량비행장치에 대하여 진로를 양보하여야 한다. ④ 무인비행장치 조종자는 해당 무인비행장치를 육안으로 확인할 수 있는 범위에서 조종하여야 한다. 다만, 법 제124조 전단에 따른 허가를 받아 비행하는 경우는 제외한다. ⑤ 「항공사업법」 제50조에 따른 항공레저스포츠사업에 종사하는 초경량비행장치 조종자는 다음 각 호의 사항을 준수하여야 한다. 1. 비행 전에 해당 초경량비행장치의 이상 유무를 점검하고, 이상이 있을 경우에는 비행을 중단할 것 2. 비행 전에 비행안전을 위한 주의사항에 대하여 동승자에게 충분히 설명할 것 3. 해당 초경량비행장치의 제작자가 정한 최대이륙중량을 초과하지 아니하도록 비행할 것 4. 동승자에 관한 인적사항(성명, 생년월일 및 주소)을 기록하고 유지할 것 **제311조(무인자유기구의 비행허가 신청 등)** ① 법 제129조제2항에 따라 무인자유기구를 비행시키려는 자는 별지 제123호서식의 무인자유기구 비행허가 신청서에 다음 각 호의 사항을 적은 서류를 첨부하여 지방항공청장에게 신청하여야 한다. 1. 성명ㆍ주소 및 연락처 2. 기구의 등급ㆍ수량ㆍ용도 및 식별표지 3. 비행장소 및 회수장소 4. 예성비행시간 및 회수(완료)시간 5. 비행방향, 상승속도 및 최대고도 6. 고도 1만 8천미터(6만피트) 통과 또는 도달 예정시간 및 그 위치 7. 그 밖에 무인자유기구의 비행에 참고가 될 사항 ② 지방항공청장은 제1항에 따른 신청을 받은 경우에는 그 내용을 심사한 후 항공교통의 안전에 지장이 없다고 인정하는 경우에는 비행을 허가하여야 한다.

항공안전법 [법률 제18952호, 2022. 6. 10., 일부개정]	항공안전법 시행령 [대통령령 제32677호, 2022. 6. 7., 일부개정]	항공안전법 시행규칙 [국토교통부령 제1167호, 2022. 12. 9., 일부개정]
		③ 제2항에 따라 지방항공청장으로부터 무인자유기구의 비행허가를 받은 자는 국토교통부장관이 정하여 고시하는 무인자유기구 운영절차에 따라 무인자유기구를 비행시켜야 한다. **제312조(초경량비행장치사고의 보고 등)** 법 제129조제3항에 따라 초경량비행장치사고를 일으킨 조종자 또는 그 초경량비행장치소유자등은 다음 각 호의 사항을 지방항공청장에게 보고하여야 한다. 1. 조종자 및 그 초경량비행장치소유자등의 성명 또는 명칭 2. 사고가 발생한 일시 및 장소 3. 초경량비행장치의 종류 및 신고번호 4. 사고의 경위 5. 사람의 사상(死傷) 또는 물건의 파손 개요 6. 사상자의 성명 등 사상자의 인적사항 파악을 위하여 참고가 될 사항 **제312조의2(무인비행장치의 특별비행승인)** ① 법 제129조제5항 전단에 따라 야간에 비행하거나 육안으로 확인할 수 없는 범위에서 비행하려는 자는 별지 제123호의2서식의 무인비행장치 특별비행승인 신청서에 다음 각 호의 서류를 첨부하여 국토교통부장관에게 제출하여야 한다. 1. 무인비행장치의 종류·형식 및 제원에 관한 서류 2. 무인비행장치의 성능 및 운용한계에 관한 서류 3. 무인비행장치의 조작방법에 관한 서류 4. 무인비행장치의 비행절차, 비행지역, 운영인력 등이 포함된 비행계획서 5. 안전성인증서(제305조제1항에 따른 초경량비행장치 안전성인증 대상에 해당하는 무인비행장치에 한정한다) 6. 무인비행장치의 안전한 비행을 위한 무인비행장치 조종자의 조종 능력 및 경력 등을 증명하는 서류 7. 해당 무인비행장치 사고에 따른 제3자 손해 발생 시 손해배상 책임을 담보하기 위한 보험 또는 공제 등의 가입을 증명하는 서류(「항공사업법」 제70조제4항에 따라 보험 또는 공제에 가입하여야 하는 자로 한정한다)

항공안전법 [법률 제18952호, 2022. 6. 10., 일부개정]	항공안전법 시행령 [대통령령 제32677호, 2022. 6. 7., 일부개정]	항공안전법 시행규칙 [국토교통부령 제1167호, 2022. 12. 9., 일부개정]
		8. 그 밖에 국토교통부장관이 정하여 고시하는 서류 ② 국토교통부장관은 제1항에 따른 신청서를 제출받은 날부터 30일(새로운 기술에 관한 검토 등 특별한 사정이 있는 경우에는 90일) 이내에 법 제129조제5항에 따른 무인비행장치 특별비행을 위한 안전기준에 적합한지 여부를 검사한 후 적합하다고 인정하는 경우에는 별지 제123호의3서식의 무인비행장치 특별비행승인서를 발급하여야 한다. 이 경우 국토교통부장관은 항공안전의 확보 또는 인구밀집도, 사생활 침해 및 소음 발생 여부 등 주변 환경을 고려하여 필요하다고 인정되는 경우 비행일시, 장소, 방법 등을 정하여 승인할 수 있다. 〈개정 2018. 11. 22.〉 ③ 제1항 및 제2항에 규정한 사항 외에 무인비행장치 특별비행승인을 위하여 필요한 사항은 국토교통부장관이 정하여 고시한다. [본조신설 2017. 11. 10.]
제130조(초경량비행장치사용사업자에 대한 안전개선명령) 국토교통부장관은 초경량비행장치사용사업의 안전을 위하여 필요하다고 인정되는 경우에는 초경량비행장치사용사업자에게 다음 각 호의 사항을 명할 수 있다. 1. 초경량비행장치 및 그 밖의 시설의 개선 2. 그 밖에 초경량비행장치의 비행안전에 대한 방해 요소를 제거하기 위하여 필요한 사항으로서 국토교통부령으로 정하는 사항		제313조(초경량비행장치사용사업자에 대한 안전개선명령) 법 제130조제2호에서 "국토교통부령으로 정하는 사항"이란 다음 각 호의 어느 하나에 해당하는 사항을 말한다. 1. 초경량비행장치사용사업자가 운용중인 초경량비행장치에 장착된 안전성이 검증되지 아니한 장비의 제거 2. 초경량비행장치 제작자가 정한 정비절차의 이행 3. 그 밖에 안전을 위하여 지방항공청장이 필요하다고 인정하는 사항
제131조(초경량비행장치에 대한 준용규정) 초경량비행장치소유자등 또는 초경량비행장치를 사용하여 비행하려는 사람에 대한 주류등의 섭취·사용 제한에 관하여는 제57조를 준용한다.		
제131조의2(무인비행장치의 적용 특례) ① 군용·경찰용 또는 세관용 무인비행장치와 이에 관련된 업무에 종사하는 사람에 대하여는 이 법을 적용하지 아니한다.		제308조(초경량비행장치의 비행승인) ① 법 제127조제2항 본문에서 "동력비행장치 등 국토교통부령으로 정하는 초경량비행장치"란 제5조에 따른 초경량비행장치를 말한다. 다만, 다음 각 호의 어느 하나에 해당하는 초경량비행장치는 제외한다. 〈개정 2017. 7. 18.〉

항공안전법 [법률 제18952호, 2022. 6. 10., 일부개정]	항공안전법 시행령 [대통령령 제32677호, 2022. 6. 7., 일부개정]	항공안전법 시행규칙 [국토교통부령 제1167호, 2022. 12. 9., 일부개정]

② 국가기관등이 소유하거나 임차한 무인비행장치를 재해·재난 등으로 인한 수색·구조, 화재의 진화, 응급환자 후송, 그 밖에 국토교통부령으로 정하는 공공목적으로 긴급히 비행(훈련을 포함한다)하는 경우(국토교통부령으로 정하는 바에 따라 안전관리 방안을 마련한 경우에 한정한다)에는 제129조제1항, 제2항, 제4항 및 제5항을 적용하지 아니한다.
③ 제129조제3항을 이 조 제2항에 적용할 때에는 "국토교통부장관"은 "소관 행정기관의 장"으로 본다. 이 경우 소관 행정기관의 장은 제129조제3항에 따라 보고받은 사실을 국토교통부장관에게 알려야 한다.
[본조신설 2017. 8. 9.]
		1. 영 제24조제1호부터 제4호까지의 규정에 해당하는 초경량비행장치(항공기대여업, 항공레저스포츠사업 또는 초경량비행장치사용사업에 사용되지 아니하는 것으로 한정한다)
		2. 제199조제1호나목에 따른 최저비행고도(150미터) 미만의 고도에서 운영하는 계류식 기구
		3. 「항공사업법 시행규칙」 제6조제2항 제1호에 사용하는 무인비행장치로서 다음 각 목의 어느 하나에 해당하는 무인비행장치
		  가. 제221조제1항 및 별표 23에 따른 관제권, 비행금지구역 및 비행제한구역 외의 공역에서 비행하는 무인비행장치
		  나. 「가축전염병 예방법」 제2조제2호에 따른 가축전염병의 예방 또는 확산 방지를 위하여 소독·방역업무 등에 긴급하게 사용하는 무인비행장치
		4. 다음 각 목의 어느 하나에 해당하는 무인비행장치
		  가. 최대이륙중량이 25킬로그램 이하인 무인동력비행장치
		  나. 연료의 중량을 제외한 자체중량이 12킬로그램 이하이고 길이가 7미터 이하인 무인비행선
		5. 그 밖에 국토교통부장관이 정하여 고시하는 초경량비행장치
		② 제1항에 따른 초경량비행장치를 사용하여 비행제한공역을 비행하려는 사람은 법 제127조제2항 본문에 따라 별지 제122호서식의 초경량비행장치 비행승인신청서를 지방항공청장에게 제출하여야 한다. 이 경우 비행승인신청서는 서류, 팩스 또는 정보통신망을 이용하여 제출할 수 있다. 〈개정 2017. 7. 18.〉
		③ 지방항공청장은 제2항에 따라 제출된 신청서를 검토한 결과 비행안전에 지장을 주지 아니한다고 판단되는 경우에는 이를 승인하여야 한다. 이 경우 동일지역에서 반복적으로 이루어지는 비행에 대해서는 6개월의 범위에서 비행기간을 명시하여 승인할 수 있다.

항공안전법 [법률 제18952호, 2022. 6. 10., 일부개정]	항공안전법 시행령 [대통령령 제32677호, 2022. 6. 7., 일부개정]	항공안전법 시행규칙 [국토교통부령 제1167호, 2022. 12. 9., 일부개정]
		④ 제2항 및 제3항에도 불구하고 국가기관등이 법 제131조의2제2항에 따라 무인비행장치를 공공목적으로 긴급히 비행하려는 경우 유·무선 방법으로 지방항공청장의 승인을 받아 비행할 수 있다. 다만, 제221조제1항 및 별표 23에 따른 관제권에서 비행하려는 경우에는 해당 관제권의 항공교통업무를 수행하는 자와, 비행금지구역에서 비행하려는 경우에는 해당 구역을 관할하는 자와 사전에 협의가 된 경우에 한한다.〈신설 2018. 11. 22.〉 ⑤ 제4항에 따라 무인비행장치를 비행한 국가기관등은 비행 종료 후 지체없이 별지 제122호서식에 따른 초경량비행장치 비행승인신청서를 지방항공청장에게 제출하여야 한다.〈신설 2018. 11. 22.〉 ⑥ 법 제127조제3항제1호에서 "국토교통부령으로 정하는 고도"란 다음 각 호에 따른 고도를 말한다.〈신설 2017. 11. 10., 2018. 11. 22.〉 1. 사람 또는 건축물이 밀집된 지역: 해당 초경량비행장치를 중심으로 수평거리 150미터(500피트) 범위 안에 있는 가장 높은 장애물의 상단에서 150미터 2. 제1호 외의 지역: 지표면·수면 또는 물건의 상단에서 150미터 ⑦ 법 제127조제3항제2호에서 "국토교통부령으로 정하는 구역"이란 별표 23 제2호에 따른 관제공역 중 관제권과 통제공역 중 비행금지구역을 말한다.〈신설 2017. 11. 10., 2018. 11. 22.〉 **제313조의2(국가기관등 무인비행장치의 긴급비행)** ① 법 제131조의2제2항에서 "국토교통부령으로 정하는 공공목적"이란 다음 각 호의 목적을 말한다.〈개정 2018. 11. 22.〉 1. 산불의 진화·예방 2. 응급환자를 위한 장기(臟器) 이송 및 구조·구급활동 3. 산림 방제(防除)·순찰 4. 산림보호사업을 위한 화물 수송 5. 대형사고 등으로 인한 교통장애 모니터링

항공안전법 [법률 제18952호, 2022. 6. 10., 일부개정]	항공안전법 시행령 [대통령령 제32677호, 2022. 6. 7., 일부개정]	항공안전법 시행규칙 [국토교통부령 제1167호, 2022. 12. 9., 일부개정]
		6. 시설물 붕괴·전도 등으로 인한 재난·재해 발생 또는 우려 시 안전진단 7. 풍수해 및 수질오염 등이 발생하는 경우 긴급점검 8. 테러 예방 및 대응 9. 그 밖에 제1호부터 제8호까지에서 규정한 사항과 유사한 목적의 업무수행 ② 법 제131조의2제2항에 따른 안전관리방안에는 다음 각 호의 사항이 포함되어야 한다. 1. 무인비행장치의 관리 및 점검계획 2. 비행안전수칙 및 교육계획 3. 사고 발생 시 비상연락·보고체계 등에 관한 사항 4. 무인비행장치 사고로 인하여 지급할 손해배상 책임을 담보하기 위한 보험 또는 공제의 가입 등 피해자 보호대책 5. 긴급비행 기록관리 등에 관한 사항 [본조신설 2017. 11. 10.]
제11장 보칙		
제132조(항공안전 활동) ① 국토교통부장관은 항공안전의 확보를 위하여 다음 각 호의 어느 하나에 해당하는 자에게 그 업무에 관한 보고를 하게 하거나 서류를 제출하게 할 수 있다. 1. 항공기등, 장비품 또는 부품의 제작 또는 정비등을 하는 자 2. 비행장, 이착륙장, 공항, 공항시설 또는 항행안전시설의 설치자 및 관리자 3. 항공종사자 및 초경량비행장치 조종자 4. 항공교통업무증명을 받은 자 5. 항공운송사업자(외국인국제항공운송사업자 및 외국항공기로 유상운송을 하는 자를 포함한다. 이하 이 조에서 같다), 항공기사용사업자, 항공기정비업자, 초경량비행장치사용사업자, 「항공사업법」 제2조제22호에 따른 항공기대여업자 및 「항공사업법」 제2조제27호에 따른 항공레저스포츠사업자 6. 그 밖에 항공기, 경량항공기 또는 초경량비행장치를 계속하여 사용하는 자 ② 국토교통부장관은 이 법을 시행하기 위하여 특히 필요한 경우에는 소속 공무원으로 하여금 제1항 각 호의 어느 하나에 해당하는 자의 다음 각 호의 어느 하나의 장소에 출입하여 항공기, 경량항공기 또는		**제314조(항공안전전문가)** 법 제132조제2항에 따른 항공안전에 관한 전문가로 위촉받을 수 있는 사람은 다음 각 호의 어느 하나에 해당하는 사람으로 한다. 1. 항공종사자 자격증명을 가진 사람으로서 해당 분야에서 10년 이상의 실무경력을 갖춘 사람 2. 항공종사자 양성 전문교육기관의 해당 분야에서 5년 이상 교육훈련업무에 종사한 사람 3. 5급 이상의 공무원이었던 사람으로서 항공분야에서 5년(6급의 경우 10년) 이상의 실무경력을 갖춘 사람 4. 대학 또는 전문대학에서 해당 분야의 전임강사 이상으로 5년 이상 재직한 경력이 있는 사람

항공안전법 [법률 제18952호, 2022. 6. 10., 일부개정]	항공안전법 시행령 [대통령령 제32677호, 2022. 6. 7., 일부개정]	항공안전법 시행규칙 [국토교통부령 제1167호, 2022. 12. 9., 일부개정]
초경량비행장치, 항행안전시설, 장부, 서류, 그 밖의 물건을 검사하거나 관계인에게 질문하게 할 수 있다. 이 경우 국토교통부장관은 검사 등의 업무를 효율적으로 수행하기 위하여 특히 필요하다고 인정하면 국토교통부령으로 정하는 자격을 갖춘 항공안전에 관한 전문가를 위촉하여 검사 등의 업무에 관한 자문에 응하게 할 수 있다. 1. 사무소, 공장이나 그 밖의 사업장 2. 비행장, 이착륙장, 공항, 공항시설, 항행안전시설 또는 그 시설의 공사장 3. 항공기 또는 경량항공기의 정치장 4. 항공기, 경량항공기 또는 초경량비행장치 ③ 국토교통부장관은 항공운송사업자가 취항하는 공항에 대하여 국토교통부령으로 정하는 바에 따라 정기적인 안전성검사를 하여야 한다. ④ 제2항 및 제3항에 따른 검사 또는 질문을 하려면 검사 또는 질문을 하기 7일 전까지 검사 또는 질문의 일시, 사유 및 내용 등의 계획을 피검사자 또는 피질문자에게 알려야 한다. 다만, 긴급한 경우이거나 사전에 알리면 증거인멸 등으로 검사 또는 질문의 목적을 달성할 수 없다고 인정하는 경우에는 그러하지 아니하다. ⑤ 제2항 및 제3항에 따른 검사 또는 질문을 하는 공무원은 그 권한을 표시하는 증표를 지니고, 이를 관계인에게 보여주어야 한다. ⑥ 제5항에 따른 증표에 관하여 필요한 사항은 국토교통부령으로 정한다. ⑦ 제2항 및 제3항에 따른 검사 또는 질문을 한 경우에는 그 결과를 피검사자 또는 피질문자에게 서면으로 알려야 한다. ⑧ 국토교통부장관은 제2항 또는 제3항에 따른 검사를 하는 중에 긴급히 조치하지 아니할 경우 항공기, 경량항공기 또는 초경량비행장치의 안전운항에 중대한 위험을 초래할 수 있는 사항이 발견되었을 때에는 국토교통부령으로 정하는 바에 따라 항공기, 경량항공기 또는 초경량비행장치의 운항 또는 항행안전시설의 운용을 일시 정지하게 하거나 항공종사자, 초경량비행장치 조종자 또는 항행안전시설을 관리하는 자의 업무를 일시 정지하게 할 수 있다.		**제315조(정기안전성검사)** ① 국토교통부장관 또는 지방항공청장은 법 제132조제3항에 따라 다음 각 호의 사항에 관하여 항공운송사업자가 취항하는 공항에 대하여 정기적인 안전성검사를 하여야 한다. 1. 항공기 운항·정비 및 지원에 관련된 업무·조직 및 교육훈련 2. 항공기 부품과 예비품의 보관 및 급유시설 3. 비상계획 및 항공보안사항 4. 항공기 운항허가 및 비상지원절차 5. 지상조업과 위험물의 취급 및 처리 6. 공항시설 7. 그 밖에 국토교통부장관이 항공기 안전운항에 필요하다고 인정하는 사항 ② 법 제132조제6항에 따른 공무원의 증표는 별지 제124호서식의 항공안전감독관증에 따른다.

항공안전법 [법률 제18952호, 2022. 6. 10., 일부개정]	항공안전법 시행령 [대통령령 제32677호, 2022. 6. 7., 일부개정]	항공안전법 시행규칙 [국토교통부령 제1167호, 2022. 12. 9., 일부개정]
⑨ 국토교통부장관은 제2항 또는 제3항에 따른 검사 결과 항공기, 경량항공기 또는 초경량비행장치의 안전운항에 위험을 초래할 수 있는 사항을 발견한 경우에는 그 검사를 받은 자에게 시정조치 등을 명할 수 있다.		
제133조(항공운송사업자에 관한 안전도 정보의 공개) 국토교통부장관은 국민이 항공기를 안전하게 이용할 수 있도록 국토교통부령으로 정하는 바에 따라 다음 각 호의 사항이 포함된 항공운송사업자(외국인국제항공운송사업자를 포함한다. 이하 이 조에서 같다)에 관한 안전도 정보를 공개하여야 한다. 1. 국토교통부령으로 정하는 항공기사고에 관한 정보 2. 항공운송사업자가 속한 국가에 대한 국제민간항공기구(ICAO)의 안전평가 결과[국제민간항공기구(ICAO)에서 안전기준에 미달하여 항공기사고의 위험도가 높은 것으로 공개한 국가만 해당한다] 3. 그 밖에 항공운송사업자의 안전과 관련하여 국토교통부령으로 정하는 사항		제317조(항공운송사업자에 관한 안전도 정보의 공개) ① 법 제133조제1호에서 "국토교통부령으로 정하는 항공사고"란 최근 5년 이내에 발생한 항공기사고로서 국제민간항공기구에서 공개한 사고를 말한다. ② 법 제133조제3호에서 "국토교통부령으로 정하는 사항"이란 외국정부에서 실시·공개한 항공운송사업자의 항공안전평가결과에 관한 사항을 말한다. ③ 국토교통부장관은 법 제133조에 따라 항공운송사업자에 관한 안전도 정보를 공개하는 경우에는 국토교통부 홈페이지에 게재하여야 한다. 이 경우 필요하다고 인정하는 경우에는 항공 관련 기관이나 단체의 홈페이지에 함께 게재할 수 있다.
제134조(청문) 국토교통부장관은 다음 각 호의 어느 하나에 해당하는 처분을 하려면 청문을 하여야 한다. 〈개정 2017. 10. 24., 2017. 12. 26.〉 1. 제20조제7항에 따른 형식증명 또는 부가형식증명의 취소 2. 제21조제7항에 따른 형식증명승인 또는 부가형식증명승인의 취소 3. 제22조제5항에 따른 제작증명의 취소 4. 제23조제7항에 따른 감항증명의 취소 5. 제24조제3항에 따른 감항승인의 취소 6. 제25조제3항에 따른 소음기준적합증명의 취소 7. 제27조제4항에 따른 기술표준품형식승인의 취소 8. 제28조제5항에 따른 부품등제작자증명의 취소 9. 제43조제1항 또는 제2항에 따른 자격증명등 또는 항공신체검사증명의 취소 또는 효력정지 10. 제44조제4항에서 준용하는 제43조제1항에 따른 계기비행증명 또는 조종교육증명의 취소		

항공안전법 [법률 제18952호, 2022. 6. 10., 일부개정]	항공안전법 시행령 [대통령령 제32677호, 2022. 6. 7., 일부개정]	항공안전법 시행규칙 [국토교통부령 제1167호, 2022. 12. 9., 일부개정]
11. 제45조제6항에서 준용하는 제43조제1항에 따른 항공영어구술능력증명의 취소 12. 제48조의2에 따른 전문교육기관 지정의 취소 13. 제50조제1항에 따른 항공전문의사 지정의 취소 또는 효력정지 14. 제63조제3항에 따른 자격인정의 취소 15. 제71조제5항에 따른 포장·용기검사기관 지정의 취소 16. 제72조제5항에 따른 위험물전문교육기관 지정의 취소 17. 제86조제1항에 따른 항공교통업무증명의 취소 18. 제91조제1항 또는 제95조제1항에 따른 운항증명의 취소 19. 제98조제1항에 따른 정비조직인증의 취소 20. 제105조제1항 단서에 따른 운항증명승인의 취소 21. 제114조제1항 또는 제2항에 따른 자격증명등 또는 항공신체검사증명의 취소 22. 제115조제3항에서 준용하는 제114조제1항에 따른 조종교육증명의 취소 23. 제117조제4항에 따른 경량항공기 전문교육기관 지정의 취소 24. 제125조제2항에 따른 초경량비행장치 조종자 증명의 취소 25. 제126조제4항에 따른 초경량비행장치 전문교육기관 지정의 취소		
제135조(권한의 위임·위탁) ① 이 법에 따른 국토교통부장관의 권한은 그 일부를 대통령령으로 정하는 바에 따라 특별시장·광역시장·특별자치시장·도지사·특별자치도지사 또는 국토교통부장관 소속 기관의 장에게 위임할 수 있다. ② 국토교통부장관은 제20조부터 제25조까지, 제27조, 제28조 및 제30조에 따른 증명, 승인 또는 검사에 관한 업무를 대통령령으로 정하는 바에 따라 전문검사기관을 지정하여 위탁할 수 있다. ③ 국토교통부장관은 제30조에 따른 수리·개조승인에 관한 권한 중 국가기관등항공기의 수리·개조승인에 관한 권한을 대통령령으로 정하는 바에 따라 관계 중앙행정기관의 장에게 위탁할 수 있다.		**제321조(수수료)** ① 법 제136조에 따라 수수료를 내야 하는 자와 그 금액은 별표 47과 같다. ② 국가 또는 지방자치단체에 대해서는 국토교통부장관 또는 지방항공청장이 직접 수행하는 업무에 한정하여 제1항에 따른 수수료 및 법 제136조제1항에 따른 여비를 면제한다. ③ 제1항에 따른 수수료는 정보통신망을 이용하여 전자화폐·전자결제 등의 방법으로 내도록 할 수 있다. ④ 법 제136조제2항에 따른 현지출장 등의 여비 지급기준은 「공무원여비규정」에 따른다. 다만, 법 제135조제2항에 따른 전문검사기관의 경우에는 그 기관의 여비규정에 따른다.

항공안전법 [법률 제18952호, 2022. 6. 10., 일부개정]	항공안전법 시행령 [대통령령 제32677호, 2022. 6. 7., 일부개정]	항공안전법 시행규칙 [국토교통부령 제1167호, 2022. 12. 9., 일부개정]
④ 국토교통부장관은 제89조제1항에 따른 업무를 대통령령으로 정하는 바에 따라 「항공사업법」 제68조제1항에 따른 한국항공협회(이하 "협회"라 한다)에 위탁할 수 있다. ⑤ 국토교통부장관은 다음 각 호의 업무를 대통령령으로 정하는 바에 따라 「한국교통안전공단법」에 따른 한국교통안전공단(이하 "한국교통안전공단"이라 한다) 또는 항공 관련 기관·단체에 위탁할 수 있다. 〈개정 2017. 8. 9., 2017. 10. 24.〉 1. 제38조에 따른 자격증명 시험업무 및 자격증명 한정심사업무와 자격증명서의 발급에 관한 업무 2. 제44조에 따른 계기비행증명업무 및 조종교육증명업무와 증명서의 발급에 관한 업무 3. 제45조제3항에 따른 항공영어구술능력증명서의 발급에 관한 업무 4. 제48조제9항 및 제10항에 따른 항공교육훈련통합관리시스템에 관한 업무 5. 제61조에 따른 항공안전 자율보고의 접수·분석 및 전파에 관한 업무 6. 제112조에 따른 경량항공기 조종사 자격증명 시험업무 및 자격증명 한정심사업무와 자격증명서의 발급에 관한 업무 7. 제115조제1항 및 제2항에 따른 경량항공기 조종교육증명업무와 증명서의 발급 및 경량항공기 조종교육증명을 받은 자에 대한 교육에 관한 업무 8. 제125조제1항에 따른 초경량비행장치 조종자 증명에 관한 업무 9. 제125조제3항에 따른 실기시험장, 교육장 등 시설의 지정·구축·운영에 관한 업무 10. 제126조제1항 및 제5항에 따른 초경량비행장치 전문교육기관의 지정 및 지정조건의 충족·유지 여부 확인에 관한 업무 ⑥ 국토교통부장관은 다음 각 호의 업무를 대통령령으로 정하는 바에 따라 항공의학 관련 전문기관 또는 단체에 위탁할 수 있다. 1. 제40조에 따른 항공신체검사증명에 관한 업무 2. 제49조제3항에 따른 항공전문의사의 교육에 관한 업무		⑤ 제1항에 따른 수수료를 과오납한 경우에는 해당 과오납 금액을 반환하고, 별표 47 제15호, 제18호, 제30호, 제31호 및 제34호에 관한 사항으로서 시험에 응시하려는 사람이 납부한 수수료는 다음 각 호의 어느 하나에 해당하는 경우 납부한 사람에게 반환하여야 한다. 〈개정 2018. 3. 23.〉 1. 한국교통안전공단의 귀책사유로 시험에 응시하지 못한 경우 해당 응시수수료의 전부 2. 학과시험 시행 1일 전까지 및 실기시험 시행 7일 전까지 접수를 취소하는 경우 그 해당 응시수수료의 전부

항공안전법 [법률 제18952호, 2022. 6. 10., 일부개정]	항공안전법 시행령 [대통령령 제32677호, 2022. 6. 7., 일부개정]	항공안전법 시행규칙 [국토교통부령 제1167호, 2022. 12. 9., 일부개정]
⑦ 국토교통부장관은 제45조제2항에 따른 항공영어구술능력증명시험의 실시에 관한 업무를 대통령령으로 정하는 바에 따라 한국교통안전공단 또는 영어평가 관련 전문기관·단체에 위탁할 수 있다. 〈개정 2017. 8. 9., 2017. 10. 24.〉 ⑧ 국토교통부장관은 다음 각 호의 업무를 대통령령으로 정하는 바에 따라 「항공안전기술원법」에 따른 항공안전기술원 또는 항공 관련 기관·단체에 위탁할 수 있다. 〈신설 2017. 1. 17., 2017. 8. 9.〉 1. 「국제민간항공협약」 및 같은 협약 부속서에서 채택된 표준과 권고되는 방식에 따라 제19조, 제67조, 제70조 및 제77조에 따른 항공기기술기준, 비행규칙, 위험물취급의 절차·방법 및 운항기술기준을 정하기 위한 연구 업무 2. 제58조제1항제5호에 따른 잠재적인 항공안전 위해요인의 식별에 관한 사항과 관련한 자료의 분석 업무 3. 제129조제5항 후단에 따른 검사에 관한 업무 4. 그 밖에 항공기의 안전한 항행을 위한 연구·분석 업무로서 대통령령으로 정하는 업무		
제136조(수수료 등) ① 다음 각 호의 어느 하나에 해당하는 자는 국토교통부령으로 정하는 수수료를 국토교통부장관에게 내야 한다. 다만, 제135조제2항 및 제4항부터 제7항까지의 규정에 따라 권한이 위탁된 경우에는 그 수탁기관에 내야 한다. 1. 이 법에 따른 증명·승인·인증·등록 또는 검사(이하 "검사등"이라 한다)를 받으려는 자 2. 이 법에 따른 증명서 또는 허가서의 발급 또는 재발급을 신청하는 자 ② 검사등을 위하여 현지출장이 필요한 경우에는 그 출장에 드는 여비를 신청인이 내야 한다. 이 경우 여비의 기준은 국토교통부령으로 정한다.		**제321조(수수료)** ① 법 제136조에 따라 수수료를 내야 하는 자와 그 금액은 별표 47과 같다. ② 국가 또는 지방자치단체에 대해서는 국토교통부장관 또는 지방항공청장이 직접 수행하는 업무에 한정하여 제1항에 따른 수수료 및 법 제136조제2항에 따른 여비를 면제한다. ③ 제1항에 따른 수수료는 정보통신망을 이용하여 전자화폐·전자결제 등의 방법으로 내도록 할 수 있다. ④ 법 제136조제2항에 따른 현지출장 등의 여비 지급기준은 「공무원여비규정」에 따른다. 다만, 법 제135조제2항에 따른 전문검사기관의 경우에는 그 기관의 여비규정에 따른다. ⑤ 제1항에 따른 수수료를 과오납한 경우에는 해당 과오납 금액을 반환하고, 별표 47 제15호, 제18호, 제30호, 제31호 및 제34호에 관한 사항으로서 시험에 응시하려는 사람이 납부한 수수료는 다음 각 호의 어느 하나에 해당하는 경우 납부한 사람에게 반환하여야 한다. 〈개정 2018. 3. 23.〉

항공안전법 [법률 제18952호, 2022. 6. 10., 일부개정]	항공안전법 시행령 [대통령령 제32677호, 2022. 6. 7., 일부개정]	항공안전법 시행규칙 [국토교통부령 제1167호, 2022. 12. 9., 일부개정]
		1. 한국교통안전공단의 귀책사유로 시험에 응시하지 못한 경우 해당 응시수수료의 전부 2. 학과시험 시행 1일 전까지 및 실기시험 시행 7일 전까지 접수를 취소하는 경우 그 해당 응시수수료의 전부
제137조(벌칙 적용에서 공무원 의제) 다음 각 호의 어느 하나에 해당하는 사람은 「형법」 제129조부터 제132조까지의 규정을 적용할 때 공무원으로 본다. 〈개정 2017. 1. 17.〉 1. 제31조제2항에 따른 검사관 중 공무원이 아닌 사람 2. 제135조제2항 및 제4항부터 제8항까지의 규정에 따라 국토교통부장관이 위탁한 업무에 종사하는 전문검사기관, 협회, 전문기관 또는 단체 등의 임직원		
제12장 벌칙		
제144조의2(전문교육기관의 지정 위반에 관한 죄) 제48조제1항 단서를 위반하여 전문교육기관의 지정을 받지 아니하고 제35조제1호부터 제4호까지의 항공종사자를 양성하기 위하여 항공기등을 사용한 자는 3년 이하의 징역 또는 3천만 원 이하의 벌금에 처한다. [본조신설 2017. 10. 24.]		
제146조(주류등의 섭취·사용 등의 죄) 다음 각 호의 어느 하나에 해당하는 사람은 3년 이하의 징역 또는 3천만 원 이하의 벌금에 처한다. 1. 제57조제1항을 위반하여 주류등의 영향으로 항공업무(제46조에 따른 항공기 조종연습 및 제47조에 따른 항공교통관제연습을 포함한다) 또는 객실승무원의 업무를 정상적으로 수행할 수 없는 상태에서 그 업무에 종사한 항공종사자(제46조에 따른 항공기 조종연습 및 제47조에 따른 항공교통관제연습을 하는 사람을 포함한다. 이하 이 조에서 같다) 또는 객실승무원 2. 제57조제2항을 위반하여 주류등을 섭취하거나 사용한 항공종사자 또는 객실승무원 3. 제57조제3항을 위반하여 국토교통부장관의 측정에 응하지 아니한 항공종사자 또는 객실승무원		

항공안전법 [법률 제18952호, 2022. 6. 10., 일부개정]	항공안전법 시행령 [대통령령 제32677호, 2022. 6. 7., 일부개정]	항공안전법 시행규칙 [국토교통부령 제1167호, 2022. 12. 9., 일부개정]
제149조(과실에 따른 항공상 위험 발생 등의 죄) ① 과실로 항공기ㆍ경량항공기ㆍ초경량비행장치ㆍ비행장ㆍ이착륙장ㆍ공항시설 또는 항행안전시설을 파손하거나, 그 밖의 방법으로 항공상의 위험을 발생시키거나 항행 중인 항공기를 추락 또는 전복시키거나 파괴한 사람은 1년 이하의 징역 또는 1천만 원 이하의 벌금에 처한다. 〈개정 2017. 1. 17.〉 ② 업무상 과실 또는 중대한 과실로 제1항의 죄를 지은 경우에는 3년 이하의 징역 또는 5천만 원 이하의 벌금에 처한다.		
제150조(무표시 등의 죄) 제18조에 따른 표시를 하지 아니하거나 거짓 표시를 한 항공기를 운항한 소유자등은 1년 이하의 징역 또는 1천만 원 이하의 벌금에 처한다. 〈개정 2017. 1. 17.〉		
제161조(초경량비행장치 불법 사용 등의 죄) ① 다음 각 호의 어느 하나에 해당하는 자는 3년 이하의 징역 또는 3천만 원 이하의 벌금에 처한다. 1. 제131조에서 준용하는 제57조제1항을 위반하여 주류등의 영향으로 초경량비행장치를 사용하여 비행을 정상적으로 수행할 수 없는 상태에서 초경량비행장치를 사용하여 비행을 한 사람 2. 제131조에서 준용하는 제57조제2항을 위반하여 초경량비행장치를 사용하여 비행하는 동안에 주류등을 섭취하거나 사용한 사람 3. 제131조에서 준용하는 제57조제3항을 위반하여 국토교통부장관의 측정 요구에 따르지 아니한 사람 ② 제124조에 따른 비행안전을 위한 기술상의 기준에 적합하다는 안전성인증을 받지 아니한 초경량비행장치를 사용하여 제125조제1항에 따른 초경량비행장치 조종자 증명을 받지 아니하고 비행을 한 사람은 1년 이하의 징역 또는 1천만 원 이하의 벌금에 처한다. ③ 제122조 또는 제123조를 위반하여 초경량비행장치의 신고 또는 변경신고를 하지 아니하고 비행을 한 자는 6개월 이하의 징역 또는 500만 원 이하의 벌금에 처한다.		

항공안전법 [법률 제18952호, 2022. 6. 10., 일부개정]	항공안전법 시행령 [대통령령 제32677호, 2022. 6. 7., 일부개정]	항공안전법 시행규칙 [국토교통부령 제1167호, 2022. 12. 9., 일부개정]
④ 제129조제2항을 위반하여 국토교통부장관의 허가를 받지 아니하고 무인자유기구를 비행시킨 사람은 500만 원 이하의 벌금에 처한다. ⑤ 제127조제2항을 위반하여 국토교통부장관의 승인을 받지 아니하고 초경량비행장치 비행제한공역을 비행한 사람은 200만 원 이하의 벌금에 처한다.		
제162조(명령 위반의 죄) 제130조에 따른 초경량비행장치사용사업의 안전을 위한 명령을 이행하지 아니한 초경량비행장치사용사업자는 1천만 원 이하의 벌금에 처한다.		
제163조(검사 거부 등의 죄) 제132조제2항 및 제3항에 따른 검사 또는 출입을 거부·방해하거나 기피한 자는 500만 원 이하의 벌금에 처한다.		
제164조(양벌규정) 법인의 대표자나 법인 또는 개인의 대리인, 사용인, 그 밖의 종업원이 그 법인 또는 개인의 업무에 관하여 제144조, 제145조, 제148조, 제150조부터 제154조까지, 제156조, 제157조 및 제159조부터 제163조까지의 어느 하나에 해당하는 위반행위를 하면 그 행위자를 벌하는 외에 그 법인 또는 개인에게도 해당 조문의 벌금형을 과(科)한다. 다만, 법인 또는 개인이 그 위반행위를 방지하기 위하여 해당 업무에 관하여 상당한 주의와 감독을 게을리하지 아니한 경우에는 그러하지 아니하다.		
제165조(벌칙 적용의 특례) 제144조, 제156조 및 제163조의 벌칙에 관한 규정을 적용할 때 제92조(제106조에서 준용하는 경우를 포함한다) 또는 제95조제4항에 따라 과징금을 부과할 수 있는 행위에 대해서는 국토교통부장관의 고발이 있어야 공소를 제기할 수 있으며, 과징금을 부과한 행위에 대해서는 과태료를 부과할 수 없다. 〈개정 2017. 1. 17.〉		
제166조(과태료) ① 다음 각 호의 어느 하나에 해당하는 자에게는 500만 원 이하의 과태료를 부과한다. 1. 제56조제1항을 위반하여 같은 항 각 호의 어느 하나 이상의 방법으로 소속 승무원의 피로를 관리하지 아니한 자(항공운송사업자 및 항공기사용사업자는 제외한다)		

항공안전법 [법률 제18952호, 2022. 6. 10., 일부개정]	항공안전법 시행령 [대통령령 제32677호, 2022. 6. 7., 일부개정]	항공안전법 시행규칙 [국토교통부령 제1167호, 2022. 12. 9., 일부개정]
2. 제56조제2항을 위반하여 국토교통부장관의 승인을 받지 아니하고 피로위험관리시스템을 운용하거나 중요사항을 변경한 자(항공운송사업자 및 항공기사용사업자는 제외한다) 3. 제58조제2항을 위반하여 다음 각 목의 어느 하나에 해당하는 자(제58조제2항제1호 및 제4호에 해당하는 자 중 항공운송사업자 및 항공기사용사업자 외의 자만 해당한다) 　가. 제작 또는 운항 등을 시작하기 전까지 항공안전관리시스템을 마련하지 아니한 자 　나. 국토교통부장관의 승인을 받지 아니하고 항공안전관리시스템을 운용한 자 　다. 항공안전관리시스템을 승인받은 내용과 다르게 운용한 자 　라. 국토교통부장관의 승인을 받지 아니하고 국토교통부령으로 정하는 중요사항을 변경한 자 4. 제65조제1항을 위반하여 운항관리사를 두지 아니하고 항공기를 운항한 항공운송사업자 외의 자 5. 제65조제3항을 위반하여 운항관리사가 해당 업무를 수행하는 데 필요한 교육훈련을 하지 아니하고 업무에 종사하게 한 항공운송사업자 외의 자 6. 제70조제3항에 따른 위험물취급의 절차와 방법에 따르지 아니하고 위험물취급을 한 자 7. 제71조제1항에 따른 검사를 받지 아니한 포장 및 용기를 판매한 자 8. 제72조제1항을 위반하여 위험물취급에 필요한 교육을 받지 아니하고 위험물취급을 한 자 9. 제115조제2항을 위반하여 국토교통부장관이 정하는 바에 따라 교육을 받지 아니하고 경량항공기 조종교육을 한 자 10. 제124조를 위반하여 초경량비행장치의 비행안전을 위한 기술상의 기준에 적합하다는 안전성인증을 받지 아니하고 비행한 사람(제161조제2항이 적용되는 경우는 제외한다) 11. 제132조제1항에 따른 보고 등을 하지 아니하거나 거짓 보고 등을 한 사람		

항공안전법 [법률 제18952호, 2022. 6. 10., 일부개정]	항공안전법 시행령 [대통령령 제32677호, 2022. 6. 7., 일부개정]	항공안전법 시행규칙 [국토교통부령 제1167호, 2022. 12. 9., 일부개정]
12. 제132조제2항에 따른 질문에 대하여 거짓 진술을 한 사람 13. 제132조제8항에 따른 운항정지, 운용정지 또는 업무정지를 따르지 아니한 자 14. 제132조제9항에 따른 시정조치 등의 명령에 따르지 아니한 자 ② 다음 각 호의 어느 하나에 해당하는 자에게는 300만 원 이하의 과태료를 부과한다. 1. 제108조제4항을 위반하여 국토교통부령으로 정하는 방법에 따라 안전하게 운용할 수 있다는 확인을 받지 아니하고 경량항공기를 사용하여 비행한 사람 2. 제120조제1항을 위반하여 국토교통부령으로 정하는 준수사항을 따르지 아니하고 경량항공기를 사용하여 비행한 사람 3. 제125조제1항을 위반하여 초경량비행장치 조종자 증명을 받지 아니하고 초경량비행장치를 사용하여 비행을 한 사람(제161조제2항이 적용되는 경우는 제외한다) ③ 다음 각 호의 어느 하나에 해당하는 자에게는 200만 원 이하의 과태료를 부과한다. 〈개정 2017. 8. 9.〉 1. 제13조 또는 제15조제1항을 위반하여 변경등록 또는 말소등록의 신청을 하지 아니한 자 2. 제17조제1항을 위반하여 항공기 등록기호표를 부착하지 아니하고 항공기를 사용한 자 3. 제26조를 위반하여 변경된 항공기기술기준을 따르도록 한 요구에 따르지 아니한 자 4. 항공종사자가 아닌 사람으로서 고의 또는 중대한 과실로 제61조제1항의 항공안전위해요인을 발생시킨 사람 5. 제84조제2항(제121조제5항에서 준용하는 경우를 포함한다)을 위반하여 항공교통의 안전을 위한 국토교통부장관 또는 항공교통업무증명을 받은 자의 지시에 따르지 아니한 자 6. 제93조제5항 후단(제96조제2항에서 준용하는 경우를 포함한다)을 위반하여 운항규정 또는 정비규정을 준수하지 아니하고 항공기의 운항 또는 정비에 관한 업무를 수행한 종사자		

항공안전법 [법률 제18952호, 2022. 6. 10., 일부개정]	항공안전법 시행령 [대통령령 제32677호, 2022. 6. 7., 일부개정]	항공안전법 시행규칙 [국토교통부령 제1167호, 2022. 12. 9., 일부개정]
7. 제108조제3항을 위반하여 부여된 안전성인증 등급에 따른 운용범위를 준수하지 아니하고 경량항공기를 사용하여 비행한 사람 8. 제129조제1항을 위반하여 국토교통부령으로 정하는 준수사항을 따르지 아니하고 초경량비행장치를 이용하여 비행한 사람 9. 제127조제3항을 위반하여 국토교통부장관의 승인을 받지 아니하고 초경량비행장치를 이용하여 비행한 사람 10. 제129조제5항을 위반하여 국토교통부장관이 승인한 범위 외에서 비행한 사람 ④ 다음 각 호의 어느 하나에 해당하는 자에게는 100만 원 이하의 과태료를 부과한다. 1. 제33조에 따른 보고를 하지 아니하거나 거짓으로 보고한 자 2. 제59조제1항(제106조에서 준용하는 경우를 포함한다)을 위반하여 항공기사고, 항공기준사고 또는 항공안전장애를 보고하지 아니하거나 거짓으로 보고한 자 3. 제121조제1항에서 준용하는 제17조제1항을 위반하여 경량항공기 등록기호표를 부착하지 아니한 경량항공기소유자등 4. 제122조제3항을 위반하여 신고번호를 해당 초경량비행장치에 표시하지 아니하거나 거짓으로 표시한 초경량비행장치소유자등 5. 제128조를 위반하여 국토교통부령으로 정하는 장비를 장착하거나 휴대하지 아니하고 초경량비행장치를 사용하여 비행을 한 자 ⑤ 다음 각 호의 어느 하나에 해당하는 자에게는 50만 원 이하의 과태료를 부과한다. 1. 제120조제2항을 위반하여 경량항공기사고에 관한 보고를 하지 아니하거나 거짓으로 보고한 경량항공기 조종사 또는 그 경량항공기소유자 등 2. 제121조제1항에서 준용하는 제13조 또는 제15조를 위반하여 경량항공기의 변경등록 또는 말소등록을 신청하지 아니한 경량항공기소유자 등		

항공안전법 [법률 제18952호, 2022. 6. 10., 일부개정]	항공안전법 시행령 [대통령령 제32677호, 2022. 6. 7., 일부개정]	항공안전법 시행규칙 [국토교통부령 제1167호, 2022. 12. 9., 일부개정]
⑥ 다음 각 호의 어느 하나에 해당하는 자에게는 30만 원 이하의 과태료를 부과한다. 1. 제123조제2항을 위반하여 초경량비행장치의 말소신고를 하지 아니한 초경량비행장치소유자등 2. 제129조제3항을 위반하여 초경량비행장치사고에 관한 보고를 하지 아니하거나 거짓으로 보고한 초경량비행장치 조종자 또는 그 초경량비행장치 소유자등 [시행일:2019. 3. 30.] 제166조제1항제1호(제56조제1항제2호에 관한 부분만 해당한다), 제166조제1항제2호		
제167조(과태료의 부과·징수절차) 제166조에 따른 과태료는 대통령령으로 정하는 바에 따라 국토교통부장관이 부과·징수한다.	**제30조(과태료의 부과기준)** 법 제167조에 따른 과태료 부과기준은 별표 5와 같다.	

※ 항공안전법 법령단위 비교는 전체 법령 중 초경량비행장치 멀티콥터 지도조종자 자격시험과 관련된 부분만을 발췌하여 편집하였음.

3. 항공사업법 법령단위 비교

항공사업법 [법률 제18565호, 2021. 12. 7., 일부개정]	항공사업법 시행령 [대통령령 제32987호, 2022. 11. 8., 일부개정]	항공사업법 시행규칙 [국토교통부령 제1164호, 2022. 12. 8., 일부개정]
제1장 총칙		
제1조(목적) 이 법은 항공정책의 수립 및 항공사업에 관하여 필요한 사항을 정하여 대한민국 항공사업의 체계적인 성장과 경쟁력 강화 기반을 마련하는 한편, 항공사업의 질서유지 및 건전한 발전을 도모하고 이용자의 편의를 향상시켜 국민경제의 발전과 공공복리의 증진에 이바지함을 목적으로 한다.		
제2조(정의) 이 법에서 사용하는 용어의 뜻은 다음과 같다. 이 법에서 사용하는 용어의 뜻은 다음과 같다. 1. "항공사업"이란 이 법에 따라 국토교통부장관의 면허, 허가 또는 인가를 받거나 국토교통부장관에게 등록 또는 신고하여 경영하는 사업을 말한다. 2. "항공기"란 「항공안전법」 제2조제1호에 따른 항공기를 말한다. 3. "경량항공기"란 「항공안전법」 제2조제2호에 따른 경량항공기를 말한다. 4. "초경량비행장치"란 「항공안전법」 제2조제3호에 따른 초경량비행장치를 말한다. 5. "공항"이란 「공항시설법」 제2조제3호에 따른 공항을 말한다. 6. "비행장"이란 「공항시설법」 제2조제2호에 따른 비행장을 말한다. 7. "항공운송사업"이란 국내항공운송사업, 국제항공운송사업 및 소형항공운송사업을 말한다. 8. "항공운송사업자"란 국내항공운송사업자, 국제항공운송사업자 및 소형항공운송사업자를 말한다. 9. "국내항공운송사업"이란 타인의 수요에 맞추어 항공기를 사용하여 유상으로 여객이나 화물을 운송하는 사업으로서 국토교통부령으로 정하는 일정 규모 이상의 항공기를 이용하여 다음 각 목의 어느 하나에 해당하는 운항을 하는 사업을 말한다. 가. 국내 정기편 운항 : 국내공항과 국내공항 사이에 일정한 노선을 정하고 정기적인 운항계획에 따라 운항하는 항공기 운항		

항공사업법 [법률 제18565호, 2021. 12. 7., 일부개정]	항공사업법 시행령 [대통령령 제32987호, 2022. 11. 8., 일부개정]	항공사업법 시행규칙 [국토교통부령 제1164호, 2022. 12. 8., 일부개정]
나. 국내 부정기편 운항: 국내에서 이루어지는 가목 외의 항공기 운항 10. "국내항공운송사업자"란 제7조제1항에 따라 국토교통부장관으로부터 국내항공운송사업의 면허를 받은 자를 말한다. 11. "국제항공운송사업"이란 타인의 수요에 맞추어 항공기를 사용하여 유상으로 여객이나 화물을 운송하는 사업으로서 국토교통부령으로 정하는 일정 규모 이상의 항공기를 이용하여 다음 각 목의 어느 하나에 해당하는 운항을 하는 사업을 말한다. 가. 국제 정기편 운항: 국내공항과 외국공항 사이 또는 외국공항과 외국공항 사이에 일정한 노선을 정하고 정기적인 운항계획에 따라 운항하는 항공기 운항 나. 국제 부정기편 운항: 국내공항과 외국공항 사이 또는 외국공항과 외국공항 사이에 이루어지는 가목 외의 항공기 운항 12. "국제항공운송사업자"란 제7조제1항에 따라 국토교통부장관으로부터 국제항공운송사업의 면허를 받은 자를 말한다. 13. "소형항공운송사업"이란 타인의 수요에 맞추어 항공기를 사용하여 유상으로 여객이나 화물을 운송하는 사업으로서 국내항공운송사업 및 국제항공운송사업 외의 항공운송사업을 말한다. 14. "소형항공운송사업자"란 제10조제1항에 따라 국토교통부장관에게 소형항공운송사업을 등록한 자를 말한다. 15. "항공기사용사업"이란 항공운송사업 외의 사업으로서 타인의 수요에 맞추어 항공기를 사용하여 유상으로 농약살포, 건설자재 등의 운반, 사진촬영 또는 항공기를 이용한 비행훈련 등 국토교통부령으로 정하는 업무를 하는 사업을 말한다. 16. "항공기사용사업자"란 제30조제1항에 따라 국토교통부장관에게 항공기사용사업을 등록한 자를 말한다.		

항공사업법 [법률 제18565호, 2021. 12. 7., 일부개정]	항공사업법 시행령 [대통령령 제32987호, 2022. 11. 8., 일부개정]	항공사업법 시행규칙 [국토교통부령 제1164호, 2022. 12. 8., 일부개정]
17. "항공기정비업"이란 타인의 수요에 맞추어 다음 각 목의 어느 하나에 해당하는 업무를 하는 사업을 말한다. 가. 항공기, 발동기, 프로펠러, 장비품 또는 부품을 정비·수리 또는 개조하는 업무 나. 가목의 업무에 대한 기술관리 및 품질관리 등을 지원하는 업무 18. "항공기정비업자"란 제42조제1항에 따라 국토교통부장관에게 항공기정비업을 등록한 자를 말한다. 19. "항공기취급업"이란 타인의 수요에 맞추어 항공기에 대한 급유, 항공화물 또는 수하물의 하역과 그 밖에 국토교통부령으로 정하는 지상조업(地上操業)을 하는 사업을 말한다. 20. "항공기취급업자"란 제44조제1항에 따라 국토교통부장관에게 항공기취급업을 등록한 자를 말한다. 21. "항공기대여업"이란 타인의 수요에 맞추어 유상으로 항공기, 경량항공기 또는 초경량비행장치를 대여(貸與)하는 사업(제26호나목의 사업은 제외한다)을 말한다. 22. "항공기대여업자"란 제46조제1항에 따라 국토교통부장관에게 항공기대여업을 등록한 자를 말한다. 23. "초경량비행장치사용사업"이란 타인의 수요에 맞추어 국토교통부령으로 정하는 초경량비행장치를 사용하여 유상으로 농약살포, 사진촬영 등 국토교통부령으로 정하는 업무를 하는 사업을 말한다. 24. "초경량비행장치사용사업자"란 제48조제1항에 따라 국토교통부장관에게 초경량비행장치사용사업을 등록한 자를 말한다. 25. "항공레저스포츠"란 취미·오락·체험·교육·경기 등을 목적으로 하는 비행[공중에서 낙하하여 낙하산(落下傘)류를 이용하는 비행을 포함한다]활동을 말한다. 26. "항공레저스포츠사업"이란 타인의 수요에 맞추어 유상으로 다음 각 목의 어느 하나에 해당하는 서비스를 제공하는 사업을 말한다.		

항공사업법 [법률 제18565호, 2021. 12. 7., 일부개정]	항공사업법 시행령 [대통령령 제32987호, 2022. 11. 8., 일부개정]	항공사업법 시행규칙 [국토교통부령 제1164호, 2022. 12. 8., 일부개정]
가. 항공기(비행선과 활공기에 한정한다), 경량항공기 또는 국토교통부령으로 정하는 초경량비행장치를 사용하여 조종교육, 체험 및 경관조망을 목적으로 사람을 태워 비행하는 서비스 나. 다음 중 어느 하나를 항공레저스포츠를 위하여 대여하여 주는 서비스 1) 활공기 등 국토교통부령으로 정하는 항공기 2) 경량항공기 3) 초경량비행장치 다. 경량항공기 또는 초경량비행장치에 대한 정비, 수리 또는 개조서비스 27. "항공레저스포츠사업자"란 제50조제1항에 따라 국토교통부장관에게 항공레저스포츠사업을 등록한 자를 말한다. 28. "상업서류송달업"이란 타인의 수요에 맞추어 유상으로 「우편법」 제1조의2제7호 단서에 해당하는 수출입 등에 관한 서류와 그에 딸린 견본품을 항공기를 이용하여 송달하는 사업을 말한다. 29. "상업서류송달업자"란 제52조제1항에 따라 국토교통부장관에게 상업서류송달업을 신고한 자를 말한다. 30. "항공운송총대리점업"이란 항공운송사업자를 위하여 유상으로 항공기를 이용한 여객 또는 화물의 국제운송계약 체결을 대리(代理)[사증(査證)을 받는 절차의 대행은 제외한다]하는 사업을 말한다. 31. "항공운송총대리점업자"란 제52조제1항에 따라 국토교통부장관에게 항공운송총대리점업을 신고한 자를 말한다. 32. "도심공항터미널업"이란 「공항시설법」 제2조제4호에 따른 공항구역이 아닌 곳에서 항공여객 및 항공화물의 수송 및 처리에 관한 편의를 제공하기 위하여 이에 필요한 시설을 설치·운영하는 사업을 말한다. 33. "도심공항터미널업자"란 제52조제1항에 따라 국토교통부장관에게 도심공항터미널업을 신고한 자를 말한다.		

항공사업법 [법률 제18565호, 2021. 12. 7., 일부개정]	항공사업법 시행령 [대통령령 제32987호, 2022. 11. 8., 일부개정]	항공사업법 시행규칙 [국토교통부령 제1164호, 2022. 12. 8., 일부개정]
34. "공항운영자"란 「인천국제공항공사법」, 「한국공항공사법」 등 관계 법률에 따라 공항운영의 권한을 부여받은 자 또는 그 권한을 부여받은 자로부터 공항운영의 권한을 위탁·이전 받은 자를 말한다. 35. "항공교통사업자"란 공항 또는 항공기를 사용하여 여객 또는 화물의 운송과 관련된 유상서비스(이하 "항공교통서비스"라 한다)를 제공하는 공항운영자 또는 항공운송사업자를 말한다. 36. "항공교통이용자"란 항공교통사업자가 제공하는 항공교통서비스를 이용하는 자를 말한다. 37. "항공보험"이란 여객보험, 기체보험(機體保險), 화물보험, 전쟁보험, 제3자보험 및 승무원보험과 그 밖에 국토교통부령으로 정하는 보험을 말한다. 38. "외국인 국제항공운송사업"이란 제54조제1항에 따라 타인의 수요에 맞추어 항공기를 사용하여 유상으로 여객이나 화물을 운송하는 사업을 말한다. 39. "외국인 국제항공운송사업자"란 제54조제1항에 따라 국토교통부장관으로부터 외국인 국제항공운송사업의 허가를 받은 자를 말한다.		
		제4조(항공기사용사업의 범위) 법 제2조제15호에서 "농약살포, 건설자재 등의 운반 또는 사진촬영 등 국토교통부령으로 정하는 업무"란 다음 각 호의 어느 하나에 해당하는 업무를 말한다. 1. 비료 또는 농약 살포, 씨앗 뿌리기 등 농업 지원 2. 해양오염 방지약제 살포 3. 광고용 현수막 견인 등 공중광고 4. 사진촬영, 육상 및 해상 측량 또는 탐사 5. 산불 등 화재 진압 6. 수색 및 구조(응급구호 및 환자 이송을 포함한다) 7. 헬리콥터를 이용한 건설자재 등의 운반(헬리콥터 외부에 건설자재 등을 매달고 운반하는 경우만 해당한다) 8. 산림, 관로(管路), 전선(電線) 등의 순찰 또는 관측 9. 항공기를 이용한 비행훈련(「고등교육법」 제2조에 따른 학교가 실시하는 비행훈련의 경우는 제외한다)

항공사업법 [법률 제18565호, 2021. 12. 7., 일부개정]	항공사업법 시행령 [대통령령 제32987호, 2022. 11. 8., 일부개정]	항공사업법 시행규칙 [국토교통부령 제1164호, 2022. 12. 8., 일부개정]
		10. 항공기를 이용한 고공낙하 11. 글라이더 견인 12. 그 밖에 특정 목적을 위하여 하는 것으로서 국토교통부장관 또는 지방항공청장이 인정하는 업무
		제6조(초경량비행장치사용사업의 사업 범위 등) ① 법 제2조제23호에서 "국토교통부령으로 정하는 초경량비행장치"란 「항공안전법 시행규칙」 제5조제5호에 따른 무인비행장치를 말한다. 〈개정 2022. 12. 8.〉 ② 법 제2조제23호에서 "농약살포, 사진촬영 등 국토교통부령으로 정하는 업무"란 다음 각 호의 어느 하나에 해당하는 업무를 말한다. 1. 비료 또는 농약 살포, 씨앗 뿌리기 등 농업 지원 2. 사진촬영, 육상·해상 측량 또는 탐사 3. 산림 또는 공원 등의 관측 또는 탐사 4. 조종교육 5. 그 밖의 업무로서 다음 각 목의 어느 하나에 해당하지 아니하는 업무 　가. 국민의 생명과 재산 등 공공의 안전에 위해를 일으킬 수 있는 업무 　나. 국방·보안 등에 관련된 업무로서 국가 안보를 위협할 수 있는 업무
		제7조(항공레저스포츠사업에 사용되는 항공기 등) ① 법 제2조제26호 가목에서 "국토교통부령으로 정하는 초경량비행장치"란 다음 각 호의 어느 하나에 해당하는 것을 말한다. 1. 인력활공기(人力滑空機) 2. 기구류 3. 동력패러글라이더(착륙장치가 없는 비행장치로 한정한다) 4. 낙하산류 ② 법 제2조제26호나목1)에서 "활공기 등 국토교통부령으로 정하는 항공기"란 활공기 또는 비행선을 말한다.

항공사업법 [법률 제18565호, 2021. 12. 7., 일부개정]	항공사업법 시행령 [대통령령 제32987호, 2022. 11. 8., 일부개정]	항공사업법 시행규칙 [국토교통부령 제1164호, 2022. 12. 8., 일부개정]
제12조(사업계획의 변경 등) ① 항공운송사업자는 사업면허, 등록 또는 노선허가를 신청할 때 제출하거나 변경인가 또는 변경신고한 사업계획에 따라 그 업무를 수행하여야 한다. 다만, 다음 각 호의 어느 하나에 해당하는 사유로 사업계획에 따라 업무를 수행하기 곤란한 경우는 그러하지 아니하다. 1. 기상악화 2. 안전운항을 위한 정비로서 예견하지 못한 정비 3. 천재지변 4. 항공기 접속(接續)관계(불가피한 경우로서 국토교통부령으로 정하는 경우에 한정한다) 5. 제1호부터 제4호까지에 준하는 부득이한 사유 ② 항공운송사업자는 제1항 단서에 해당하는 경우에는 국토교통부령으로 정하는 바에 따라 국토교통부장관에게 신고하여야 한다. ③ 항공운송사업자는 제1항에 따른 사업계획을 변경하려면 국토교통부령으로 정하는 바에 따라 국토교통부장관의 인가를 받아야 한다. 다만, 국토교통부령으로 정하는 경미한 사항을 변경하려는 경우에는 국토교통부장관에게 신고하여야 한다. ④ 제3항에도 불구하고 다음 각 호의 어느 하나에 해당하는 비(非)사업 목적으로 운항을 하려는 자가 국토교통부장관에게 「항공안전법」 제67조제2항제4호에 따른 비행계획을 제출하였을 때에는 사업계획 변경인가를 받은 것으로 본다. 1. 항공기 정비를 위한 공수(空手) 비행 2. 항공기 정비 후 항공기의 성능을 점검하기 위한 시험 비행 3. 교체공항으로 회항한 항공기의 목적공항으로의 비행 4. 구조대원 또는 긴급구호물자 등 무상으로 사람이나 화물을 수송하기 위한 비행 ⑤ 제3항에 따른 사업계획의 변경인가 기준에 관하여는 제8조제1항을 준용한다.		

항공사업법 [법률 제18565호, 2021. 12. 7., 일부개정]	항공사업법 시행령 [대통령령 제32987호, 2022. 11. 8., 일부개정]	항공사업법 시행규칙 [국토교통부령 제1164호, 2022. 12. 8., 일부개정]
제13조(사업계획의 준수 여부 조사) ① 국토교통부장관은 항공교통서비스에 관한 이용자 불편을 최소화하기 위하여 항공운송사업자에 대하여 제12조에 따른 사업계획 중 국토교통부령으로 정하는 운항계획의 준수 여부를 조사할 수 있다. ② 국토교통부장관은 제1항에 따른 조사 결과에 따라 사업개선 명령 또는 사업정지 등 필요한 조치를 할 수 있다. ③ 국토교통부장관은 제1항에 따른 조사 업무를 효율적으로 추진하기 위하여 국토교통부령으로 정하는 바에 따라 전담조사반을 둘 수 있다. ④ 제1항에 따라 조사를 실시하는 경우에는 제73조를 준용한다.		
제23조(상속) ① 항공운송사업자가 사망한 경우 그 상속인(상속인이 2명 이상인 경우 협의에 의한 1명의 상속인을 말한다)은 피상속인인 항공운송사업자의 이 법에 따른 지위를 승계한다. ② 제1항에 따른 상속인은 피상속인의 항공운송사업을 계속하려면 피상속인이 사망한 날부터 30일 이내에 국토교통부장관에게 신고하여야 한다. ③ 제1항에 따라 항공운송사업자의 지위를 승계한 상속인이 제9조 각 호의 어느 하나에 해당하는 경우에는 3개월 이내에 그 항공운송사업을 타인에게 양도할 수 있다.		
		제25조(항공운송사업의 양도·양수의 인가 신청) ① 법 제21조제1항에 따라 항공운송사업을 양도·양수하려는 양도인과 양수인은 별지 제21호서식의 인가 신청서(소형항공운송사업을 양도·양수하는 경우에는 신고서를 말한다)에 다음 각 호의 서류를 첨부하여 계약일부터 30일 이내에 연명(連名)으로 국토교통부장관 또는 지방항공청장에게 제출하여야 한다. 이 경우 담당 공무원은 「전자정부법」 제36조제1항에 따른 행정정보의 공동이용을 통하여 양수인의 법인 등기사항증명서(양수인이 법인인 경우만 해당한다)를 확인하여야 한다.

항공사업법 [법률 제18565호, 2021. 12. 7., 일부개정]	항공사업법 시행령 [대통령령 제32987호, 2022. 11. 8., 일부개정]	항공사업법 시행규칙 [국토교통부령 제1164호, 2022. 12. 8., 일부개정]
		1. 양도·양수 후 해당 노선에 대한 사업계획서 2. 양수인이 법 제8조제1항제3호 및 제4호의 기준을 충족함을 증명하거나 설명하는 서류와 법 제9조의 결격사유에 해당하지 아니함을 증명하는 서류 3. 양도·양수 계약서의 사본 4. 양도 또는 양수에 관한 의사결정을 증명하는 서류(양도인 또는 양수인이 법인인 경우만 해당한다) ② 국토교통부장관 또는 지방항공청장은 제1항에 따른 신청을 받으면 법 제21조제3항에 따라 다음 각 호의 사항을 공고하여야 한다. 1. 양도·양수인의 성명(법인의 경우에는 법인의 명칭 및 대표자의 성명) 및 주소 2. 양도·양수의 대상이 되는 노선 및 사업범위 3. 양도·양수의 사유 4. 양도·양수 인가 신청일 및 양도·양수 예정일
		제26조(법인 합병의 인가 신청) 법 제22조제1항에 따라 법인의 합병을 하려는 자는 별지 제22호서식의 합병인가 신청서(소형항공운송사업자가 법인 합병을 하려는 경우에는 합병 신고서를 말한다)에 다음 각 호의 서류를 첨부하여 계약일부터 30일 이내에 연명으로 국토교통부장관 또는 지방항공청장에게 제출하여야 한다. 이 경우 담당 공무원은 「전자정부법」 제36조제1항에 따른 행정정보의 공동이용을 통하여 합병당사자의 법인 등기사항증명서를 확인하여야 한다. 1. 합병의 방법과 조건에 관한 서류 2. 당사자가 신청 당시 경영하고 있는 사업의 개요를 적은 서류 3. 합병 후 존속하는 법인 또는 합병으로 설립되는 법인이 법 제8조제1항제3호 및 제4호의 기준을 충족함을 증명하거나 설명하는 서류와 법 제9조의 결격사유에 해당하지 아니함을 증명하는 서류 4. 합병계약서 5. 합병에 관한 의사결정을 증명하는 서류

항공사업법 [법률 제18565호, 2021. 12. 7., 일부개정]	항공사업법 시행령 [대통령령 제32987호, 2022. 11. 8., 일부개정]	항공사업법 시행규칙 [국토교통부령 제1164호, 2022. 12. 8., 일부개정]
		제27조(상속인의 지위승계 신고) 법 제23조제2항에 따라 항공운송사업자의 지위를 승계한 상속인은 별지 제23호서식의 지위승계 신고서(전자문서로 된 신고서를 포함한다)에 다음 각 호의 서류(전자문서를 포함한다)를 첨부하여 국토교통부장관 또는 지방항공청장에게 제출하여야 한다. 1. 가족관계등록부 2. 신고인이 법 제8조제1항제3호 및 제4호의 기준을 충족함을 증명하거나 설명하는 서류와 법 제9조의 결격사유에 해당하지 아니함을 증명하는 서류 3. 신고인의 항공운송사업 승계에 대한 다른 상속인의 동의서(2명 이상의 상속인이 있는 경우만 해당한다)
제24조(항공운송사업의 휴업과 노선의 휴지) ① 항공운송사업자는 다음 각 호의 어느 하나에 해당하는 경우에는 국토교통부장관의 허가를 받아야 한다. 다만, 국제항공운송사업자가 국내항공운송사업을 휴업[국내노선의 휴지(休止)를 포함한다]하려는 경우에는 국토교통부장관에게 신고하여야 한다. 1. 국제항공운송사업자가 휴업(국제노선의 휴지를 포함한다)하려는 경우 2. 소형항공운송사업자가 국제노선을 휴지하려는 경우 ② 제1항 본문에 따른 휴업 또는 휴지의 허가기준은 다음 각 호와 같다. 1. 휴업 또는 휴지 예정기간에 항공편 예약 사항이 없거나, 예약 사항이 있는 경우 대체 항공편 제공 등의 조치가 끝났을 것 2. 휴업 또는 휴지로 이용자 등에게 심한 불편을 주거나 공익을 해칠 우려가 없을 것 ③ 국내항공운송사업자 또는 소형항공운송사업자가 휴업(노선의 휴지를 포함하되, 국제노선의 휴지는 제외한다)하려는 경우에는 국토교통부장관에게 신고하여야 한다. ④ 제1항 및 제3항에 따른 휴업 또는 휴지 기간은 6개월을 초과할 수 없다. 다만, 외국과의 항공협정으로 운항지점 및 수송력 등에 제한 없이 운항이 가능한 노선의 휴지기간은 12개월을 초과할 수 없다.		**제28조(항공운송사업의 휴업허가 또는 노선의 휴지)** ① 법 제24조제1항 본문에 따라 휴업 또는 국제노선 휴지(休止) 허가를 신청하려는 국제항공운송사업자 또는 소형항공운송사업자는 별지 제24호서식의 허가 신청서를 사업휴업·노선휴지 예정일 15일 전까지 국토교통부장관 또는 지방항공청장에게 제출하여야 한다. ② 법 제24조제1항 단서 및 같은 조 제3항에 따라 휴업 또는 국내노선 휴지를 신고하려는 국제항공운송사업자, 국내항공운송사업자 또는 소형항공운송사업자는 별지 제24호서식의 신고서를 휴업(휴지) 예정일 5일 전까지 국토교통부장관 또는 지방항공청장에게 제출하여야 한다.

항공사업법 [법률 제18565호, 2021. 12. 7., 일부개정]	항공사업법 시행령 [대통령령 제32987호, 2022. 11. 8., 일부개정]	항공사업법 시행규칙 [국토교통부령 제1164호, 2022. 12. 8., 일부개정]
⑤ 국토교통부장관은 제4항에도 불구하고 천재지변·감염병·전쟁 등 부득이한 사유로 운항 재개가 불가하다고 인정하는 경우에는 해당 휴지 기간을 연장할 수 있다.〈신설 2021. 12. 7.〉		
제27조(사업개선 명령) 국토교통부장관은 항공교통서비스의 개선을 위하여 필요하다고 인정되는 경우에는 항공교통사업자에게 다음 각 호의 사항을 명할 수 있다. 1. 사업계획의 변경 2. 운임 및 요금의 변경 3. 항공기 및 그 밖의 시설의 개선 4. 「항공안전법」 제2조제6호에 따른 항공기사고로 인하여 지급할 손해배상을 위한 보험계약의 체결 5. 항공에 관한 국제조약을 이행하기 위하여 필요한 사항 6. 항공교통이용자를 보호하기 위하여 필요한 사항 7. 제63조의 항공교통서비스 평가 결과에 따른 서비스 개선계획 제출 및 이행 8. 국토교통부령으로 정하는 바에 따른 재무구조 개선 9. 그 밖에 항공기의 안전운항에 대한 방해요소를 제거하기 위하여 필요한 사항		
제28조(항공운송사업 면허의 취소 등) ① 국토교통부장관은 항공운송사업자가 다음 각 호의 어느 하나에 해당하면 그 면허 또는 등록을 취소하거나 6개월 이내의 기간을 정하여 그 사업의 전부 또는 일부의 정지를 명할 수 있다. 다만, 제1호·제2호·제4호 또는 제21호에 해당하면 그 면허 또는 등록을 취소하여야 한다.〈개정 2017. 8. 9., 2019. 8. 27., 2019. 11. 26.〉 1. 거짓이나 그 밖의 부정한 방법으로 면허를 받거나 등록한 경우 2. 제7조에 따라 면허받은 사항 또는 제10조에 따라 등록한 사항을 이행하지 아니한 경우 3. 제8조제1항에 따른 면허기준 또는 제10조제2항에 따른 등록기준에 미달한 경우. 다만, 다음 각 목의 어느 하나에 해당하는 경우는 제외한다.	**제14조(면허취소 등의 사유)** ① 법 제28조제1항제16호에서 "대통령령으로 정하는 안전 또는 소비자 피해가 우려되는 경우"란 다음 각 호의 어느 하나에 해당하는 경우를 말한다.〈개정 2020. 2. 25.〉 1. 「항공안전법」 제2조제14호에 따른 항공종사자에 대한 교육훈련 또는 항공기 정비 등에 대한 투자 부족으로 인하여 같은 조 제6호 또는 제9호에 따른 항공기사고 또는 항공기준사고(航空機準事故)가 예상되는 경우 2. 운송 불이행 또는 취소된 항공권의 대금환급 지연이 예상되는 경우 3. 그 밖에 제1호 또는 제2호와 유사한 경우로서 안전 또는 소비자 피해가 우려되는 경우	**제9조(면허 관련 의견수렴)** ① 국토교통부장관은 법 제7조제1항에 따라 면허 신청을 받거나 법 제28조에 따라 면허를 취소하려는 경우에는 법 제7조제5항에 따라 관계기관과 이해관계자의 의견을 청취하여야 한다. ② 국토교통부장관은 제1항에 따른 의견청취가 완료된 후 변호사와 공인회계사를 포함한 민간 전문가가 과반수 이상 포함된 자문회의를 구성하여 자문회의의 의견을 들어야 한다. ③ 국토교통부장관은 제2항에 따른 자문회의에 면허의 발급 또는 취소 여부를 판단하기 위하여 필요한 자료와 제1항에 따른 의견청취 결과를 제공하여야 한다. ④ 제1항부터 제3항까지의 규정에 따른 의견청취, 자문회의의 구성 및 운영, 그 밖에 면허의 발급 또는 취소와 관련된 의견수렴에 필요한 세부사항은 국토교통부장관이 정한다.

항공사업법 [법률 제18565호, 2021. 12. 7., 일부개정]	항공사업법 시행령 [대통령령 제32987호, 2022. 11. 8., 일부개정]	항공사업법 시행규칙 [국토교통부령 제1164호, 2022. 12. 8., 일부개정]
가. 면허 또는 등록 기준에 일시적으로 미달한 후 3개월 이내에 그 기준을 충족하는 경우 나. 「채무자 회생 및 파산에 관한 법률」에 따라 법원이 회생절차개시의 결정을 하고 그 절차가 진행 중인 경우 다. 「기업구조조정 촉진법」에 따라 금융채권자협의회가 채권금융기관 공동관리절차 개시의 의결을 하고 그 절차가 진행 중인 경우 4. 항공운송사업자가 제9조 각 호의 어느 하나에 해당하게 된 경우. 다만, 다음 각 목의 어느 하나에 해당하는 경우는 제외한다. 　가. 제9조제6호에 해당하는 법인이 3개월 이내에 해당 임원을 결격사유가 없는 임원으로 바꾸어 임명한 경우 　나. 피상속인이 사망한 날부터 3개월 이내에 상속인이 항공운송사업을 타인에게 양도한 경우 5. 제12조제1항 본문에 따른 사업계획에 따라 사업을 하지 아니한 경우 또는 같은 조 제2항에 따른 신고를 하지 아니하거나 거짓으로 신고한 경우 6. 제12조제3항에 따른 인가를 받지 아니하거나 신고를 하지 아니하고 사업계획을 변경한 경우 7. 제14조제1항을 위반하여 운임 및 요금에 대하여 인가 또는 변경인가를 받지 아니하거나 신고 또는 변경신고를 하지 아니한 경우 및 인가받거나 신고한 사항을 이행하지 아니한 경우 8. 제15조를 위반하여 운수협정 또는 제휴협정에 대하여 인가 또는 변경인가를 받지 아니하거나 신고를 하지 아니한 경우 및 인가받거나 신고한 사항을 이행하지 아니한 경우 9. 제20조를 위반하여 타인에게 자기의 성명 또는 상호를 사용하여 사업을 경영하게 하거나 면허증 또는 등록증을 빌려준 경우 10. 제21조제1항을 위반하여 인가나 신고 없이 사업을 양도·양수한 경우 11. 제22조제1항을 위반하여 인가나 신고 없이 사업을 합병한 경우 12. 제23조제2항을 위반하여 상속에 관한 신고를 하지 아니한 경우	② 법 제28조제1항제22호에서 "대통령령으로 정하는 중대한 결함"이란 다음 각 호의 어느 하나에 해당하는 결함 중 항공운항에 중대한 영향을 미치는 결함을 말한다.〈신설 2020. 2. 25., 2020. 5. 26.〉 1. 「항공안전법」제2조제17호에 따른 객실승무원 및 같은 법 제34조제1항에 따른 항공종사자 자격증명을 받은 조종사, 항공정비사, 운항관리사 등의 자격·인원 및 교육훈련의 결함 2. 운항통제시설, 정비작업장, 훈련시설, 예비엔진 및 예비부품 등 인가받으려는 항공운항에 필요한 시설 및 장비의 결함	**제31조(항공운송사업자에 대한 행정처분기준)** 법 제28조제1항에 따른 행정처분의 기준은 별표 1과 같다.

항공사업법 [법률 제18565호, 2021. 12. 7., 일부개정]	항공사업법 시행령 [대통령령 제32987호, 2022. 11. 8., 일부개정]	항공사업법 시행규칙 [국토교통부령 제1164호, 2022. 12. 8., 일부개정]
13. 제24조제1항 또는 제3항을 위반하여 허가나 신고 없이 휴업한 경우 및 휴업기간이 지난 후에도 사업을 시작하지 아니한 경우 14. 제26조제1항에 따라 부과된 면허 등의 조건 등을 이행하지 아니한 경우 15. 제27조제1호·제2호·제4호 또는 제6호에 따른 사업개선 명령을 이행하지 아니한 경우 16. 제27조제8호에 따른 사업개선 명령 후 2분의 1 이상 자본잠식이 2년 이상 지속되어 대통령령으로 정하는 안전 또는 소비자 피해가 우려되는 경우 17. 제61조의2제1항을 위반하여 같은 항 각 호의 시간을 초과하여 항공기를 머무르게 한 경우 18. 제62조제4항을 위반하여 운송약관 등을 갖추어 두지 아니하거나 항공교통이용자가 열람할 수 있게 하지 아니한 경우 19. 제62조제5항을 위반하여 항공운임 등 총액을 쉽게 알 수 있도록 제공하지 아니한 경우 20. 국가의 안전이나 사회의 안녕질서에 위해를 끼칠 현저한 사유가 있는 경우 21. 이 조에 따른 사업정지명령을 위반하여 사업정지기간에 사업을 경영한 경우 22. 「항공안전법」 제90조제1항에 따른 검사에서 대통령령으로 정하는 중대한 결함이 발견된 경우 ② 제1항에 따른 처분의 기준 및 절차와 그 밖에 필요한 사항은 국토교통부령으로 정한다.		
제29조(과징금 부과) ① 국토교통부장관은 항공운송사업자가 제28조제1항제3호 또는 제5호부터 제20호까지의 어느 하나에 해당하여 사업의 정지를 명하여야 하는 경우로서 그 사업을 정지하면 그 사업의 이용자 등에게 심한 불편을 주거나 공익을 해칠 우려가 있는 경우에는 사업정지처분을 갈음하여 50억원 이하의 과징금을 부과할 수 있다. 다만, 소형항공운송사업자의 경우에는 20억원 이하의 과징금을 부과할 수 있다.〈개정 2019. 11. 26.〉	제29조(과징금 부과) ① 국토교통부장관은 항공운송사업자가 제28조제1항제3호 또는 제5호부터 제20호까지의 어느 하나에 해당하여 사업의 정지를 명하여야 하는 경우로서 그 사업을 정지하면 그 사업의 이용자 등에게 심한 불편을 주거나 공익을 해칠 우려가 있는 경우에는 사업정지처분을 갈음하여 50억원 이하의 과징금을 부과할 수 있다. 다만, 소형항공운송사업자의 경우에는 20억원 이하의 과징금을 부과할 수 있다.〈개정 2019. 11. 26.〉	

항공사업법 [법률 제18565호, 2021. 12. 7., 일부개정]	항공사업법 시행령 [대통령령 제32987호, 2022. 11. 8., 일부개정]	항공사업법 시행규칙 [국토교통부령 제1164호, 2022. 12. 8., 일부개정]
② 제1항에 따라 과징금을 부과하는 위반행위의 종류와 위반 정도에 따른 과징금의 금액과 그 밖에 필요한 사항은 대통령령으로 정한다. ③ 국토교통부장관은 제1항에 따른 과징금을 내야 할 자가 납부기한까지 과징금을 내지 아니하면 국세 체납처분의 예에 따라 징수한다.	② 제1항에 따라 통지를 받은 자는 통지를 받은 날부터 20일 이내에 국토교통부장관이 정하는 수납기관에 과징금을 내야 한다. 다만, 천재지변이나 그 밖의 부득이한 사유로 그 기간에 과징금을 낼 수 없는 경우에는 그 사유가 없어진 날부터 7일 이내에 내야 한다. ③ 제2항에 따라 과징금을 받은 수납기관은 그 납부자에게 영수증을 발급하여야 한다. ④ 과징금의 수납기관은 제2항에 따른 과징금을 받으면 지체 없이 그 사실을 국토교통부장관에게 통보하여야 한다. ⑤ 삭제〈2021. 9. 24.〉	
제3장 항공기사용사업 등		
제1절 항공기사용사업		
제30조(항공기사용사업의 등록) ① 항공기사용사업을 경영하려는 자는 국토교통부령으로 정하는 바에 따라 운항개시예정일 등을 적은 신청서에 사업계획서와 그 밖에 국토교통부령으로 정하는 서류를 첨부하여 국토교통부장관에게 등록하여야 한다. ② 제1항에 따른 항공기사용사업을 등록하려는 자는 다음 각 호의 요건을 갖추어야 한다. 1. 자본금 또는 자산평가액이 7억원 이상으로서 대통령령으로 정하는 금액 이상일 것 2. 항공기 1대 이상 등 대통령령으로 정하는 기준에 적합할 것 3. 그 밖에 사업 수행에 필요한 요건으로서 국토교통부령으로 정하는 요건을 갖출 것 ③ 제9조 각 호의 어느 하나에 해당하는 자는 항공기사용사업의 등록을 할 수 없다.	제18조(항공기사용사업의 등록요건) 법 제30조제2항제1호 및 제2호에 따른 항공기사용사업의 등록요건은 별표 4와 같다.	

항공사업법 [법률 제18565호, 2021. 12. 7., 일부개정]	항공사업법 시행령 [대통령령 제32987호, 2022. 11. 8., 일부개정]	항공사업법 시행규칙 [국토교통부령 제1164호, 2022. 12. 8., 일부개정]
제30조의2(보증보험 등의 가입 등) ① 항공기사용사업자 중 항공기를 이용한 비행훈련 업무를 하는 사업을 경영하는 자(이하 "비행훈련업자"라 한다)는 국토교통부령으로 정하는 바에 따라 교육비 반환 불이행 등에 따른 교육생의 손해를 배상할 것을 내용으로 하는 보증보험, 공제(共濟) 또는 영업보증금(이하 "보증보험등"이라 한다)에 가입하거나 예치하여야 한다. 다만, 해당 비행훈련업자의 재정적 능력 등을 고려하여 대통령령으로 정하는 경우에는 보증보험등에 가입 또는 예치하지 아니할 수 있다. ② 비행훈련업자는 교육생(제1항의 보증보험등에 따라 손해배상을 받을 수 있는 교육생으로 한정한다)이 계약의 해지 및 해제를 원하거나 사업 등록의 취소·정지 등으로 영업을 계속할 수 없는 경우에는 교육생으로부터 받은 교육비를 반환하는 등 교육생을 보호하기 위하여 필요한 조치를 하여야 한다. ③ 제2항에 따른 교육비의 구체적인 반환사유, 반환금액, 그 밖에 필요한 사항은 국토교통부령으로 정한다. [본조신설 2017. 1. 17.]	제18조의2(보증보험 등의 가입 또는 예치의 예외) ① 법 제30조의2제1항 단서에서 "대통령령으로 정하는 경우"란 다음 각 호의 어느 하나에 해당하는 경우를 말한다.〈개정 2021. 1. 5.〉 1. 다음 각 목의 요건을 모두 충족하는 경우 가. 항공기사용사업자 중 항공기를 이용한 비행훈련 업무를 하는 사업을 경영하는 자(이하 "비행훈련업자"라 한다)의 직전 3개 사업연도의 평균 매출액이 300억원 이상이고, 직전 3개 사업연도의 평균 당기순이익이 30억원 이상일 것(매출액 및 당기순이익은 손익계산서에 표시된 매출액 및 당기순이익을 말하며, 비행훈련업자가 다른 사업을 겸업하는 경우에는 항공기를 이용한 비행훈련 업무를 하는 사업에서 발생한 매출액 및 당기순이익을 말한다) 나. 비행훈련업자가 최근 3년 이내에 해당 사업을 휴업하거나 폐업한 사실이 없을 것 2. 비행훈련업자가 교육비를 후지급으로 받는 등 교육비 반환 불이행 등에 따른 교육생의 손해가 발생할 우려가 없음을 지방항공청장이 인정하는 경우 [본조신설 2017. 7. 17.]	제32조의2(보증보험등의 가입 등) ① 법 제30조의2제1항에 따라 비행훈련업자가 가입하거나 예치하여야 하는 보증보험등의 가입 또는 예치 금액은 별표 1의2와 같다. ② 제1항에 따라 보증보험등에 가입 또는 예치한 비행훈련업자는 보험증서, 공제증서 또는 예치증서의 사본을 지체 없이 지방항공청장에게 제출하여야 한다. 이를 변경 또는 갱신한 때에도 또한 같다. ③ 제1항 및 제2항에서 규정한 사항 외에 보증보험등의 가입 또는 예치 절차 및 보증보험금, 공제금 또는 영업보증금의 지급절차 등에 관하여 필요한 사항은 국토교통부장관이 정하여 고시한다. [본조신설 2017. 7. 18.] 제32조의3(교육비의 반환) ① 법 제30조의2제2항에 따라 비행훈련업자는 다음 각 호의 어느 하나에 해당하는 경우에 교육생으로부터 받은 교육비를 반환하여야 한다. 1. 교육생이 계약의 해지 또는 해제를 원하는 경우 2. 비행훈련업자가 법 제37조 또는 제38조에 따라 항공기사용사업을 휴업 또는 폐업한 경우 3. 비행훈련업자가 법 제40조에 따라 등록취소 또는 사업정지명령을 받아 영업을 계속할 수 없는 경우 4. 그 밖에 비행훈련업자가 교육장비 또는 교육장소를 제공하지 못하는 등 영업을 계속할 수 없는 경우 ② 비행훈련업자는 제1항 각 호의 사유가 발생한 날부터 30일 이내(반환금액이 5천만원을 초과하는 경우에는 60일 이내)에 별표 1의3의 기준에 따라 산정한 반환금액을 반환하여야 한다. 이 경우 비행훈련업자가 제1항 각 호의 사유가 발생한 날부터 10일 이내에 반환하지 아니한 경우에는 별표 1의3의 기준에 따라 산정한 반환금액에 「민법」 제379조의 법정이율에 따른 이자를 가산한 금액을 반환하여야 한다. [본조신설 2017. 7. 18.]

항공사업법 [법률 제18565호, 2021. 12. 7., 일부개정]	항공사업법 시행령 [대통령령 제32987호, 2022. 11. 8., 일부개정]	항공사업법 시행규칙 [국토교통부령 제1164호, 2022. 12. 8., 일부개정]
제31조(항공기사용사업자의 운항개시 의무) 항공기사용사업자는 등록신청서에 적은 운항개시예정일에 운항을 시작하여야 한다. 다만, 천재지변이나 그 밖의 불가피한 사유로 국토교통부장관의 승인을 받아 운항 개시 날짜를 연기하는 경우와 운항개시예정일 전에 운항을 개시하기 위하여 국토교통부장관에게 신고하는 경우에는 그러하지 아니하다.		제33조(운항개시의 연기 신청 등) ① 항공기사용사업자가 법 제31조 단서에 따라 운항개시예정일을 연기하려는 경우에는 변경된 운항개시예정일과 그 사유를 적은 별지 제11호서식의 신청서를 지방항공청장에게 제출하여야 한다. ② 항공기사용사업자가 법 제31조 단서에 따라 항공기사용사업 등록신청서에 적힌 운항개시예정일 전에 운항을 개시하려는 경우에는 변경된 운항개시예정일과 그 사유를 적은 별지 제12호서식의 신고서를 지방항공청장에게 제출하여야 한다.
제32조(사업계획의 변경 등) ① 항공기사용사업자는 등록할 때 제출한 사업계획에 따라 그 업무를 수행하여야 한다. 다만, 기상악화 등 국토교통부령으로 정하는 부득이한 사유가 있는 경우는 그러하지 아니하다. ② 항공기사용사업자는 제1항에 따른 사업계획을 변경하려는 경우에는 국토교통부장관의 인가를 받아야 한다. 다만, 국토교통부령으로 정하는 경미한 사항을 변경하려는 경우에는 국토교통부장관에게 신고하여야 한다. ③ 제2항에 따른 사업계획의 변경인가 기준은 다음 각 호와 같다. 1. 해당 사업의 시작으로 항공교통의 안전에 지장을 줄 염려가 없을 것 2. 해당 사업의 시작으로 사업자 간 과당경쟁의 우려가 없고 이용자의 편의에 적합할 것		제34조(사업계획의 변경 등) ① 법 제32조제1항 단서에서 "기상악화 등 국토교통부령으로 정하는 부득이한 사유"란 다음 각 호의 어느 하나에 해당하는 사유를 말한다. 1. 기상악화 2. 안전운항을 위한 정비로서 예견하지 못한 정비 3. 천재지변 4. 제1호부터 제3호까지의 사유에 준하는 부득이한 사유 ② 법 제32조제2항 본문에 따라 사업계획을 변경하려는 자는 별지 제14호서식의 변경인가 신청서에 변경하려는 사항에 관한 명세서를 첨부하여 지방항공청장[초경량비행장치사용사업의 경우에는 「한국교통안전공단법」에 따라 설립된 한국교통안전공단(이하 "한국교통안전공단"이라 한다) 이사장을 말하며, 이하 이 조와 제35조부터 제39조까지에서 같다]에게 제출해야 한다.〈개정 2022. 12. 8.〉 ③ 법 제32조제2항 단서에서 "국토교통부령으로 정하는 경미한 사항"이란 다음 각 호의 사항을 말한다. 1. 자본금의 변경 2. 사업소의 신설 또는 변경 3. 대표자 변경 4. 대표자의 대표권 제한 및 그 제한의 변경 5. 상호 변경 6. 사업범위의 변경 7. 항공기 등록 대수의 변경

항공사업법 [법률 제18565호, 2021. 12. 7., 일부개정]	항공사업법 시행령 [대통령령 제32987호, 2022. 11. 8., 일부개정]	항공사업법 시행규칙 [국토교통부령 제1164호, 2022. 12. 8., 일부개정]
		④ 법 제32조제2항 단서에 따라 제3항 각 호의 어느 하나에 해당하는 사항을 변경하려는 자는 변경 사유가 발생한 날부터 30일 이내에 별지 제16호 서식의 변경신고서에 변경 사실을 증명할 수 있는 서류를 첨부하여 지방항공청장에게 제출하여야 한다. 이 경우 변경 사항이 제3항제1호 · 제3호 또는 제5호에 해당하면 지방항공청장은 「전자정부법」 제36조제1항에 따라 행정정보의 공동이용을 통하여 법인 등기사항증명서를 확인함으로써 증명서류를 갈음할 수 있다.
제33조(명의대여 등의 금지) 항공기사용사업자는 타인에게 자기의 성명 또는 상호를 사용하여 항공기사용사업을 경영하게 하거나 그 등록증을 빌려주어서는 아니 된다.		
제34조(항공기사용사업의 양도 · 양수) ① 항공기사용사업자가 항공기사용사업을 양도 · 양수하려는 경우에는 국토교통부령으로 정하는 바에 따라 국토교통부장관에게 신고하여야 한다. ② 국토교통부장관은 제1항에 따라 양도 · 양수의 신고를 받은 경우 양도인 또는 양수인이 다음 각 호의 어느 하나에 해당하면 양도 · 양수 신고를 수리해서는 아니 된다. 1. 양수인이 제9조 각 호의 어느 하나에 해당하는 경우 2. 양도인이 제40조에 따라 사업정지처분을 받고 그 처분기간 중에 있는 경우 3. 양도인이 제40조에 따라 등록취소처분을 받았으나 「행정심판법」 또는 「행정소송법」에 따라 그 취소처분이 집행정지 중에 있는 경우 ③ 국토교통부장관은 제1항에 따른 신고를 받으면 국토교통부령으로 정하는 바에 따라 이를 공고하여야 한다. 이 경우 공고의 비용은 양도인이 부담한다. ④ 제1항에 따라 신고가 수리된 경우에 양수인은 양도인인 항공기사용사업자의 이 법에 따른 지위를 승계한다.		제35조(항공기사용사업의 양도 · 양수의 인가 신청) ① 법 제34조제1항에 따라 항공기사용사업을 양도 · 양수하려는 양도인과 양수인은 별지 제21호서식의 인가 신청서에 다음 각 호의 서류를 첨부하여 계약일부터 30일 이내에 연명으로 지방항공청장에게 제출해야 한다. 이 경우 지방항공청장은 「전자정부법」 제36조제1항에 따른 행정정보의 공동이용을 통하여 양수인의 법인 등기사항증명서(양수인이 법인인 경우만 해당한다)를 확인해야 한다.〈개정 2022. 12. 8.〉 1. 양도 · 양수 후 사업계획서 2. 양수인이 법 제9조의 결격사유에 해당하지 아니함을 증명하는 서류와 법 제30조제2항의 기준을 충족함을 증명하거나 설명하는 서류 3. 양도 · 양수 계약서의 사본 4. 양도 또는 양수에 관한 의사결정을 증명하는 서류(양도인 또는 양수인이 법인인 경우만 해당한다) ② 지방항공청장은 제1항에 따른 신청을 받으면 법 제34조제3항에 따라 다음 각 호의 사항을 공고하여야 한다. 1. 양도 · 양수인의 성명(법인의 경우에는 법인의 명칭 및 대표자의 성명) 및 주소 2. 양도 · 양수의 대상이 되는 사업범위 3. 양도 · 양수의 사유 4. 양도 · 양수 인가 신청일 및 양도 · 양수 예정일

항공사업법 [법률 제18565호, 2021. 12. 7., 일부개정]	항공사업법 시행령 [대통령령 제32987호, 2022. 11. 8., 일부개정]	항공사업법 시행규칙 [국토교통부령 제1164호, 2022. 12. 8., 일부개정]
제35조(법인의 합병) ① 법인인 항공기사용사업자가 다른 항공기사용사업자 또는 항공기사용사업 외의 사업을 경영하는 자와 합병하려는 경우에는 국토교통부령으로 정하는 바에 따라 국토교통부장관에게 신고하여야 한다. ② 제1항에 따라 신고가 수리된 경우에 합병으로 존속하거나 신설되는 법인은 합병으로 소멸되는 법인인 항공기사용사업자의 이 법에 따른 지위를 승계한다.		제36조(법인의 합병 신고) 법 제35조제1항에 따라 법인의 합병을 하려는 항공기사용사업자는 별지 제22호서식의 합병 신고서에 다음 각 호의 서류를 첨부하여 계약일부터 30일 이내에 연명으로 지방항공청장에게 제출해야 한다. 이 경우 지방항공청장은 「전자정부법」 제36조제1항에 따른 행정정보의 공동이용을 통하여 합병당사자의 법인 등기사항증명서를 확인해야 한다. 1. 합병의 방법과 조건에 관한 서류 2. 당사자가 신청 당시 경영하고 있는 사업의 개요를 적은 서류 3. 합병 후 존속하는 법인 또는 합병으로 설립되는 법인이 법 제9조의 결격사유에 해당하지 아니함을 증명하는 서류와 법 제30조제2항의 기준을 충족을 증명하거나 설명하는 서류 4. 합병계약서 5. 합병에 관한 의사결정을 증명하는 서류
제36조(상속) ① 항공기사용사업자가 사망한 경우 그 상속인(상속인이 2명 이상인 경우 협의에 의한 1명의 상속인을 말한다)은 피상속인인 항공기사용사업자의 이 법에 따른 지위를 승계한다. ② 제1항에 따른 상속인은 피상속인의 항공기사용사업을 계속하려면 피상속인이 사망한 날부터 30일 이내에 국토교통부장관에게 신고하여야 한다. ③ 제1항에 따라 항공기사용사업자의 지위를 승계한 상속인이 제9조 각 호의 어느 하나에 해당하는 경우에는 3개월 이내에 그 항공기사용사업을 타인에게 양도할 수 있다.		제37조(상속인의 지위승계 신고) 법 제36조제2항에 따라 항공기사용사업자의 지위를 승계한 상속인은 별지 제23호서식의 지위승계 신고서(전자문서로 된 신고서를 포함한다)에 다음 각 호의 서류(전자문서를 포함한다)를 첨부하여 지방항공청장에게 제출해야 한다. 1. 가족관계등록부 2. 신고인이 법 제9조의 결격사유에 해당하지 아니함을 증명하는 서류와 법 제30조제2항에 따른 등록요건을 충족함을 증명하거나 설명하는 서류 3. 신고인의 항공기사용사업 승계에 대한 다른 상속인의 동의서(2명 이상의 상속인이 있는 경우만 해당한다)
제37조(항공기사용사업의 휴업) ① 항공기사용사업자가 휴업하려는 경우에는 국토교통부령으로 정하는 바에 따라 국토교통부장관에게 신고하여야 한다. ② 제1항에 따른 휴업기간은 6개월을 초과할 수 없다.		제38조(항공기사용사업 휴업 신고) 법 제37조제1항에 따라 휴업 신고를 하려는 항공기사용사업자는 별지 제24호서식의 휴업 신고서를 휴업 예정일 5일 전까지 지방항공청장에게 제출하여야 한다.

항공사업법 [법률 제18565호, 2021. 12. 7., 일부개정]	항공사업법 시행령 [대통령령 제32987호, 2022. 11. 8., 일부개정]	항공사업법 시행규칙 [국토교통부령 제1164호, 2022. 12. 8., 일부개정]
제38조(항공기사용사업의 폐업) ① 항공기사용사업자가 폐업하려는 경우에는 국토교통부령으로 정하는 바에 따라 국토교통부장관에게 신고하여야 한다. ② 제1항에 따른 폐업을 할 수 있는 경우는 다음 각 호와 같다. 1. 폐업일 이후 예약 사항이 없거나, 예약 사항이 있는 경우 대체 서비스 제공 등의 조치가 끝났을 것 2. 폐업으로 항공시장의 건전한 질서를 침해하지 아니할 것		제39조(항공기사용사업의 폐업 또는 노선의 폐지) 법 제38조제1항에 따라 폐업 신고를 하려는 항공기사용사업자는 별지 제25호서식의 폐업 신고서를 폐업 예정일 15일 전까지 지방항공청장에게 제출하여야 한다.
제39조(사업개선 명령) 국토교통부장관은 항공기사용사업의 서비스 개선을 위하여 필요하다고 인정되는 경우에는 항공기사용사업자에게 다음 각 호의 사항을 명할 수 있다. 1. 사업계획의 변경 2. 항공기 및 그 밖의 시설의 개선 3. 「항공안전법」 제2조제6호에 따른 항공기사고로 인하여 지급할 손해배상을 위한 보험계약의 체결 4. 항공에 관한 국제조약을 이행하기 위하여 필요한 사항 5. 그 밖에 항공기사용사업 서비스의 개선을 위하여 필요한 사항		
제40조(항공기사용사업의 등록취소 등) ① 국토교통부장관은 항공기사용사업자가 다음 각 호의 어느 하나에 해당하면 그 등록을 취소하거나 6개월 이내의 기간을 정하여 그 사업의 전부 또는 일부의 정지를 명할 수 있다. 다만, 제1호ㆍ제2호ㆍ제4호ㆍ제13호 또는 제15호에 해당하면 그 등록을 취소하여야 한다.〈개정 2017. 1. 17., 2017. 8. 9.〉 1. 거짓이나 그 밖의 부정한 방법으로 등록한 경우 2. 제30조제1항에 따라 등록한 사항을 이행하지 아니한 경우 3. 제30조제2항에 따른 등록기준에 미달한 경우. 다만, 다음 각 목의 어느 하나에 해당하는 경우는 제외한다. 가. 등록기준에 일시적으로 미달한 후 3개월 이내에 그 기준을 충족하는 경우 나. 「채무자 회생 및 파산에 관한 법률」에 따라 법원이 회생절차개시의 결정을 하고 그 절차가 진행 중인 경우		제40조(항공기사용사업자 등에 대한 행정처분기준) 법 제40조제1항에 따른 행정처분의 기준은 별표 2와 같다.

항공사업법 [법률 제18565호, 2021. 12. 7., 일부개정]	항공사업법 시행령 [대통령령 제32987호, 2022. 11. 8., 일부개정]	항공사업법 시행규칙 [국토교통부령 제1164호, 2022. 12. 8., 일부개정]

다.「기업구조조정 촉진법」에 따라 금융채권자협의회가 채권금융기관 공동관리절차 개시의 의결을 하고 그 절차가 진행 중인 경우
4. 항공기사용사업자가 제9조 각 호의 어느 하나에 해당하게 된 경우. 다만, 다음 각 목의 어느 하나에 해당하는 경우는 제외한다.
  가. 제9조제6호에 해당하는 법인이 3개월 이내에 해당 임원을 결격사유가 없는 임원으로 바꾸어 임명한 경우
  나. 피상속인이 사망한 날부터 3개월 이내에 상속인이 항공기사용사업을 타인에게 양도한 경우
4의2. 제30조의2제1항을 위반하여 보증보험등에 가입 또는 예치하지 아니한 경우
5. 제32조제1항을 위반하여 사업계획에 따라 사업을 하지 아니한 경우 및 같은 조 제2항에 따라 인가를 받지 아니하거나 신고를 하지 아니하고 사업계획을 변경한 경우
6. 제33조를 위반하여 타인에게 자기의 성명 또는 상호를 사용하여 사업을 경영하게 하거나 등록증을 빌려 준 경우
7. 제34조제1항을 위반하여 신고를 하지 아니하고 사업을 양도·양수한 경우
8. 제35조제1항을 위반하여 합병신고를 하지 아니한 경우
9. 제36조제2항을 위반하여 상속에 관한 신고를 하지 아니한 경우
10. 제37조제1항 및 제2항을 위반하여 신고 없이 휴업한 경우 및 휴업기간이 지난 후에도 사업을 시작하지 아니한 경우
11. 제39조제1호 또는 제3호에 따른 사업개선 명령을 이행하지 아니한 경우
12. 제62조제6항을 위반하여 요금표 등을 갖추어 두지 아니하거나 항공교통이용자가 열람할 수 있게 하지 아니한 경우
13.「항공안전법」제95조제2항에 따른 항공기 운항의 정지명령을 위반하여 운항정지기간에 운항한 경우있는 경우
14. 국가의 안전이나 사회의 안녕질서에 위해를 끼칠 현저한 사유가 있는 경우		

항공사업법 [법률 제18565호, 2021. 12. 7., 일부개정]	항공사업법 시행령 [대통령령 제32987호, 2022. 11. 8., 일부개정]	항공사업법 시행규칙 [국토교통부령 제1164호, 2022. 12. 8., 일부개정]
15. 이 조에 따른 사업정지명령을 위반하여 사업정지기간에 사업을 경영한 경우 ② 제1항에 따른 처분의 기준 및 절차와 그 밖에 필요한 사항은 국토교통부령으로 정한다.		
제41조(과징금 부과) ① 국토교통부장관은 항공기사용사업자가 제40조제1항제3호, 제4호의2, 제5호부터 제12호까지 또는 제14호의 어느 하나에 해당하여 사업의 정지를 명하여야 하는 경우로서 사업을 정지하면 그 사업의 이용자 등에게 심한 불편을 주거나 공익을 해칠 우려가 있는 경우에는 사업정지처분을 갈음하여 10억원 이하의 과징금을 부과할 수 있다.〈개정 2017. 1. 17.〉 ② 제1항에 따라 과징금을 부과하는 위반행위의 종류와 위반 정도에 따른 과징금의 금액과 그 밖에 필요한 사항은 대통령령으로 정한다. ③ 국토교통부장관은 제1항에 따른 과징금을 내야 할 자가 납부기한까지 과징금을 내지 아니하면 국세 체납처분의 예에 따라 징수한다.	**제19조(과징금을 부과하는 위반행위와 과징금의 금액 등)** ① 법 제41조제1항(법 제43조제8항, 제45조제8항, 제47조제9항, 제49조제9항, 제51조제8항 및 제53조제9항에서 준용하는 경우를 포함한다)에 따라 과징금을 부과하는 위반행위의 종류와 위반 정도 등에 따른 과징금의 금액은 별표 5와 같다. ② 과징금의 부과·납부 및 독촉·징수에 관하여는 제16조 및 제17조를 준용한다.	
제2절 항공기정비업		
제42조(항공기정비업의 등록) ① 항공기정비업을 경영하려는 자는 국토교통부령으로 정하는 바에 따라 국토교통부장관에게 등록하여야 한다. 등록한 사항 중 국토교통부령으로 정하는 사항을 변경하려는 경우에는 국토교통부장관에게 신고하여야 한다. ② 제1항에 따른 항공기정비업을 등록하려는 자는 다음 각 호의 요건을 갖추어야 한다. 1. 자본금 또는 자산평가액이 3억원 이상으로서 대통령령으로 정하는 금액 이상일 것 2. 정비사 1명 이상 등 대통령령으로 정하는 기준에 적합할 것 3. 그 밖에 사업 수행에 필요한 요건으로서 국토교통부령으로 정하는 요건을 갖출 것	**제20조(항공기정비업의 등록요건)** 법 제42조제2항제1호 및 제2호에 따른 항공기정비업의 등록요건은 별표 6과 같다.	**제41조(항공기정비업의 등록)** ① 법 제42조에 따른 항공기정비업을 하려는 자는 별지 제26호서식의 등록신청서(전자문서로 된 신청서를 포함한다)에 다음 각 호의 서류(전자문서를 포함한다)를 첨부하여 지방항공청장에게 제출하여야 한다. 이 경우 지방항공청장은 「전자정부법」 제36조제1항에 따른 행정정보의 공동이용을 통하여 법인 등기사항증명서(신청인이 법인인 경우만 해당한다) 및 부동산 등기사항증명서(타인의 부동산을 사용하는 경우는 제외한다)를 확인하여야 한다. 1. 해당 신청이 법 제42조제2항에 따른 등록요건을 충족함을 증명하거나 설명하는 서류 2. 다음 각 목의 사항을 포함하는 사업계획서

항공사업법 [법률 제18565호, 2021. 12. 7., 일부개정]	항공사업법 시행령 [대통령령 제32987호, 2022. 11. 8., 일부개정]	항공사업법 시행규칙 [국토교통부령 제1164호, 2022. 12. 8., 일부개정]
③ 다음 각 호의 어느 하나에 해당하는 자는 항공기정비업의 등록을 할 수 없다.〈개정 2017. 12. 26.〉 1. 제9조제2호부터 제6호(법인으로서 임원 중에 대한민국 국민이 아닌 사람이 있는 경우는 제외한다)까지의 어느 하나에 해당하는 자 2. 항공기정비업 등록의 취소처분을 받은 후 2년이 지나지 아니한 자. 다만, 제9조제2호에 해당하여 제43조제7항에 따라 항공기정비업 등록이 취소된 경우는 제외한다.		가. 자본금 나. 상호·대표자의 성명과 사업소의 명칭 및 소재지 다. 해당 사업의 취급 예정 수량 및 그 산출근거와 예상 사업수지계산서 라. 필요한 자금 및 조달방법 마. 사용시설·설비 및 장비 개요 바. 종사자의 수 사. 사업 개시 예정일 3. 부동산을 사용할 수 있음을 증명하는 서(타인의 부동산을 사용하는 경우만 해당한다) ② 지방항공청장은 제1항에 따른 등록신청서의 내용이 명확하지 아니하거나 첨부서류가 미비한 경우에는 7일 이내에 그 보완을 요구하여야 한다. ③ 지방항공청장은 제1항에 따라 등록신청을 받았을 때에는 법 제42조제2항에 따른 항공기정비업 등록요건을 충족하는지를 심사하여 신청내용이 적합하다고 인정되면 별지 제9호서식의 등록대장에 그 사실을 적고, 별지 제10호서식의 등록증을 발급하여야 한다. ④ 지방항공청장은 제3항에 따른 등록 신청 내용을 심사할 때 항공기정비업의 등록 신청인과 계약한 항공종사자, 항공운송사업자, 공항 또는 비행장 시설·설비의 소유자 등이 해당 계약을 이행할 수 있는지에 관하여 관계 행정기관 또는 단체의 의견을 들을 수 있다. ⑤ 제3항의 등록대장은 전자적 처리가 불가능한 특별한 사유가 없으면 전자적 처리가 가능한 방법으로 작성·관리하여야 한다.
		제42조(항공기정비업 변경신고) ① 법 제42조제1항 후단에서 "국토교통부령으로 정하는 사항"이란 다음 각 호의 사항을 말한다.〈개정 2017. 7. 18.〉 1. 자본금의 감소 2. 사업소의 신설 또는 변경 3. 대표자 변경 4. 대표자의 대표권 제한 및 그 제한의 변경 5. 상호의 변경 6. 사업 범위의 변경 ② 법 제42조제1항 후단에 따라 변경신고를 하려는 자는 그 변경 사유가 발생한 날부터 30일 이내에 별지 제13호서식의 변경신고서에 변경 사실을 증명할 수 있는 서류를 첨부하여 지방항공청장에게 제출하여야 한다.

항공사업법 [법률 제18565호, 2021. 12. 7., 일부개정]	항공사업법 시행령 [대통령령 제32987호, 2022. 11. 8., 일부개정]	항공사업법 시행규칙 [국토교통부령 제1164호, 2022. 12. 8., 일부개정]
제43조(항공기정비업에 대한 준용규정) ① 항공기정비업의 명의대여 등의 금지에 관하여는 제33조를 준용한다. ② 항공기정비업의 양도·양수에 관하여는 제34조를 준용한다. ③ 항공기정비업의 합병에 관하여는 제35조를 준용한다. ④ 항공기정비업의 상속에 관하여는 제36조를 준용한다. ⑤ 항공기정비업의 휴업 및 폐업에 관하여는 제37조 및 제38조를 준용한다. ⑥ 항공기정비업의 사업개선 명령에 관하여는 제39조(같은 조 제3호는 제외한다)를 준용한다. ⑦ 항공기정비업의 등록취소 또는 사업정지에 관하여는 제40조를 준용한다. 다만, 제40조제1항제4호(항공기정비업자가 제9조제1호에 해당하게 된 경우에 한정한다), 제4호의2, 제5호 및 제13호는 준용하지 아니한다.〈개정 2017. 1. 17.〉 ⑧ 항공기정비업에 대한 과징금의 부과에 관하여는 제41조를 준용한다. 이 경우 제41조제1항 중 "10억원"은 "3억원"으로 본다.	제19조(과징금을 부과하는 위반행위와 과징금의 금액 등) ① 법 제41조제1항(법 제43조제8항, 제45조제8항, 제47조제9항, 제49조제9항, 제51조제8항 및 제53조제9항에서 준용하는 경우를 포함한다)에 따라 과징금을 부과하는 위반행위의 종류와 위반 정도 등에 따른 과징금의 금액은 별표 5와 같다. ② 과징금의 부과·납부 및 독촉·징수에 관하여는 제16조 및 제17조를 준용한다.	
제3절 항공기취급업		
제44조(항공기취급업의 등록) ① 항공기취급업을 경영하려는 자는 국토교통부령으로 정하는 바에 따라 신청서에 사업계획서와 그 밖에 국토교통부령으로 정하는 서류를 첨부하여 국토교통부장관에게 등록하여야 한다. 등록한 사항 중 국토교통부령으로 정하는 사항을 변경하려는 경우에는 국토교통부장관에게 신고하여야 한다. ② 제1항에 따른 항공기취급업을 등록하려는 자는 다음 각 호의 요건을 갖추어야 한다. 1. 자본금 또는 자산평가액이 3억원 이상으로서 대통령령으로 정하는 금액 이상일 것 2. 항공기 급유, 하역, 지상조업을 위한 장비 등이 대통령령으로 정하는 기준에 적합할 것 3. 그 밖에 사업 수행에 필요한 요건으로서 국토교통부령으로 정하는 요건을 갖출 것	제21조(항공기취급업의 등록요건) 법 제44조제2항제1호 및 제2호에 따른 항공기취급업의 등록요건은 별표 7과 같다.	제43조(항공기취급업의 등록) ① 법 제44조에 따른 항공기취급업을 하려는 자는 별지 제26호서식의 등록신청서(전자문서로 된 신청서를 포함한다)에 다음 각 호의 서류(전자문서를 포함한다)를 첨부하여 지방항공청장에게 제출하여야 한다. 이 경우 지방항공청장은 「전자정부법」 제36조제1항에 따른 행정정보의 공동이용을 통하여 법인등기사항증명서(신청인이 법인인 경우만 해당한다) 및 부동산 등기사항증명서(타인의 부동산을 사용하는 경우는 제외한다)를 확인하여야 한다.〈개정 2019. 1. 3.〉 1. 해당 신청이 법 제44조제2항에 따른 등록요건을 충족함을 증명하거나 설명하는 서류 2. 다음 각 목의 사항을 포함하는 사업계획서 가. 자본금 나. 상호·대표자의 성명과 사업소의 명칭 및 소재지

항공사업법 [법률 제18565호, 2021. 12. 7., 일부개정]	항공사업법 시행령 [대통령령 제32987호, 2022. 11. 8., 일부개정]	항공사업법 시행규칙 [국토교통부령 제1164호, 2022. 12. 8., 일부개정]
③ 다음 각 호의 어느 하나에 해당하는 자는 항공기취급업의 등록을 할 수 없다.〈개정 2017. 12. 26.〉 1. 제9조제2호부터 제6호(법인으로서 임원 중에 대한민국 국민이 아닌 사람이 있는 경우는 제외한다)까지의 어느 하나에 해당하는 자 2. 항공기취급업 등록의 취소처분을 받은 후 2년이 지나지 아니한 자. 다만, 제9조제2호에 해당하여 제45조제7항에 따라 항공기취급업 등록이 취소된 경우는 제외한다.		다. 해당 사업의 취급 예정 수량 및 그 산출근거와 예상 사업수지계산서 라. 필요한 자금 및 조달방법 마. 사용시설ㆍ설비 및 장비 개요 바. 종사자의 수 사. 사업 개시 예정일 아. 도급(하도급을 포함한다)하려는 경우 해당 업무의 범위와 책임, 수급업체에 대한 관리감독에 관한 사항 3. 부동산을 사용할 수 있음을 증명하는 서류(타인의 부동산을 사용하는 경우만 해당한다) ② 지방항공청장은 제1항에 따른 등록신청서의 내용이 명확하지 아니하거나 첨부서류가 미비한 경우에는 7일 이내에 그 보완을 요구하여야 한다. ③ 지방항공청장은 제1항에 따라 등록 신청을 받았을 때에는 법 제44조제2항에 따른 항공기취급업 등록요건을 충족하는지를 심사하여 신청내용이 적합하다고 인정되면 별지 제9호서식의 등록대장에 그 사실을 적고, 별지 제10호서식의 등록증을 발급하여야 한다. ④ 지방항공청장은 제3항에 따른 등록 신청 내용을 심사할 때 항공기취급업의 등록 신청인과 계약한 항공종사자, 항공운송사업자, 공항 또는 비행장 시설ㆍ설비의 소유자 등이 그 계약을 이행할 수 있는지에 관하여 관계 행정기관 또는 단체의 의견을 들을 수 있다. ⑤ 제3항의 등록대장은 전자적 처리가 불가능한 특별한 사유가 없으면 전자적 처리가 가능한 방법으로 작성ㆍ관리하여야 한다.

항공사업법 [법률 제18565호, 2021. 12. 7., 일부개정]	항공사업법 시행령 [대통령령 제32987호, 2022. 11. 8., 일부개정]	항공사업법 시행규칙 [국토교통부령 제1164호, 2022. 12. 8., 일부개정]
		제44조(항공기취급업 변경신고) ① 법 제44조제1항 후단에서 "국토교통부령으로 정하는 사항"이란 다음 각 호의 사항을 말한다.〈개정 2017. 7. 18., 2019. 1. 3.〉 　1. 자본금의 감소 　2. 사업소의 신설 또는 변경 　3. 대표자 변경 　4. 대표자의 대표권 제한 및 그 제한의 변경 　5. 상호의 변경 　6. 사업 범위의 변경 　7. 도급(하도급을 포함한다)에 관한 사항의 변경 ② 법 제44조제1항 후단에 따라 변경신고를 하려는 자는 그 변경 사유가 발생한 날부터 30일 이내에 별지 제13호서식의 변경신고서에 그 변경 사실을 증명할 수 있는 서류를 첨부하여 지방항공청장에게 제출하여야 한다.
제45조(항공기취급업에 대한 준용규정) ① 항공기취급업의 명의대여 등의 금지에 관하여는 제33조를 준용한다. ② 항공기취급업의 양도·양수에 관하여는 제34조를 준용한다. ③ 항공기취급업의 합병에 관하여는 제35조를 준용한다. ④ 항공기취급업의 상속에 관하여는 제36조를 준용한다. ⑤ 항공기취급업의 휴업 및 폐업에 관하여는 제37조 및 제38조를 준용한다. ⑥ 항공기취급업의 사업개선 명령에 관하여는 제39조(같은 조 제3호는 제외한다)를 준용한다. ⑦ 항공기취급업의 등록취소 또는 사업정지에 관하여는 제40조를 준용한다. 다만, 제40조제1항제4호(항공기취급업자가 제9조제1호에 해당하게 된 경우에 한정한다), 제4호의2, 제5호 및 제13호는 준용하지 아니한다.〈개정 2017. 1. 17.〉 ⑧ 항공기취급업에 대한 과징금의 부과에 관하여는 제41조를 준용한다. 이 경우 제41조제1항 중 "10억원"은 "3억원"으로 본다.		

항공사업법 [법률 제18565호, 2021. 12. 7., 일부개정]	항공사업법 시행령 [대통령령 제32987호, 2022. 11. 8., 일부개정]	항공사업법 시행규칙 [국토교통부령 제1164호, 2022. 12. 8., 일부개정]
제4절 항공기대여업		
제46조(항공기대여업의 등록) ① 항공기대여업을 경영하려는 자는 국토교통부령으로 정하는 바에 따라 신청서에 사업계획서와 그 밖에 국토교통부령으로 정하는 서류를 첨부하여 국토교통부장관에게 등록하여야 한다. 등록한 사항 중 국토교통부령으로 정하는 사항을 변경하려는 경우에는 국토교통부장관에게 신고하여야 한다. ② 제1항에 따른 항공기대여업을 등록하려는 자는 다음 각 호의 요건을 갖추어야 한다. 1. 자본금 또는 자산평가액이 3천만원 이상으로서 대통령령으로 정하는 금액 이상일 것 2. 항공기, 경량항공기 또는 초경량비행장치 1대 이상 등 대통령령으로 정하는 기준에 적합할 것 3. 그 밖에 사업 수행에 필요한 요건으로서 국토교통부령으로 정하는 요건을 갖출 것 ③ 다음 각 호의 어느 하나에 해당하는 자는 항공기대여업의 등록을 할 수 없다.〈개정 2017. 12. 26.〉 1. 제9조 각 호의 어느 하나에 해당하는 자 2. 항공기대여업 등록의 취소처분을 받은 후 2년이 지나지 아니한 자. 다만, 제9조제2호에 해당하여 제47조제8항에 따라 항공기대여업 등록이 취소된 경우는 제외한다.	**제22조(항공기대여업의 등록요건)** 법 제46조제2항제1호 및 제2호에 따른 항공기대여업의 등록요건은 별표 8과 같다.	**제45조(항공기대여업의 등록신청)** ① 법 제46조에 따른 항공기대여업을 하려는 자는 별지 제26호서식의 등록신청서(전자문서로 된 신청서를 포함한다)에 다음 각 호의 서류(전자문서를 포함한다)를 첨부하여 지방항공청장에게 제출하여야 한다. 이 경우 지방항공청장은 「전자정부법」 제36조제1항에 따른 행정정보의 공동이용을 통하여 법인 등기사항증명서(신청인이 법인인 경우만 해당한다) 및 부동산 등기사항증명서(타인의 부동산을 사용하는 경우는 제외한다)를 확인하여야 한다. 1. 해당 신청이 법 제46조제2항에 따른 등록요건을 충족함을 증명하거나 설명하는 서류 2. 다음 각 목의 사항을 포함하는 사업계획서 가. 자본금 나. 상호ㆍ대표자의 성명과 사업소의 명칭 및 소재지 다. 예상 사업수지계산서 라. 재원 조달방법 마. 사용 시설ㆍ설비 및 장비 개요 바. 종사자 인력의 개요 사. 사업 개시 예정일 3. 부동산을 사용할 수 있음을 증명하는 서류(타인의 부동산을 사용하는 경우만 해당한다) ② 지방항공청장은 제1항에 따른 등록신청서의 내용이 명확하지 아니하거나 첨부서류가 미비한 경우에는 7일 이내에 보완을 요구하여야 한다. ③ 지방항공청장은 제1항에 따라 등록신청을 받았을 때에는 법 제46조제2항에 따른 항공기대여업의 등록요건을 충족하는지를 심사하여 신청내용이 적합하다고 인정되면 별지 제9호서식의 등록대장에 그 사실을 적고, 별지 제10호서식의 등록증을 발급하여야 한다. ④ 지방항공청장은 제3항에 따른 등록 신청 내용을 심사할 때 항공기대여업의 등록 신청인과 계약한 항공종사자, 항공운송사업자, 공항, 비행장 또는 이착륙장 시설ㆍ설비의 소유자 등이 그 계약을 이행할 수 있는지에 관하여 관계 행정기관 또는 단체의 의견을 들을 수 있다.

항공사업법 [법률 제18565호, 2021. 12. 7., 일부개정]	항공사업법 시행령 [대통령령 제32987호, 2022. 11. 8., 일부개정]	항공사업법 시행규칙 [국토교통부령 제1164호, 2022. 12. 8., 일부개정]
		⑤ 제3항의 등록대장은 전자적 처리가 불가능한 특별한 사유가 없으면 전자적 처리가 가능한 방법으로 작성·관리하여야 한다. **제46조(항공기대여업 변경신고)** ① 법 제46조제1항 후단에서 "국토교통부령으로 정하는 사항"이란 다음 각 호의 사항을 말한다.〈개정 2017. 7. 18.〉 1. 자본금의 감소 2. 사업소의 신설 또는 변경 3. 대표자 변경 4. 대표자의 대표권 제한 및 그 제한의 변경 5. 상호의 변경 6. 사업 범위의 변경 ② 법 제46조제1항 후단에 따라 변경신고를 하려는 자는 변경 사유가 발생한 날부터 30일 이내에 별지 제13호서식의 변경신고서에 변경 사실을 증명할 수 있는 서류를 첨부하여 지방항공청장에게 제출하여야 한다.
제47조(항공기대여업에 대한 준용규정) ① 항공기대여업의 사업계획에 관하여는 제32조를 준용한다. ② 항공기대여업의 명의대여 등의 금지에 관하여는 제33조를 준용한다. ③ 항공기대여업의 양도·양수에 관하여는 제34조를 준용한다. ④ 항공기대여업의 합병에 관하여는 제35조를 준용한다. ⑤ 항공기대여업의 상속에 관하여는 제36조를 준용한다. ⑥ 항공기대여업의 휴업 및 폐업에 관하여는 제37조 및 제38조를 준용한다. ⑦ 항공기대여업의 사업개선 명령에 관하여는 제39조를 준용한다. 이 경우 제39조제2호 중 "항공기"는 "항공기·경량항공기·초경량비행장치"로, 같은 조 제3호 중 "「항공안전법」 제2조제6호에 따른 항공기사고"는 "「항공안전법」 제2조제6호부터 제8호까지에 따른 항공기사고·경량항공기사고·초경량비행장치사고"로 본다. ⑧ 항공기대여업의 등록취소 또는 사업정지에 관하여는 제40조(같은 조 제1항제4호의2·제13호는 제외한다)를 준용한다.〈개정 2017. 1. 17.〉 ⑨ 항공기대여업에 대한 과징금의 부과에 관하여는 제41조를 준용한다. 이 경우 제41조제1항 중 "10억원"은 "3억원"으로 본다.		

항공사업법 [법률 제18565호, 2021. 12. 7., 일부개정]	항공사업법 시행령 [대통령령 제32987호, 2022. 11. 8., 일부개정]	항공사업법 시행규칙 [국토교통부령 제1164호, 2022. 12. 8., 일부개정]
제5절 초경량비행장치사용사업		
제48조(초경량비행장치사용사업의 등록) ① 초경량비행장치사용사업을 경영하려는 자는 국토교통부령으로 정하는 바에 따라 신청서에 사업계획서와 그 밖에 국토교통부령으로 정하는 서류를 첨부하여 국토교통부장관에게 등록하여야 한다. 등록한 사항 중 국토교통부령으로 정하는 사항을 변경하려는 경우에는 국토교통부장관에게 신고하여야 한다. ② 제1항에 따른 초경량비행장치사용사업을 등록하려는 자는 다음 각 호의 요건을 갖추어야 한다.〈개정 2016. 12. 2.〉 1. 자본금 또는 자산평가액이 3천만원 이상으로서 대통령령으로 정하는 금액 이상일 것. 다만, 최대이륙중량이 25킬로그램 이하인 무인비행장치만을 사용하여 초경량비행장치사용사업을 하려는 경우는 제외한다. 2. 초경량비행장치 1대 이상 등 대통령령으로 정하는 기준에 적합할 것 3. 그 밖에 사업 수행에 필요한 요건으로서 국토교통부령으로 정하는 요건을 갖출 것 ③ 다음 각 호의 어느 하나에 해당하는 자는 초경량비행장치사용사업의 등록을 할 수 없다.〈개정 2017. 12. 26.〉 1. 제9조 각 호의 어느 하나에 해당하는 자 2. 초경량비행장치사용사업 등록의 취소 처분을 받은 후 2년이 지나지 아니한 자. 다만, 제9조제2호에 해당하여 제49조제8항에 따라 초경량비행장치사용사업 등록이 취소된 경우는 제외한다.	**제23조(초경량비행장치사용사업의 등록요건)** 법 제48조제2항제1호 본문 및 같은 항 제2호에 따른 초경량비행장치사용사업의 등록요건은 별표 9와 같다.	**제47조(초경량비행장치사용사업의 등록)** ① 법 제48조에 따른 초경량비행장치사용사업을 하려는 자는 별지 제26호서식의 등록신청서(전자문서로 된 신청서를 포함한다)에 다음 각 호의 서류(전자문서를 포함한다)를 첨부하여 한국교통안전공단 이사장에게 제출해야 한다. 이 경우 한국교통안전공단 이사장은 「전자정부법」 제36조제1항에 따른 행정정보의 공동이용을 통하여 법인 등기사항증명서(신청인이 법인인 경우만 해당한다)와 부동산 등기사항증명서(타인의 부동산을 사용하는 경우는 제외한다)를 확인해야 한다.〈개정 2022. 12. 8.〉 1. 해당 신청이 법 제48조제2항에 따른 등록요건을 충족함을 증명하거나 설명하는 서류 1부 2. 다음 각 목의 사항을 포함하는 사업계획서 가. 사업목적 및 범위 나. 초경량비행장치의 안전성 점검 계획 및 사고 대응 매뉴얼 등을 포함한 안전관리대책 다. 자본금 라. 상호·대표자의 성명과 사업소의 명칭 및 소재지 마. 사용시설·설비 및 장비 개요 바. 종사자 인력의 개요 사. 사업 개시 예정일 3. 부동산을 사용할 수 있음을 증명하는 서류(타인의 부동산을 사용하는 경우만 해당한다) ② 한국교통안전공단 이사장은 제1항에 따른 등록신청서의 내용이 명확하지 않거나 첨부서류가 미비한 경우에는 7일 이내에 보완을 요구해야 한다.〈개정 2022. 12. 8.〉 ③ 한국교통안전공단 이사장은 제1항에 따라 등록신청을 받았을 때에는 법 제48조제2항에 따른 초경량비행장치사용사업 등록요건을 충족하는지를 심사하여 신청내용이 적합하다고 인정되면 별지 제9호서식의 등록대장에 그 사실을 적고, 별지 제10호서식의 등록증을 발급해야 한다.〈개정 2022. 12. 8.〉

항공사업법 [법률 제18565호, 2021. 12. 7., 일부개정]	항공사업법 시행령 [대통령령 제32987호, 2022. 11. 8., 일부개정]	항공사업법 시행규칙 [국토교통부령 제1164호, 2022. 12. 8., 일부개정]
		④ 한국교통안전공단 이사장은 제3항에 따른 등록 신청 내용을 심사할 때 초경량비행장치사용사업의 등록 신청인과 계약한 이착륙장 시설·설비의 소유자 등이 해당 계약을 이행할 수 있는지에 관하여 관계 행정기관 또는 단체의 의견을 들을 수 있다.〈개정 2022. 12. 8.〉 ⑤ 제3항의 등록대장은 전자적 처리가 불가능한 특별한 사유가 없으면 전자적 처리가 가능한 방법으로 작성·관리하여야 한다. **제48조(초경량비행장치사용사업 변경신고)** ① 법 제48조제1항 후단에서 "국토교통부령으로 정하는 사항"이란 다음 각 호의 사항을 말한다.〈개정 2017. 7. 18.〉 1. 자본금의 감소 2. 사업소의 신설 또는 변경 3. 대표자 변경 4. 대표자의 대표권 제한 및 그 제한의 변경 5. 상호의 변경 6. 사업 범위의 변경 ② 법 제48조제1항 후단에 따라 변경신고를 하려는 자는 변경 사유가 발생한 날부터 30일 이내에 별지 제13호서식의 변경신고서에 변경 사실을 증명하는 서류를 첨부하여 한국교통안전공단 이사장에게 제출해야 한다.〈개정 2022. 12. 8.〉
제49조(초경량비행장치사용사업에 대한 준용규정) ① 초경량비행장치사용사업의 사업계획에 관하여는 제32조를 준용한다. ② 초경량비행장치사용사업의 명의대여 등의 금지에 관하여는 제33조를 준용한다. ③ 초경량비행장치사용사업의 양도·양수에 관하여는 제34조를 준용한다. ④ 초경량비행장치사용사업의 합병에 관하여는 제35조를 준용한다. ⑤ 초경량비행장치사용사업의 상속에 관하여는 제36조를 준용한다. ⑥ 초경량비행장치사용사업의 휴업 및 폐업에 관하여는 제37조 및 제38조를 준용한다.		

항공사업법 [법률 제18565호, 2021. 12. 7., 일부개정]	항공사업법 시행령 [대통령령 제32987호, 2022. 11. 8., 일부개정]	항공사업법 시행규칙 [국토교통부령 제1164호, 2022. 12. 8., 일부개정]
⑦ 초경량비행장치사용사업의 사업개선명령에 관하여는 제39조를 준용한다. 이 경우 제39조제2호 중 "항공기"는 "초경량비행장치"로, 같은 조 제3호 중 「항공안전법」 제2조제6호에 따른 항공기사고"는 「항공안전법」 제2조제8호에 따른 초경량비행장치사고"로 본다. ⑧ 초경량비행장치사용사업의 등록취소 또는 사업정지에 관하여는 제40조(같은 조 제1항제4호의2 · 제13호는 제외한다)를 준용한다. 〈개정 2017. 1. 17.〉 ⑨ 초경량비행장치사용사업에 대한 과징금의 부과에 관하여는 제41조를 준용한다. 이 경우 제41조제1항 중 "10억원"은 "3천만원"으로 본다.		
제6절 항공레저스포츠사업		
제50조(항공레저스포츠사업의 등록) ① 항공레저스포츠사업을 경영하려는 자는 국토교통부령으로 정하는 바에 따라 국토교통부장관에게 등록하여야 한다. 등록한 사항 중 국토교통부령으로 정하는 사항을 변경하려는 경우에는 국토교통부장관에게 신고하여야 한다. ② 제1항에 따른 항공레저스포츠사업을 등록하려는 자는 다음 각 호의 요건을 갖추어야 한다. 1. 자본금 또는 자산평가액이 3천만원 이상으로서 대통령령으로 정하는 금액 이상일 것 2. 항공기, 경량항공기 또는 초경량비행장치 1대 이상 등 대통령령으로 정하는 기준에 적합할 것 3. 그 밖에 사업 수행에 필요한 요건으로서 국토교통부령으로 정하는 요건을 갖출 것 ③ 다음 각 호의 어느 하나에 해당하는 자는 항공레저스포츠사업의 등록을 할 수 없다. 〈개정 2017. 12. 26.〉 1. 제9조 각 호의 어느 하나에 해당하는 자 2. 항공기취급업, 항공기정비업, 또는 항공레저스포츠사업(제2조제26호 각 목의 사업 중 해당하는 사업의 경우에 한정한다) 등록의 취소처분을 받은 후 2년이 지나지 아니한 자. 다만, 제9조 제2호에 해당하여 제43조제7항, 제45조제7항 또는 제51조제7항에 따라 등록이 취소된 경우는 제외한다.	**제24조(항공레저스포츠사업의 등록요건)** 법 제50조제2항제1호 및 제2호에 따른 항공레저스포츠사업의 등록요건은 별표 10과 같다.	**제49조(항공레저스포츠사업의 등록)** ① 법 제50조제1항에 따라 항공레저스포츠사업을 등록하려는 자는 별지 제26호서식의 등록신청서(전자문서로 된 신청서를 포함한다)에 다음 각 호의 서류(전자문서를 포함한다)를 첨부하여 지방항공청장에게 제출하여야 한다. 이 경우 지방항공청장은 「전자정부법」 제36조제1항에 따른 행정정보의 공동이용을 통하여 법인 등기사항증명서(신청인이 법인인 경우만 해당한다)와 부동산 등기사항증명서(타인의 부동산을 사용하는 경우는 제외한다)를 확인하여야 한다. 1. 해당 신청이 법 제50조제2항에 따른 등록요건을 충족함을 증명하거나 설명하는 서류 2. 다음 각 목의 사항을 포함하는 사업계획서 가. 자본금 나. 상호 · 대표자의 성명과 사업소의 명칭 및 소재지 다. 해당 사업의 항공기 등 수량 및 그 산출근거와 예상 사업수지계산서 라. 재원 조달방법 마. 사용 시설 · 설비, 장비 및 이용자 편의시설 개요 바. 종사자 인력의 개요 사. 사업 개시 예정일 아. 영업구역 범위 및 영업시간 자. 탑승료 · 대여료 등 이용요금 차. 항공레저 활동의 안전 및 이용자 편의를 위한 안전 관리대책(항공레저시설 관리 및 점검계획, 안전 수칙 · 교육 · 점검계획, 사고발생 시 비상연락체계, 탑승자 기록관리, 기상상태 현황 등)

항공사업법 [법률 제18565호, 2021. 12. 7., 일부개정]	항공사업법 시행령 [대통령령 제32987호, 2022. 11. 8., 일부개정]	항공사업법 시행규칙 [국토교통부령 제1164호, 2022. 12. 8., 일부개정]
④ 항공레저스포츠사업이 다음 각 호의 어느 하나에 해당하는 경우 국토교통부장관은 항공레저스포츠사업 등록을 제한할 수 있다. 1. 항공레저스포츠 활동의 안전사고 우려 및 이용자들에게 심한 불편을 주거나 공익을 해칠 우려가 있는 경우 2. 인구밀집지역, 사생활 침해, 교통, 소음 및 주변환경 등을 고려할 때 영업행위가 부적합하다고 인정하는 경우 3. 그 밖에 항공안전 및 사고예방 등을 위하여 국토교통부장관이 항공레저스포츠사업의 등록제한이 필요하다고 인정하는 경우		3. 사업시설 부지 등 부동산을 사용할 수 있음을 증명하는 서류(타인의 부동산을 사용하는 경우만 해당한다) ② 지방항공청장은 제1항에 따른 등록신청서의 내용이 명확하지 아니하거나 첨부서류가 미비한 경우에는 7일 이내에 그 보완을 요구하여야 한다. ③ 지방항공청장은 제1항에 따라 등록 신청을 받았을 때에는 법 제50조제2항에 따른 항공레저스포츠사업 등록요건을 충족하는지를 심사하여 신청 내용이 적합하다고 인정되면 별지 제9호서식의 등록대장에 그 사실을 적고, 별지 제10호서식의 등록증을 발급하여야 한다.〈개정 2019. 1. 3.〉 ④ 지방항공청장은 제3항에 따른 등록신청 내용을 심사할 때 항공레저스포츠사업의 등록 신청인과 계약한 공항, 비행장, 이착륙장 시설·설비의 소유자 등이 해당 계약을 이행할 수 있는지에 관하여 관계 행정기관 또는 단체의 의견을 들을 수 있다. ⑤ 제3항의 등록대장은 전자적 처리가 불가능한 특별한 사유가 없으면 전자적 처리가 가능한 방법으로 작성·관리하여야 한다. **제51조(항공레저스포츠사업의 변경신고)** ① 법 제50조제1항 후단에서 "국토교통부령으로 정하는 사항"이란 다음 각 호의 사항을 말한다.〈개정 2017. 7. 18.〉 1. 자본금의 감소 2. 사업소의 신설 또는 변경 3. 대표자 변경 4. 대표자의 대표권 제한 및 그 제한의 변경 5. 상호의 변경 6. 사업 범위의 변경 ② 법 제50조제1항 후단에 따라 변경신고를 하려는 자는 변경 사유가 발생한 날부터 30일 이내에 별지 제13호서식의 변경신고서에 변경 사실을 증명할 수 있는 서류를 첨부하여 지방항공청장에게 제출하여야 한다.

항공사업법 [법률 제18565호, 2021. 12. 7., 일부개정]	항공사업법 시행령 [대통령령 제32987호, 2022. 11. 8., 일부개정]	항공사업법 시행규칙 [국토교통부령 제1164호, 2022. 12. 8., 일부개정]
제51조(항공레저스포츠사업에 대한 준용 규정) ① 항공레저스포츠사업의 명의대여 등의 금지에 관하여는 제33조를 준용한다. ② 항공레저스포츠사업의 양도ㆍ양수에 관하여는 제34조를 준용한다. ③ 항공레저스포츠사업의 합병에 관하여는 제35조를 준용한다. ④ 항공레저스포츠사업의 상속에 관하여는 제36조를 준용한다. ⑤ 항공레저스포츠사업의 휴업 및 폐업에 관하여는 제37조 및 제38조를 준용한다. ⑥ 항공레저스포츠사업의 사업개선 명령에 관하여는 제39조를 준용한다. 이 경우 제39조제2호 중 "항공기"는 "항공기ㆍ경량항공기ㆍ초경량비행장치"로, 같은 조 제3호 중 "「항공안전법」 제2조제6호에 따른 항공기사고"는 "「항공안전법」 제2조제6호부터 제8호까지에 따른 항공기사고ㆍ경량항공기사고ㆍ초경량비행장치사고"로 본다. ⑦ 항공레저스포츠사업의 등록취소 또는 사업정지에 관하여는 제40조(같은 조 제1항제4호의2ㆍ제5호 및 제13호는 제외한다)를 준용한다.⟨개정 2017. 1. 17.⟩ ⑧ 항공레저스포츠사업에 대한 과징금의 부과에 관하여는 제41조를 준용한다. 이 경우 제41조제1항 중 "10억원"은 "3억원"으로 본다.		
제7장 보칙		
제70조(항공보험 등의 가입의무) ① 다음 각 호의 항공사업자는 국토교통부령으로 정하는 바에 따라 항공보험에 가입하지 아니하고는 항공기를 운항할 수 없다. 1. 항공운송사업자 2. 항공기사용사업자 3. 항공기대여업자 ② 제1항 각 호의 자 외의 항공기 소유자 또는 항공기를 사용하여 비행하려는 자는 국토교통부령으로 정하는 바에 따라 항공보험에 가입하지 아니하고는 항공기를 운항할 수 없다.		제70조(항공운송사업자 등의 항공보험 등 가입의무) ① 법 제70조에 따라 항공보험 등에 가입한 자는 항공보험 등에 가입한 날부터 7일 이내에 다음 각 호의 사항을 적은 보험가입신고서 또는 공제가입신고서에 보험증서 또는 공제증서 사본을 첨부하여 국토교통부장관에게 제출하여야 한다. 가입사항을 변경하거나 갱신하였을 때에도 또한 같다.⟨개정 2017. 7. 18.⟩ 1. 가입자의 주소, 성명(법인인 경우에는 그 명칭 및 대표자의 성명) 2. 가입된 보험 또는 공제의 종류, 보험료 또는 공제료 및 보험금액 또는 공제금액 3. 보험 또는 공제의 종류별 발효 및 만료일

항공사업법 [법률 제18565호, 2021. 12. 7., 일부개정]	항공사업법 시행령 [대통령령 제32987호, 2022. 11. 8., 일부개정]	항공사업법 시행규칙 [국토교통부령 제1164호, 2022. 12. 8., 일부개정]
③ 「항공안전법」 제108조에 따른 경량항공기소유자등은 그 경량항공기의 비행으로 다른 사람이 사망하거나 부상한 경우에 피해자(피해자가 사망한 경우에는 손해배상을 받을 권리를 가진 자를 말한다)에 대한 보상을 위하여 같은 조 제1항에 따른 안전성인증을 받기 전까지 국토교통부령으로 정하는 보험이나 공제에 가입하여야 한다.〈개정 2017. 1. 17.〉 ④ 초경량비행장치를 초경량비행장치사용사업, 항공기대여업 및 항공레저스포츠사업에 사용하려는 자와 무인비행장치 등 국토교통부령으로 정하는 초경량비행장치를 소유한 국가, 지방자치단체, 「공공기관의 운영에 관한 법률」 제4조에 따른 공공기관은 국토교통부령으로 정하는 보험 또는 공제에 가입하여야 한다.〈개정 2020. 6. 9.〉 ⑤ 제1항부터 제4항까지의 규정에 따라 항공보험 등에 가입한 자는 국토교통부령으로 정하는 바에 따라 보험가입신고서 등 보험가입 등을 확인할 수 있는 자료를 국토교통부장관에게 제출하여야 한다. 이를 변경 또는 갱신한 때에도 또한 같다.〈신설 2017. 1. 17.〉		4. 보험증서 또는 공제증서의 개요 ② 법 제70조제1항 및 제2항에 따른 항공보험에 가입하는 경우의 책임한도액은 다음과 같다.〈개정 2017. 7. 18.〉 1. 우리나라가 가입하고 있는 항공운송의 책임에 관한 제국제협약에서 규정하는 책임한도액 2. 제1호를 적용하기 불합리한 경우에는 국토교통부장관이 정하는 항공운송인의 책임한도액 ③ 법 제70조제3항에서 "국토교통부령으로 정하는 보험이나 공제"란 다른 사람이 사망하거나 부상한 경우에 피해자(피해자가 사망한 경우에는 손해배상을 받을 권리를 가진 자를 말한다. 이하 이 조에서 같다)에게 「자동차손해배상 보장법 시행령」 제3조제1항 각 호에 따른 금액 이상을 보장하는 보험 또는 공제를 말하며, 동승한 사람에 대하여 보장하는 보험 또는 공제를 포함한다.〈개정 2020. 12. 10.〉 ④ 법 제70조제4항에서 "무인비행장치 등 국토교통부령으로 정하는 초경량비행장치"란 「항공안전법 시행규칙」 제5조제5호에 따른 무인비행장치를 말한다.〈개정 2020. 12. 10.〉 ⑤ 법 제70조제4항에서 "국토교통부령으로 정하는 보험 또는 공제"란 다음 각 호의 보험 또는 공제를 말한다.〈신설 2020. 12. 10.〉 1. 다른 사람이 사망하거나 부상한 경우에 피해자(피해자가 사망한 경우에는 손해배상을 받을 권리를 가진 자를 말한다. 이하 이 조에서 같다)에게 「자동차손해배상 보장법 시행령」 제3조제1항 각 호에 따른 금액 이상을 보장하는 보험 또는 공제(동승한 사람에 대하여 보장하는 보험 또는 공제를 포함한다) 2. 다른 사람의 재물이 멸실되거나 훼손된 경우에 피해자에게 「자동차손해배상 보장법 시행령」 제3조제3항에 따른 금액 이상을 보장하는 보험 또는 공제(「항공안전법 시행규칙」 제5조제5호에 따른 무인비행장치를 소유한 경우에만 해당한다) [제목개정 2017. 7. 18.]

항공사업법 [법률 제18565호, 2021. 12. 7., 일부개정]	항공사업법 시행령 [대통령령 제32987호, 2022. 11. 8., 일부개정]	항공사업법 시행규칙 [국토교통부령 제1164호, 2022. 12. 8., 일부개정]
제71조(경량항공기 등의 영리 목적 사용금지) 누구든지 경량항공기 또는 초경량비행장치를 사용하여 비행하려는 자는 다음 각 호의 어느 하나에 해당하는 경우를 제외하고는 경량항공기 또는 초경량비행장치를 영리 목적으로 사용해서는 아니 된다. 1. 항공기대여업에 사용하는 경우 2. 초경량비행장치사용사업에 사용하는 경우 3. 항공레저스포츠사업에 사용하는 경우		
제72조(수수료 등) ① 다음 각 호의 어느 하나에 해당하는 자는 국토교통부령으로 정하는 바에 따라 국토교통부장관(제75조에 따라 권한이 위탁된 경우에는 수탁자를 말한다)에게 수수료를 내야 한다. 1. 이 법에 따른 면허·허가·인가·승인 또는 등록(이하 "면허등"이라 한다)을 받으려는 자 2. 이 법에 따른 신고를 하려는 자 3. 이 법에 따른 면허증 또는 허가서의 발급 또는 재발급을 신청하는 자 ② 면허등을 위하여 현지출장이 필요한 경우에는 그 출장에 드는 여비를 신청인이 내야 한다. 이 경우 여비의 기준은 국토교통부령으로 정한다. ③ 국가 또는 지방자치단체는 제1항에 따른 수수료를 면제한다.		**제71조(수수료)** ① 법 제72조에 따라 수수료를 낼 자와 그 금액은 별표 4와 같다. ② 제1항에 따른 수수료는 정보통신망을 이용하여 전자화폐·전자결제 등의 방법으로 내도록 할 수 있다. ③ 법 제72조제2항에 따른 현지출장 등의 여비 지급기준은 「공무원 여비 규정」에 따른다. ④ 제1항에 따른 수수료가 과오납(過誤納)된 경우에는 해당 과오납 금액을 반환하여야 한다.
제73조(보고, 출입 및 검사 등) ① 국토교통부장관은 이 법의 시행에 필요한 범위에서 국토교통부령으로 정하는 바에 따라 다음 각 호의 자에게 그 업무에 관한 보고를 하게 하거나 서류를 제출하게 할 수 있다. 1. 항공사업자 2. 공항운영자 3. 항공종사자 4. 제1호부터 제3호까지의 자 외의 자로서 항공기 또는 항공시설을 계속하여 사용하는 자 ② 국토교통부장관은 이 법을 시행하기 위하여 특히 필요한 경우에는 소속 공무원으로 하여금 제1항 각 호의 어느 하나에 해당하는 자의 사무소, 사업장, 공항시설, 비행장 또는 항공기 등에 출입하여 관계 서류나 시설, 장비, 그 밖의 물건 등을 검사하거나 관계인 등에게 질문하게 할 수 있다.		**제71조의2(서류의 제출 등)** ① 법 제73조제1항에 따라 국토교통부장관으로부터 업무에 관한 보고 또는 서류의 제출을 요청받은 자는 그 요청을 받은 날부터 15일 이내에 보고(전자문서에 의한 보고를 포함한다)하거나 자료를 제출(전자문서에 의한 제출을 포함한다)해야 한다. ② 법 제73조제7항에 따른 증표는 별지 제39호서식과 같다. [본조신설 2019. 1. 3.]

항공사업법 [법률 제18565호, 2021. 12. 7., 일부개정]	항공사업법 시행령 [대통령령 제32987호, 2022. 11. 8., 일부개정]	항공사업법 시행규칙 [국토교통부령 제1164호, 2022. 12. 8., 일부개정]
③ 국토교통부장관은 상업서류송달업자가 「우편법」을 위반할 현저한 우려가 있다고 인정하여 과학기술정보통신부장관이 요청하는 경우에는 과학기술정보통신부 소속 공무원으로 하여금 상업서류송달업자의 사무소 또는 사업장에 출입하여 「우편법」과 관련된 사항에 관한 검사 또는 질문을 하게 할 수 있다.〈개정 2017. 7. 26.〉 ④ 제2항 및 제3항에 따른 검사 또는 질문을 하려면 검사 또는 질문을 하기 7일 전까지 검사 또는 질문의 일시, 사유 및 내용 등의 계획을 피검사자 또는 피질문자에게 알려야 한다. 다만, 긴급한 경우이거나 사전에 알리면 증거인멸 등으로 검사 또는 질문의 목적을 달성할 수 없다고 인정하는 경우에는 그러하지 아니할 수 있다. ⑤ 제2항 및 제3항에 따른 검사 또는 질문을 하는 공무원은 그 권한을 표시하는 증표를 지니고, 이를 관계인에게 보여주어야 한다. ⑥ 제2항 및 제3항에 따른 검사 또는 질문을 한 경우에는 그 결과를 피검사자 또는 피질문자에게 서면으로 알려야 한다. ⑦ 제5항에 따른 증표에 관하여 필요한 사항은 국토교통부령으로 정한다.		
제74조(청문) 국토교통부장관은 다음 각 호의 어느 하나에 해당하는 처분을 하려면 청문을 하여야 한다. 1. 제28조제1항에 따른 항공운송사업 면허 또는 등록의 취소 2. 제40조제1항에 따른 항공기사용사업 등록의 취소 3. 제43조제7항에서 준용하는 제40조제1항에 따른 항공기정비업 등록의 취소 4. 제45조제7항에서 준용하는 제40조제1항에 따른 항공기취급업 등록의 취소 5. 제47조제8항에서 준용하는 제40조제1항에 따른 항공기대여업 등록의 취소 6. 제49조제8항에서 준용하는 제40조제1항에 따른 초경량비행장치사용사업 등록의 취소 7. 제51조제7항에서 준용하는 제40조제1항에 따른 항공레저스포츠사업 등록의 취소		

항공사업법 [법률 제18565호, 2021. 12. 7., 일부개정]	항공사업법 시행령 [대통령령 제32987호, 2022. 11. 8., 일부개정]	항공사업법 시행규칙 [국토교통부령 제1164호, 2022. 12. 8., 일부개정]
8. 제53조제1항에서 준용하는 제28조(같은 조 제1항제18호만 해당한다)에 따른 항공운송총대리점업의 영업소 폐쇄 9. 제53조제8항에서 준용하는 제40조에 따른 상업서류송달업등의 영업소 폐쇄 10. 제59조제1항에 따른 외국인 국제항공운송사업 허가의 취소 11. 제62조제7항에서 준용하는 제28조제1항에 따른 여행업 등록의 취소. 이 경우 제28조제1항 각 호 외의 부분 본문 중 "국토교통부장관"은 "특별자치시장·특별자치도지사·시장·군수·구청장(자치구의 구청장을 말한다)"으로 본다.		
제75조(권한의 위임·위탁) ① 이 법에 따른 국토교통부장관의 권한은 그 일부를 대통령령으로 정하는 바에 따라 시·도지사 또는 국토교통부장관 소속 기관의 장에게 위임할 수 있다. ② 국토교통부장관은 제18조에 따른 운항시각의 배분 등의 업무를 대통령령으로 정하는 바에 따라 「인천국제공항공사법」에 따른 인천국제공항공사 또는 「한국공항공사법」에 따른 한국공항공사에 위탁할 수 있다.〈신설 2019. 11. 26.〉 ③ 국토교통부장관은 다음 각 호의 업무를 대통령령으로 정하는 바에 따라 「한국교통안전공단법」에 따른 한국교통안전공단(이하 "한국교통안전공단"이라 한다) 또는 항공 관련 기관·단체에 위탁할 수 있다.〈신설 2021. 12. 7.〉 1. 제48조제1항에 따른 초경량비행장치사용사업의 등록 및 변경신고 2. 제49조제1항에 따른 초경량비행장치사용사업의 사업계획 변경인가 및 변경신고 3. 제49조제3항에 따른 초경량비행장치사용사업의 양도·양수신고 4. 제49조제4항에 따른 초경량비행장치사용사업의 합병신고 5. 제49조제5항에 따른 초경량비행장치사용사업의 상속신고 6. 제49조제6항에 따른 초경량비행장치사용사업의 휴업 및 폐업신고 7. 제49조제7항에 따른 초경량비행장치사용사업에 대한 사업개선 명령	제33조(권한의 위임·위탁) ① 국토교통부장관은 법 제75조제1항에 따라 다음 각 호의 권한을 지방항공청장에게 위임한다. 다만, 제1호의 권한은 서울지방항공청장에게만 위임한다.〈개정 2018. 12. 31., 2020. 5. 26., 2022. 11. 8.〉 1. 법 제6조제1항제1호에 따른 비행정보시스템의 구축·운영 2. 법 제7조제3항 및 제6항에 따른 국내항공운송사업자의 부정기편 운항의 허가(운항기간이 2주 미만인 경우만 해당한다) 및 변경허가(변경되는 운항기간이 2주 미만인 경우만 해당한다) 3. 법 제7조제3항 및 제6항에 따른 국제항공운송사업자의 부정기편 운항허가 및 변경허가(외국과의 항공협정으로 수송력에 제한 없이 운항이 가능한 공항으로의 부정기편 운항허가 및 변경허가만 해당한다) 4. 소형항공운송사업에 대한 다음 각 목의 사항 가. 법 제10조제1항에 따른 등록 나. 법 제61조제6항에 따른 항공교통이용자의 피해구제 신청현황 및 그 처리결과 등에 관한 보고의 접수 다. 법 제62조제1항에 따른 운송약관 신고 및 변경신고의 접수 5. 법 제10조제3항에 따른 정기편 노선의 허가 및 부정기편 운항 신고의 수리 6. 법 제10조제5항에 따른 변경등록, 변경신고의 수리 및 변경허가 7. 법 제11조에 따른 항공기사고 시 지원계획서(소형항공운송사업 등록을 하려는 자의 항공기사고 시 지원계획서만 해당한다)의 수리 및 그 내용의 보완 또는 변경 명령	

항공사업법 [법률 제18565호, 2021. 12. 7., 일부개정]	항공사업법 시행령 [대통령령 제32987호, 2022. 11. 8., 일부개정]	항공사업법 시행규칙 [국토교통부령 제1164호, 2022. 12. 8., 일부개정]
④ 국토교통부장관은 다음 각 호의 업무를 대통령령으로 정하는 바에 따라 「정부출연연구기관 등의 설립·운영 및 육성에 관한 법률」에 따라 설립된 한국교통연구원 또는 항공 관련 기관·단체에 위탁할 수 있다.〈개정 2019. 11. 26., 2021. 12. 7.〉 1. 제63조에 따른 항공교통서비스 평가에 관한 업무 2. 제64조에 따른 항공교통이용자를 위한 항공교통서비스 보고서의 발간에 관한 업무 ⑤ 국토교통부장관은 제69조의2에 따른 업무를 대통령령으로 정하는 바에 따라 「항공안전기술원법」에 따른 항공안전기술원(이하 "기술원"이라 한다) 또는 항공 관련 기관·단체에 위탁할 수 있다.〈신설 2017. 8. 9., 2019. 11. 26., 2021. 12. 7.〉	8. 법 제12조제2항에 따른 신고의 수리 9. 법 제12조제3항 본문에 따른 사업계획 변경인가(국내항공운송사업 또는 국제항공운송사업의 경우에는 항공노선의 임시증편을 위한 사업계획 변경인가만 해당한다) 10. 법 제12조제3항 단서에 따른 사업계획 변경신고의 수리. 다만, 다음 각 목의 사업계획 변경신고의 수리는 제외한다. 가. 항공기의 도입·처분과 관련된 사업계획 변경신고(국내항공운송사업과 국제항공운송사업만 해당한다) 나. 국토교통부장관의 인가를 받아야 하는 국내항공운송사업 또는 국제항공운송사업의 사업계획 변경과 연계되는 경미한 사업계획 변경신고로서 사업계획 변경인가 신청 시에 국토교통부장관에게 함께 제출되는 사업계획 변경신고 11. 법 제13조에 따른 운항계획의 준수 여부에 대한 조사 및 그 조사를 위한 전담조사반의 설치 12. 법 제15조제1항 및 제2항에 따른 운수협정 및 제휴협정의 인가, 변경인가 및 변경신고의 수리(소형항공운송사업자가 다른 소형항공운송사업자와 체결한 운수협정 또는 제휴협정만 해당한다) 13. 법 제15조제4항에 따른 공정거래위원회와의 협의(소형항공운송사업자가 다른 소형항공운송사업자와 체결한 제휴협정을 인가 또는 변경인가 하는 경우만 해당한다) 14. 삭제〈2020. 5. 26.〉 15. 법 제19조제3항에 따른 운항개시예정일 연기 승인 및 운항개시예정일 전 운항 신고의 수리(소형항공운송사업의 경우만 해당한다) 16. 법 제21조제1항 단서에 따른 양도·양수 신고의 수리 및 같은 조 제3항에 따른 공고(같은 조 제1항 단서에 따른 양도·양수 신고에 대한 공고만 해당한다) 17. 법 제22조제1항 단서에 따른 합병 신고의 수리 18. 법 제23조제2항에 따른 상속 신고의 수리(소형항공운송사업의 경우만 해당한다)	

항공사업법 [법률 제18565호, 2021. 12. 7., 일부개정]	항공사업법 시행령 [대통령령 제32987호, 2022. 11. 8., 일부개정]	항공사업법 시행규칙 [국토교통부령 제1164호, 2022. 12. 8., 일부개정]

	19. 법 제24조에 따른 휴업·휴지의 허가 또는 신고의 수리(소형항공운송사업의 경우만 해당한다)
	20. 법 제25조에 따른 폐업·폐지의 허가 또는 신고의 수리(소형항공운송사업의 경우만 해당한다)
	21. 법 제27조에 따른 사업개선 명령(지방항공청장에게 권한이 위임된 사항에 관한 사업개선 명령만 해당한다)
	22. 법 제28조에 따른 면허 또는 등록의 취소 또는 사업정지명령(지방항공청장에게 권한이 위임된 사항에 관한 면허 또는 등록의 취소 또는 사업정지명령만 해당한다)
	23. 법 제29조에 따른 과징금의 부과 및 징수(지방항공청장에게 권한이 위임된 사항에 관한 과징금의 부과 및 징수만 해당한다)
	24. 항공기사용사업에 대한 다음 각 목의 사항
	  가. 법 제30조제1항에 따른 항공기사용사업의 등록
	  나. 법 제31조 단서에 따른 운항개시예정일 연기 승인 및 운항개시예정일 전 운항 신고의 수리
	  다. 법 제32조제2항에 따른 사업계획의 변경인가 및 변경신고의 수리
	  라. 법 제34조제1항에 따른 양도·양수 신고의 수리 및 같은 조 제3항에 따른 공고
	  마. 법 제35조제1항에 따른 합병 신고의 수리
	  바. 법 제36조제2항에 따른 상속 신고의 수리
	  사. 법 제37조제1항에 따른 휴업 신고의 수리
	  아. 법 제38조제1항에 따른 폐업 신고의 수리
	  자. 법 제39조에 따른 사업개선 명령
	  차. 법 제40조제1항에 따른 등록취소 또는 사업정지명령
	  카. 법 제41조에 따른 과징금의 부과·징수
	25. 항공기정비업에 대한 다음 각 목의 사항
	  가. 법 제42조제1항에 따른 항공기정비업의 등록 및 변경신고의 수리	

항공사업법 [법률 제18565호, 2021. 12. 7., 일부개정]	항공사업법 시행령 [대통령령 제32987호, 2022. 11. 8., 일부개정]	항공사업법 시행규칙 [국토교통부령 제1164호, 2022. 12. 8., 일부개정]
	나. 법 제43조제2항에 따라 준용되는 법 제34조제1항에 따른 양도·양수 신고의 수리 및 같은 조 제3항에 따른 공고 다. 법 제43조제3항에 따라 준용되는 법 제35조제1항에 따른 합병 신고의 수리 라. 법 제43조제4항에 따라 준용되는 법 제36조제2항에 따른 상속 신고의 수리 마. 법 제43조제5항에 따라 준용되는 법 제37조제1항에 따른 휴업 신고의 수리 바. 법 제43조제5항에 따라 준용되는 법 제38조제1항에 따른 폐업 신고의 수리 사. 법 제43조제6항에 따라 준용되는 법 제39조에 따른 사업개선 명령 아. 법 제43조제7항에 따라 준용되는 법 제40조제1항에 따른 등록취소 또는 사업정지명령 자. 법 제43조제8항에 따라 준용되는 법 제41조에 따른 과징금의 부과·징수 26. 항공기취급업에 대한 다음 각 목의 사항 가. 법 제44조제1항에 따른 항공기취급업의 등록 및 변경신고의 수리 나. 법 제45조제2항에 따라 준용되는 법 제34조제1항에 따른 양도·양수 신고의 수리 및 같은 조 제3항에 따른 공고 다. 법 제45조제3항에 따라 준용되는 법 제35조제1항에 따른 합병 신고의 수리 라. 법 제45조제4항에 따라 준용되는 법 제36조제2항에 따른 상속 신고의 수리 마. 법 제45조제5항에 따라 준용되는 법 제37조제1항에 따른 휴업 신고의 수리 바. 법 제45조제5항에 따라 준용되는 법 제38조제1항에 따른 폐업 신고의 수리 사. 법 제45조제6항에 따라 준용되는 법 제39조에 따른 사업개선 명령 아. 법 제45조제7항에 따라 준용되는 법 제40조제1항에 따른 등록취소 또는 사업정지명령 자. 법 제45조제8항에 따라 준용되는 법 제41조제1항에 따른 과징금의 부과·징수	

항공사업법 [법률 제18565호, 2021. 12. 7., 일부개정]	항공사업법 시행령 [대통령령 제32987호, 2022. 11. 8., 일부개정]	항공사업법 시행규칙 [국토교통부령 제1164호, 2022. 12. 8., 일부개정]
	27. 항공기대여업에 대한 다음 각 목의 사항 가. 법 제46조제1항에 따른 항공기대여업의 등록 및 변경신고의 수리 나. 법 제47조제1항에 따라 준용되는 법 제32조제2항에 따른 사업계획의 변경인가 또는 변경신고의 수리 다. 법 제47조제3항에 따라 준용되는 법 제34조제1항에 따른 양도·양수 신고의 수리 및 같은 조 제3항에 따른 공고 라. 법 제47조제4항에 따라 준용되는 법 제35조제1항에 따른 합병 신고의 수리 마. 법 제47조제5항에 따라 준용되는 법 제36조제2항에 따른 상속 신고의 수리 바. 법 제47조제6항에 따라 준용되는 법 제37조제1항에 따른 휴업 신고의 수리 사. 법 제47조제6항에 따라 준용되는 법 제38조제1항에 따른 폐업 신고의 수리 아. 법 제47조제7항에 따라 준용되는 법 제39조에 따른 사업개선 명령 자. 법 제47조제8항에 따라 준용되는 법 제40조제1항에 따른 등록취소 또는 사업정지명령 차. 법 제47조제9항에 따라 준용되는 법 제41조에 따른 과징금의 부과·징수 28. 초경량비행장치사용사업에 대한 다음 각 목의 사항 가. 법 제49조제8항에 따라 준용되는 법 제40조제1항에 따른 등록취소 또는 사업정지명령 나. 법 제49조제9항에 따라 준용되는 법 제41조에 따른 과징금의 부과·징수 29. 항공레저스포츠사업에 대한 다음 각 목의 사항 가. 법 제50조제1항에 따른 항공레저스포츠사업의 등록 및 변경신고의 수리 나. 법 제51조제2항에 따라 준용되는 법 제34조제1항에 따른 양도·양수 신고의 수리 및 같은 조 제3항에 따른 공고 다. 법 제51조제3항에 따라 준용되는 법 제35조제1항에 따른 합병 신고의 수리	

항공사업법 [법률 제18565호, 2021. 12. 7., 일부개정]	항공사업법 시행령 [대통령령 제32987호, 2022. 11. 8., 일부개정]	항공사업법 시행규칙 [국토교통부령 제1164호, 2022. 12. 8., 일부개정]
	라. 법 제51조제4항에 따라 준용되는 법 제36조제2항에 따른 상속 신고의 수리 마. 법 제51조제5항에 따라 준용되는 법 제37조제1항에 따른 휴업 신고의 수리 바. 법 제51조제5항에 따라 준용되는 법 제38조제1항에 따른 폐업 신고의 수리 사. 법 제51조제6항에 따라 준용되는 법 제39조에 따른 사업개선 명령 아. 법 제51조제7항에 따라 준용되는 법 제40조제1항에 따른 등록취소 또는 사업정지명령 자. 법 제51조제8항에 따라 준용되는 법 제41조에 따른 과징금의 부과·징수 30. 상업서류송달업, 항공운송총대리점업 및 도심공항터미널업에 대한 다음 각 목의 사항 가. 법 제52조제1항에 따른 상업서류송달업, 항공운송총대리점업 및 도심공항터미널업의 신고 및 변경신고의 수리 나. 법 제53조제3항에 따라 준용되는 법 제34조제1항에 따른 양도·양수 신고의 수리 및 같은 조 제3항에 따른 공고 다. 법 제53조제4항에 따라 준용되는 법 제35조제1항에 따른 합병 신고의 수리 라. 법 제53조제5항에 따라 준용되는 법 제36조제2항에 따른 상속 신고의 수리 마. 법 제53조제6항에 따라 준용되는 법 제37조제1항에 따른 휴업 신고의 수리 바. 법 제53조제6항에 따라 준용되는 법 제38조제1항에 따른 폐업 신고의 수리 사. 법 제53조제7항에 따라 준용되는 법 제39조에 따른 사업개선 명령 아. 법 제53조제8항에 따라 준용되는 법 제40조제1항에 따른 영업소의 폐쇄 또는 사업정지명령 자. 법 제53조제9항에 따라 준용되는 법 제41조에 따른 과징금의 부과·징수	

항공사업법 [법률 제18565호, 2021. 12. 7., 일부개정]	항공사업법 시행령 [대통령령 제32987호, 2022. 11. 8., 일부개정]	항공사업법 시행규칙 [국토교통부령 제1164호, 2022. 12. 8., 일부개정]

③ 세1항 및 제2항에 따른 과태료는 대통령령으로 정하는 바에 따라 국토교통부장관이 부과·징수한다.
④ 제2항제13호 및 제16호에 해당하는 여행업자에 대한 과태료는 대통령령으로 정하는 바에 따라 특별자치시장·특별자치도지사·시장·군수·구청장(자치구의 구청장을 말한다)이 부과·징수한다.
	31. 법 제55조제1항에 따른 외국 국적을 가진 항공기의 여객 또는 화물의 유상운송 허가(외국과의 항공협정으로 수송력에 제한 없이 운항이 가능한 공항으로의 유상운송인 경우만 해당한다)
	32. 외국인 국제항공운송사업에 대한 다음 각 목의 사항
	  가. 법 제59조제1항에 따른 허가취소 또는 사업정지명령(지방항공청장에게 권한이 위임된 사항에 관한 허가취소 또는 사업정지명령만 해당한다)
	  나. 법 제59조제2항에서 준용하는 법 제29조에 따른 과징금의 부과 및 징수(지방항공청장에게 권한이 위임된 사항에 관한 과징금의 부과 및 징수만 해당한다)
	  다. 법 제60조제2항에서 준용하는 법 제12조제2항에 따른 신고의 수리
	  라. 법 제60조제2항에서 준용하는 법 제12조제3항 본문에 따른 사업계획 변경인가(항공노선의 임시증편을 위한 사업계획 변경인가만 해당한다)
	  마. 법 제60조제2항에서 준용하는 법 제12조제3항 단서에 따른 사업계획 변경신고의 수리. 다만, 다음의 사업계획 변경신고의 수리는 제외한다.
	    1) 자본금의 변경
	    2) 대표자 변경, 대표권의 제한 및 그 제한의 변경
	    3) 상호변경(국내사업소만 해당한다)
	    4) 국토교통부장관의 인가를 받아야 하는 사업계획 변경과 연계되는 경미한 사업계획 변경신고로서 사업계획 변경인가 신청 시에 국토교통부장관에게 함께 제출되는 사업계획 변경신고
	32의2. 법 제61조의2제3항에 따른 이동지역 내 지연발생 보고의 접수 및 같은 조 제4항에 따른 관계 기관의 장과 공항운영자에 대한 협조 요청
	33. 법 제70조제5항에 따른 항공보험 등에 가입한 자가 제출하는 보험가입신고서 등 보험가입 등을 확인할 수 있는 자료의 접수(항공사업의 등록업무가 지방항공청장에게 위임된 경우만 해당한다)	

항공사업법 [법률 제18565호, 2021. 12. 7., 일부개정]	항공사업법 시행령 [대통령령 제32987호, 2022. 11. 8., 일부개정]	항공사업법 시행규칙 [국토교통부령 제1164호, 2022. 12. 8., 일부개정]
	34. 법 제74조에 따른 청문의 실시(지방항공청장에게 위임된 업무와 관련된 사항만 해당한다) 35. 법 제84조에 따른 과태료의 부과·징수(지방항공청장에게 권한이 위임된 사항에 관한 과태료 및 법 제84조제2항제18호에 따른 과태료의 부과·징수만 해당한다) ② 국토교통부장관은 법 제75조제2항에 따라 다음 각 호의 업무를 「인천국제공항공사법」에 따른 인천국제공항공사 또는 「한국공항공사법」에 따른 한국공항공사에 관할별로 위탁한다. 〈신설 2020. 5. 26.〉 1. 법 제18조제1항에 따른 운항시각 배분 또는 조정 신청의 접수 2. 법 제18조제1항에 따른 운항시각 배분 또는 조정 ③ 국토교통부장관은 법 제75조제3항에 따라 다음 각 호의 업무를 「한국교통안전공단법」에 따른 한국교통안전공단에 위탁한다. 〈신설 2022. 11. 8.〉 1. 법 제48조제1항에 따른 초경량비행장치사용사업의 등록 및 변경신고의 수리 2. 법 제49조제1항에 따라 준용되는 법 제32조제2항에 따른 사업계획의 변경인가 또는 변경신고의 수리 3. 법 제49조제3항에 따라 준용되는 법 제34조제1항에 따른 양도·양수 신고의 수리 및 같은 조 제3항에 따른 공고 4. 법 제49조제4항에 따라 준용되는 법 제35조제1항에 따른 합병 신고의 수리 5. 법 제49조제5항에 따라 준용되는 법 제36조제2항에 따른 상속 신고의 수리 6. 법 제49조제6항에 따라 준용되는 법 제37조제1항에 따른 휴업 신고의 수리 7. 법 제49조제6항에 따라 준용되는 법 제38조제1항에 따른 폐업 신고의 수리 8. 법 제49조제7항에 따라 준용되는 법 제39조에 따른 사업개선 명령	

항공사업법 [법률 제18565호, 2021. 12. 7., 일부개정]	항공사업법 시행령 [대통령령 제32987호, 2022. 11. 8., 일부개정]	항공사업법 시행규칙 [국토교통부령 제1164호, 2022. 12. 8., 일부개정]
	④ 국토교통부장관은 법 제75조제4항에 따라 같은 항 제1호 및 제2호의 업무를 「정부출연연구기관 등의 설립·운영 및 육성에 관한 법률」 제8조에 따라 설립된 한국교통연구원에 위탁한다.〈개정 2020. 5. 26., 2022. 11. 8.〉 ⑤ 국토교통부장관은 법 제75조제5항에 따라 법 제69조의2 각 호의 업무를 「항공안전기술원법」에 따른 항공안전기술원에 위탁한다.〈신설 2017. 11. 10., 2020. 5. 26., 2022. 11. 8.〉	
제76조(벌칙 적용에서 공무원 의제) 다음 각 호의 어느 하나에 해당하는 사람은 「형법」 제129조부터 제132조까지의 규정을 적용할 때에는 공무원으로 본다. 1. 제4조에 따른 항공정책위원회의 위원 중 공무원이 아닌 사람 2. 제75조제2항에 따라 국토교통부장관이 위탁한 업무에 종사하는 인천국제공항공사 또는 한국공항공사의 임직원 3. 제75조제3항에 따라 국토교통부장관이 위탁한 업무에 종사하는 한국교통안전공단 또는 항공 관련 기관·단체 등의 임직원 4. 제75조제4항에 따라 국토교통부장관이 위탁한 업무에 종사하는 한국교통연구원 또는 항공 관련 기관·단체 등의 임직원		
제8장 벌칙		
제77조(보조금 등의 부정 교부 및 사용 등에 관한 죄) 제65조에 따른 보조금, 융자금을 거짓이나 그 밖의 부정한 방법으로 교부받은 자는 5년 이하의 징역 또는 5천만원 이하의 벌금에 처한다.		
제78조(항공사업자의 업무 등에 관한 죄) ① 다음 각 호의 어느 하나에 해당하는 자는 3년 이하의 징역 또는 3천만원 이하의 벌금에 처한다. 1. 제7조에 따른 면허를 받지 아니하고 국내항공운송사업 또는 국제항공운송사업을 경영한 자 2. 제10조제1항에 따른 등록을 하지 아니하고 소형항공운송사업을 경영한 자 3. 제30조제1항에 따른 등록을 하지 아니하고 항공기사용사업을 경영한 자		

항공사업법 [법률 제18565호, 2021. 12. 7., 일부개정]	항공사업법 시행령 [대통령령 제32987호, 2022. 11. 8., 일부개정]	항공사업법 시행규칙 [국토교통부령 제1164호, 2022. 12. 8., 일부개정]
4. 제67조제1항을 위반하여 보조금, 융자금을 교부목적 외의 목적에 사용한 항공사업자 5. 제70조제1항을 위반하여 항공보험에 가입하지 아니하고 항공기를 운항한 항공사업자 6. 제70조제2항을 위반하여 항공보험에 가입하지 아니하고 항공기를 운항한 자 ② 다음 각 호의 어느 하나에 해당하는 자는 1년 이하의 징역 또는 1천만원 이하의 벌금에 처한다. 1. 제20조에 따른 면허 등 대여금지를 위반한 항공운송사업자 2. 제33조에 따른 명의대여 등의 금지를 위반한 항공기사용사업자 3. 제42조에 따른 등록을 하지 아니하고 항공기정비업을 경영한 자 4. 제43조제1항에서 준용하는 제33조에 따른 명의대여 등의 금지를 위반한 항공기정비업자 5. 제44조에 따른 등록을 하지 아니하고 항공기취급업을 경영한 자 6. 제45조제1항에서 준용하는 제33조에 따른 명의대여 등의 금지를 위반한 항공기취급업자 7. 제46조에 따른 등록을 하지 아니하고 항공기대여업을 경영한 자 8. 제47조제2항에서 준용하는 제33조에 따른 명의대여 등의 금지를 위반한 항공기대여업자 9. 제48조제1항에 따른 등록을 하지 아니하고 초경량비행장치사용사업을 경영한 자 10. 제49조제2항에서 준용하는 제33조에 따른 명의대여 등의 금지를 위반한 초경량비행장치사용사업자 11. 제50조제1항에 따른 등록을 하지 아니하고 항공레저스포츠사업을 경영한 자 12. 제51조제1항에서 준용하는 제33조에 따른 명의대여 등의 금지를 위반한 항공레저스포츠사업자 13. 제52조제1항에 따른 신고를 하지 아니하고 상업서류송달업등을 경영한 자		

항공사업법 [법률 제18565호, 2021. 12. 7., 일부개정]	항공사업법 시행령 [대통령령 제32987호, 2022. 11. 8., 일부개정]	항공사업법 시행규칙 [국토교통부령 제1164호, 2022. 12. 8., 일부개정]
③ 다음 각 호의 어느 하나에 해당하는 자는 1천만원 이하의 벌금에 처한다.〈개정 2019. 11. 26.〉 1. 제12조제1항 또는 제2항을 위반하여 사업계획 변경인가 또는 변경신고를 하지 아니한 자 2. 제12조제3항에 따른 인가를 받지 아니하고 사업계획을 변경한 자 3. 제14조에 따른 인가를 받지 아니하거나 신고를 하지 아니하고 운임 또는 요금을 받은 자 4. 제15조를 위반하여 인가 또는 변경인가를 받지 아니한 운수협정 또는 제휴협정을 이행하거나 변경신고를 하지 아니한 자 4의2. 제18조제7항에 따른 인가를 받지 아니하고 항공기 운항시각을 상호 교환한 자 5. 제24조 또는 제37조를 위반하여 휴업 또는 휴지를 한 자 6. 제27조(같은 조 제6호는 제외한다) 또는 제39조에 따른 사업개선명령을 위반한 자 7. 제28조 또는 제40조에 따른 사업정지명령을 위반한 자 8. 제32조제1항을 위반하여 등록할 때 제출한 사업계획대로 업무를 수행하지 아니한 자 9. 제32조제2항에 따른 인가를 받지 아니하고 사업계획을 변경한 자 10. 제43조제6항에서 준용하는 제39조(같은 조 제3호는 제외한다)에 따른 명령을 위반한 항공기정비업자 11. 제45조제6항에서 준용하는 제39조(같은 조 제3호는 제외한다)에 따른 명령을 위반한 항공기취급업자 12. 제47조제7항에서 준용하는 제39조에 따른 명령을 위반한 항공기대여업자 13. 제49조제7항에서 준용하는 제39조에 따른 명령을 위반한 초경량비행장치사용사업자 14. 제51조제6항에서 준용하는 제39조에 따른 명령을 위반한 항공레저스포츠사업자 15. 제53조제7항에서 준용하는 제39조제1호를 위반한 상업서류송달업자, 항공운송총대리점업자 및 도심공항터미널업자		

항공사업법 [법률 제18565호, 2021. 12. 7., 일부개정]	항공사업법 시행령 [대통령령 제32987호, 2022. 11. 8., 일부개정]	항공사업법 시행규칙 [국토교통부령 제1164호, 2022. 12. 8., 일부개정]
제79조(외국인 국제항공운송사업자 등의 업무 등에 관한 죄) ① 제54조제1항에 따른 허가를 받지 아니하고 외국인 국제항공운송사업을 경영한 자는 3년 이하의 징역 또는 3천만원 이하의 벌금에 처한다. ② 다음 각 호의 어느 하나에 해당하는 자는 3천만원 이하의 벌금에 처한다. 1. 제54조제1항 후단에 따른 운항 횟수 또는 항공기 기종의 제한을 위반한 외국인 국제항공운송사업자 2. 제55조제1항에 따른 허가를 받지 아니하고 같은 조에 따른 유상운송을 한 자 또는 제56조를 위반하여 유상운송을 한 자 ③ 다음 각 호의 어느 하나에 해당하는 외국인 국제항공운송사업자는 1천만원 이하의 벌금에 처한다.〈개정 2019. 11. 26.〉 1. 제59조에 따른 사업정지명령을 위반한 자 2. 제60조제2항에서 준용하는 제12조제3항에 따른 인가를 받지 아니하거나 신고를 하지 아니하고 사업계획을 변경한 자 3. 제60조제4항에서 준용하는 제14조제1항에 따른 인가를 받지 아니하거나 신고를 하지 아니하고 운임 또는 요금을 받은 자 4. 제60조제5항에서 준용하는 제15조에 따른 인가 또는 변경인가를 받지 아니한 운수협정 또는 제휴협정을 이행하거나 변경신고를 하지 아니한 자 4의2. 제60조제6항에서 준용하는 제18조제7항에 따른 인가를 받지 아니하고 항공기 운항시각을 상호 교환한 자 5. 제60조제9항에서 준용하는 제27조(같은 조 제6호는 제외한다)에 따른 사업개선 명령을 이행하지 아니한 자		
제80조(경량항공기 등의 영리 목적 사용에 관한 죄) ① 제71조를 위반하여 경량항공기를 영리 목적으로 사용한 자는 1년 이하의 징역 또는 1천만원 이하의 벌금에 처한다. ② 제71조를 위반하여 초경량비행장치를 영리 목적으로 사용한 자는 6개월 이하의 징역 또는 500만원 이하의 벌금에 처한다.		

항공사업법 [법률 제18565호, 2021. 12. 7., 일부개정]	항공사업법 시행령 [대통령령 제32987호, 2022. 11. 8., 일부개정]	항공사업법 시행규칙 [국토교통부령 제1164호, 2022. 12. 8., 일부개정]
제81조(검사 거부 등의 죄) 제73조제2항 또는 제3항에 따른 검사 또는 출입을 거부·방해하거나 기피한 자는 500만원 이하의 벌금에 처한다.		
제82조(양벌규정) 법인의 대표자나 법인 또는 개인의 대리인, 사용인, 그 밖의 종업원이 그 법인 또는 개인의 업무에 관하여 제77조부터 제81조까지의 어느 하나에 해당하는 위반행위를 하면 그 행위자를 벌하는 외에 그 법인 또는 개인에게도 해당 조문의 벌금형을 과(科)한다. 다만, 법인 또는 개인이 그 위반행위를 방지하기 위하여 해당 업무에 관하여 상당한 주의와 감독을 게을리하지 아니한 경우에는 그러하지 아니하다.		
제83조(벌칙 적용의 특례) 제78조(같은 조 제1항 및 같은 조 제2항제1호는 제외한다) 및 제79조(같은 조 제1항은 제외한다)의 벌칙에 관한 규정을 적용할 때 이 법에 따라 과징금을 부과할 수 있는 행위에 대해서는 국토교통부장관의 고발이 있어야 공소를 제기할 수 있으며, 과징금을 부과한 행위에 대해서는 과태료를 부과할 수 없다.		

항공사업법 [법률 제18565호, 2021. 12. 7., 일부개정]	항공사업법 시행령 [대통령령 제32987호, 2022. 11. 8., 일부개정]	항공사업법 시행규칙 [국토교통부령 제1164호, 2022. 12. 8., 일부개정]
제84조(과태료) ① 제27조제6호 및 제7호에 따른 사업개선 명령을 이행하지 아니한 항공교통사업자 중 항공운송사업자(외국인 국제항공운송사업자를 포함한다)에게는 2천만원 이하의 과태료를 부과한다. ② 다음 각 호의 어느 하나에 해당하는 자에게는 500만원 이하의 과태료를 부과한다.〈개정 2017. 1. 17., 2017. 8. 9., 2019. 8. 27., 2019. 11. 26., 2022. 1. 18.〉 1. 제8조제3항에 따른 자료를 제출하지 아니하거나 거짓의 자료를 제출한 자 2. 제8조제4항에 따른 고지의 의무를 이행하지 아니한 자 3. 제25조를 위반하여 폐업 또는 폐지를 하거나 폐업 또는 폐지 신고를 하지 아니하거나 거짓으로 신고한 자 4. 제27조제6호에 따른 사업개선 명령을 이행하지 아니한 공항운영자 4의2. 제30조의2제2항을 위반하여 교육비의 반환 등 교육생을 보호하기 위한 조치를 하지 아니한 자 5. 제38조를 위반하여 폐업하거나 폐업 신고를 하지 아니하거나 거짓으로 신고한 자 6. 제43조제5항에서 준용하는 제38조를 위반하여 폐업하거나 폐업 신고를 하지 아니하거나 거짓으로 신고한 자 7. 제45조제5항에서 준용하는 제38조를 위반하여 폐업하거나 폐업 신고를 하지 아니하거나 거짓으로 신고한 자 8. 제47조제6항에서 준용하는 제38조를 위반하여 폐업하거나 폐업 신고를 하지 아니하거나 거짓으로 신고한 자 9. 제49조제6항에서 준용하는 제38조를 위반하여 폐업하거나 폐업 신고를 하지 아니하거나 거짓으로 신고한 자 10. 제51조제5항에서 준용하는 제38조를 위반하여 폐업하거나 폐업 신고를 하지 아니하거나 거짓으로 신고한 자	**제35조(과태료의 부과기준)** 법 제84조에 따른 과태료의 부과기준은 별표 11과 같다.	

항공사업법 [법률 제18565호, 2021. 12. 7., 일부개정]	항공사업법 시행령 [대통령령 제32987호, 2022. 11. 8., 일부개정]	항공사업법 시행규칙 [국토교통부령 제1164호, 2022. 12. 8., 일부개정]
11. 제53조제6항에서 준용하는 제38조를 위반하여 폐업하거나 폐업 신고를 하지 아니하거나 거짓으로 신고한 자 12. 제61조제6항(제60조제10항에서 준용하는 경우를 포함한다)에 따라 보고를 하지 아니하거나 거짓으로 보고한 자 13. 제61조제10항(제60조제10항에서 준용하는 경우를 포함한다)에 따른 의무를 위반한 자 14. 제61조제12항(제60조제10항에서 준용하는 경우를 포함한다)에 따른 의무를 위반한 자 15. 제61조의2제2항(제60조제11항에서 준용하는 경우를 포함한다)을 위반하여 지연사유 및 진행상황 등을 알리지 아니한 자 16. 제61조의2제3항(제60조제11항에서 준용하는 경우를 포함한다)을 위반하여 음식물을 제공하지 아니하거나 보고를 하지 아니한 자 17. 제62조제1항(제60조제12항에서 준용하는 경우를 포함한다)을 위반하여 운송약관을 신고 또는 변경신고 하지 아니한 자 18. 제62조제4항(제60조제12항에서 준용하는 경우를 포함한다) 또는 같은 조 제6항에 따른 요금표 등을 갖추어 두지 아니하거나 거짓 사항을 적은 요금표 등을 갖추어 둔 자 19. 제62조제5항(제60조제12항에서 준용하는 경우를 포함한다)을 위반하여 항공운임 등 총액을 제공하지 아니하거나 거짓으로 제공한 자 20. 제63조제4항(제60조제13항에서 준용하는 경우를 포함한다)을 위반하여 자료를 제출하지 아니하거나 거짓 자료를 제출한 자 20의2. 제69조의9제1항에 따른 조사 또는 검사를 거부·방해 또는 기피한 자 20의3. 제69조의10제3항에 따른 이행계획 제출 명령을 이행하지 아니한 자		

항공사업법 [법률 제18565호, 2021. 12. 7., 일부개정]	항공사업법 시행령 [대통령령 제32987호, 2022. 11. 8., 일부개정]	항공사업법 시행규칙 [국토교통부령 제1164호, 2022. 12. 8., 일부개정]
21. 제70조제3항 또는 제4항을 위반하여 보험 또는 공제에 가입하지 아니하고 경량항공기 또는 초경량비행장치를 사용하여 비행한 자 22. 제70조제5항에 따른 자료를 제출하지 아니하거나 거짓으로 자료를 제출한 자 23. 제73조제1항에 따른 보고 등을 하지 아니하거나 거짓 보고 등을 한 자 24. 제73조제2항 또는 제3항에 따른 질문에 대하여 거짓으로 진술한 자 ③ 제1항 및 제2항에 따른 과태료는 대통령령으로 정하는 바에 따라 국토교통부장관이 부과ㆍ징수한다. ④ 제2항제13호 및 제16호에 해당하는 여행업자에 대한 과태료는 대통령령으로 정하는 바에 따라 특별자치시장ㆍ특별자치도지사ㆍ시장ㆍ군수ㆍ구청장(자치구의 구청장을 말한다)이 부과ㆍ징수한다.		

※ 항공사업법 법령단위 비교는 전체 법령 중 초경량비행장치 멀티콥터 지도조종자 자격시험과 관련된 부분만을 발췌하여 편집하였음.

4. 참고 문헌

1. 드론교관과정, 도서출판 구민사, 김재윤 외 5인, 2021
2. 개정판 항공정비사 표준교재 항공법규, 김천용 외, 국토교통부, 2020
3. 드론 무인기 하늘의 산업혁명, 도서출판 골든벨, 노나미겐죠, 2019
4. 드론의 기체와 실제, 도서출판 골든벨, 노나미겐조, 2020
5. 농업용 방제드론, 도서출판 골든벨, 양영식 외 3, 2019
6. 자작드론 설계와 제작, 도서출판 21세기사, 이병욱, 2021
7. 드론, 원리·법규·운용·안전·촬영, 도서출판 커뮤니케이션북스, 유세문 외 1, 2018
8. 모터제어 DC, AC, BLDC, 도서출판 북두출판사, 김상훈, 2018
9. 드론산업 4차 산업혁명 시대를 주도하다, 산업통상부, 윤광준, 2017
10. 국내외 드론산업 법제도 및 시장기술동향 분석보고서, 비비타임즈, 비피기술거래, 2020
11. 저고도 드론 교통관리시스템 개발과 관련 표준동향, 오경륜, 2020
12. 민간 무인기 운항안전을 위한 주요국의 UTM 개발 동향, 항공우주산업기술동향 15권 2호, 오경륜, 구삼옥, 2017
13. 2차 전지 기본편, 도서출판 렛유인, 안재형 외 1, 2020
14. 자동차전기전자센서, 도서출판 미전사이언스, 전석환 외 2, 2019
15. 자동차용 센서, 도서출판 골든벨, 김민복, 2006